高等院校程序设计新形态精品系列

Java Programming Language

# Java 程序设计
# 基础与案例实战

微课版

李晓黎 董莎莎 李晓宇 ◎编著

U0277431

人民邮电出版社

北京

**图书在版编目（CIP）数据**

Java 程序设计基础与案例实战：微课版 / 李晓黎，董莎莎，李晓宇编著. -- 北京：人民邮电出版社，2024. --（高等院校程序设计新形态精品系列）.

ISBN 978-7-115-64961-4

Ⅰ．TP312.8

中国国家版本馆 CIP 数据核字第 20244F32Y4 号

## 内 容 提 要

Java 是互联网时代深受开发者欢迎的编程语言，广泛应用于开发移动应用、Web 应用、分布式应用、游戏、系统服务和桌面应用等。本书系统介绍了 Java 程序设计的基础知识，包括基本语法结构、函数编程、面向对象程序设计、I/O 编程、网络编程、多线程编程、数据库编程、开发 Web 应用程序等。

本书注重趣味性与实用性相结合，在以讲解编程技术为主线的同时，以一个具有极强趣味性的五子棋游戏的完整实现过程为辅线，将每章的重点技术应用于五子棋游戏开发，从绘制棋盘、实现落子到判断输赢，从单机版、网络版到 Web 版，详细讲述了 Java 程序设计的相关知识点。为了提升读者的编程能力，本书配套的大作业中还提供了具有人机对弈功能的五子棋游戏案例程序，供读者参考学习与实践。

本书既可作为计算机类专业相关课程的教材，也可供一般理工科专业的学生学习使用，还可作为程序设计和软件开发等领域技术人员的参考用书。

◆ 编　　著　李晓黎　董莎莎　李晓宇
　　责任编辑　王　宣
　　责任印制　陈　犇

◆ 人民邮电出版社出版发行　　北京市丰台区成寿寺路 11 号
　　邮编　100164　　电子邮件　315@ptpress.com.cn
　　网址　https://www.ptpress.com.cn
　　三河市兴达印务有限公司印刷

◆ 开本：787×1092　1/16
　　印张：18.25　　　　　　　　　　　2024 年 8 月第 1 版
　　字数：443 千字　　　　　　　　　2024 年 8 月河北第 1 次印刷

定价：69.80 元

读者服务热线：(010)81055256　印装质量热线：(010)81055316
反盗版热线：(010)81055315
广告经营许可证：京东市监广登字 20170147 号

前言
Preface

## ■ 技术背景

Java 是诞生于 1995 年的编程语言，它在长期的发展、普及和应用过程中得到了国内外众多知名企业的认可和广大开发者的喜爱，被广泛应用于人工智能、大数据、云计算、区块链等领域。同时，Java 编程已经成为国内外高校计算机类专业和许多非计算机类专业的必修或选修课程。

Java 是一种面向对象的编程语言，具有简单、跨平台、安全、强壮、便携、高性能等特性，同时拥有众多被广泛应用的经典开发框架，例如用于开发企业级应用程序的一站式底层支持框架 Spring、用于开发 Web 应用的 Spring SSM 和 Spring Boot 框架、用于开发大型应用的 Spring Cloud 微服务框架等，这些开发框架为开发者在各种应用场景下使用 Java 开发应用提供了便捷的底层技术支持。总之，Java 是一种适合初学者上手的、功能强大的编程语言。

## ■ 本书内容

本书从逻辑上共分为 3 部分。

第 1 部分只包含第 1 章，介绍 Java 的特性以及搭建 Java 程序开发环境的方法。通过学习第 1 部分的内容，读者可以初步了解 Java 的基本情况，为进一步学习 Java 编程奠定基础。

第 2 部分由第 2~4 章组成，介绍 Java 编程的基本功能，包括基本语法结构、函数编程和面向对象程序设计。通过学习第 2 部分的内容，读者可以编写基本的 Java 程序。

第 3 部分由第 5~9 章组成，介绍 Java 在各种场景下的高级编程技术，包括 I/O 编程、网络编程、多线程编程、数据库编程和开发 Web 应用程序。通过学习第 3 部分的内容，读者可以具备参与开发各种 Java 应用的基本能力。

## ■ 本书特色

本书特色介绍如下。

**1．知识体系合理完备，符合人才培养要求**

本书在介绍 Java 编程基础知识的基础上，兼顾开发网络应用、服务程序和 Web 应用等经典应用项目所必需的实用技术的讲解，为读者将来参与各种类型的主流开发项目奠定基础。

**2．编排趣味实践案例，激发读者学习兴趣**

本书注重趣味性与实用性，在以讲解编程技术为主线的同时，以一个趣味实践案例（五子棋游戏）的完整实现过程为辅线，将每章的关键技术应用于五子棋游戏开发，不但可以加深读者对编程技术的理解，还能提高读者的动手能力。随着实现过程的推进，五子棋游戏的功能也越来越强大，从只能个人对弈的单机版到可以双人对弈的网络版，再到集成游戏大厅、可以供多位玩家参与的网络版和 Web 版，可以吸引读者不断跟进学习。

**3．配套丰富实践内容，扎实培养实战人才**

本书除了在每章中编排上述趣味实践案例外，还在配套的大作业中提供了具有人机对弈功能的五子棋游戏案例程序，供读者参考学习，提升编程实战能力。

**4．精心录制微课视频，助力读者高效自学**

编者为本书各章中的重难知识点和典型案例录制了微课视频进行讲解，以助力读者更加方便、更加扎实地开展自学。读者可以通过扫描书中二维码进行微课视频的观看与学习。

## ■ 学习建议

编程技术的完备性、趣味性和实用性是编者设计本书总体架构时着重考虑的因素，因此本书采用双线并行的设计思路编写而成。然而，在有限的课堂教学时间内很难做到兼顾主线与辅线。提升动手能力仅仅依靠课堂教学时间是不够的，恐怕要占用一些课余时间，读者必须通过自学趣味实践案例，亲自动手编程才行。即使这样，初学者也不一定能完全消化所有的案例，这很正常。一个成熟的开发者就是在日积月累中成长起来的。大作业提供的人机对弈五子棋游戏案例程序则重在培养读者的逻辑思维能力。建议读者根据兴趣和未来实际应用需求选择趣味实践案例进行深入研究。

## ■ 配套资源

编者为使用本书的教师制作了配套的 PPT 课件、教学大纲、教案、各章习题的参考答案、上机实验的电子文档、书中涉及的所有案例程序的源代码和大作业的电子文档，上述资源均可通过人邮教育社区（www.ryjiaoyu.com）进行下载。

鉴于编者水平有限，书中难免存在不足之处，敬请广大读者批评指正。

编　者

2024 年 4 月于北京

# 目录
## Contents

第 3 章

## 函数编程

第4章

**面向对象
程序设计**

第 5 章

I/O 编程

第 6 章

网络编程

第9章

**开发 Web
应用程序**

# 第 1 章 概述

Java 是互联网时代深受开发者欢迎的编程语言，广泛应用于开发移动应用、Web 应用、分布式应用、游戏、系统服务和桌面应用等。本章介绍 Java 语言的基本情况。

## 1.1 初识 Java

Java 由 Sun 公司的詹姆斯·戈斯林（James Gosling）等技术人员于 1995 年开发而成，因此，詹姆斯·戈斯林被认为是 Java 之父。Java 是印度尼西亚爪哇岛的英文名称。Java 图标在视觉上像一杯咖啡，如图 1-1 所示，设计这样的图标是因为爪哇岛以盛产咖啡而闻名。

Java 自诞生以来，一直深受广大软件厂商和开发者的欢迎。根据 TIOBE 编程语言排行榜的统计数据，2001 年，Java 在当时的所有编程语言中排名第 1，其后多年保持领先地位，并于 2005 年和 2015 年被评为年度编程语言。

图 1-1 Java 图标

TIOBE 编程语言排行榜是互联网上有经验的开发者、受欢迎的培训课程和第三方厂商根据不同编程语言的使用情况，使用搜索引擎（如 Google、Bing、Yahoo!、百度）以及 Wikipedia、Amazon、YouTube 统计出的排名数据，用于反映编程语言的受欢迎程度。该排名数据可以用来衡量开发者的编程技术能否跟上趋势，以及应该及时掌握哪门编程语言，但并不能说明一门编程语言的优劣。

2001—2023 年，Java 和其他受欢迎的编程语言的排名走势如图 1-2 所示。其中，最上方高亮显示的粗曲线代表 Java 的排名走势。可以看到，Java 在大部分年份排名靠前，深受欢迎。

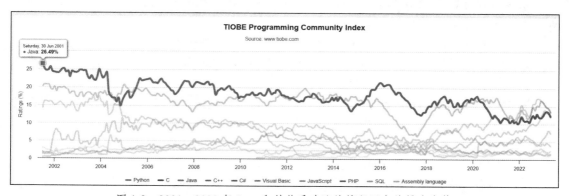

图 1-2 2001—2023 年 Java 和其他受欢迎的编程语言的排名走势

### 1.1.1　Java 的特性

Java 之所以深受欢迎，是因为它具有简单、面向对象、跨平台等诸多优秀特性。

#### 1．简单

Java 的语法非常简单、易懂，而且其很多语法来源于 C 语言和 C++。对于了解这两门语言的开发者而言，学习 Java 就更加容易了。与 C 语言和 C++ 相比，Java 取消了指针、运算符重载等复杂而又并不常用的功能。而且，Java 支持自动垃圾回收机制，无须人为操作即可自动移除内存中的无用对象，可以避免出现类似 C 语言内存泄漏的情况。

#### 2．面向对象

Java 是一种面向对象的编程语言。面向对象程序设计（object-oriented programming，OOP）是一种围绕数据（而不是功能和逻辑）设计软件的编程规范。对象是具有属性和行为的结构，类是对象的共同属性和方法集合的描述。例如，一个学生类的属性可能包括 Name（姓名）、Sex（性别）、Age（年龄）、Class（班级）、Grade（年级）、No.（学号）等，同时，学生类还可能包括设置和获取这些属性值的行为。面向对象程序设计的具体内容将在第 4 章介绍。

#### 3．跨平台

跨平台是 Java 的关键特性。使用 Java 编写的程序可以在 Windows、Linux、macOS 等多种平台上运行，因此可以使用"一次编译，到处运行"概括 Java 程序的跨平台特性。经过编译器编译的 Java 代码会被转换成字节码。字节码是与平台无关的，因此 Java 程序可以在不同的平台上运行。

Java 的跨平台特性与 JVM（Java virtual machine，Java 虚拟机）机制是密不可分的，因为字节码并不是直接在不同平台上运行，而是在 JVM 上运行的。JVM 为 Java 程序提供了一个独立的运行环境，而且不同的平台都可以为 Java 程序提供一个 JVM 运行环境。

JVM 的工作原理将在 1.1.2 小节介绍。

#### 4．安全性

Java 程序通常在网络环境、分布式系统中使用，因此提高其安全性很重要。Java 具有如下提高 Java 程序安全性的机制。

➢ 不使用显式指针，因此 Java 程序不会出现类似 C++ 程序的内存泄漏情况。

➢ Java 程序在一个虚拟的环境（也就是前面提到的 JVM）中运行，因此其有一个相对独立的、安全的运行环境。

➢ JRE（Java runtime environment，Java 运行时环境）中包含一个类加载器，可以动态地将 Java 类加载到 JVM 中。这样可以将来自网络环境的资源与本地文件系统的程序包隔离，从而提高安全性。

➢ JVM 中包含一个字节码校验器，该校验器可以对运行的 Java 程序进行校验。也就是说，JVM 并不信任在其中运行的 Java 程序，在 Java 程序通过校验前，JVM 会将加载的 Java 源代码视为恶意文件。校验是为了确保 Java 源代码不违反安全规则。

只有通过校验的 Java 程序才可以被 JVM 运行。

➤ Java 提供安全管理器机制，这个机制可以决定类的访问权限。例如，限制 Java 程序从本地磁盘中读/写数据的操作，从而保护系统免受恶意操作的攻击。

### 5．强壮性

强壮性在很多资料中也被称为鲁棒性（源于单词 robust 的音译）。对于编程语言而言，强壮性指编写的程序足够可靠，在各种环境和情况下都可以稳定地运行，不会轻易崩溃或出现问题。

没有一门编程语言是绝对"强壮"、不会出现任何问题的，因为程序是由人编写的，每个人都可能有疏忽和出错的时候。但是，Java 编译器在程序编译阶段就会发现很多问题，其中有些问题在其他语言中可能在程序运行时才会被发现。Java 在错误检查时会暴露更多的问题，提醒开发者提前解决问题，这种策略使 Java 程序在运行时更加"强壮"。

Java 中移除了在其他语言中容易出错的一些程序架构。比如，C++中的指针可以直接访问和操作内存中的数据，稍不注意就可能会破坏系统数据或应用数据。因此 Java 移除了指针编程的程序架构。

为了使 Java 程序能够从异常情况（比如除 0 溢出）中快速恢复，Java 提供了实时异常处理机制，该机制会强制要求开发者编写特定的异常处理代码。Java 可以检测异常环境，并对其进行响应，从而使应用程序在遇到实时异常时依旧可以正常运行，而不是立即退出。这就是让程序在遇到异常时能够优雅处理的机制。

### 6．体系结构无关性

这里的"体系结构"指处理器所采用的指令集架构。以应用较广泛的 Intel 处理器为例，应用 Intel 处理器的服务器被称为 IA（Intel architecture，Intel 体系结构）服务器。IA 又可以分为 IA-32、Intel® 64 和 IA-64 这 3 类，它们可以被简单地理解为 32 位体系结构和 64 位体系结构。

在 C 语言编程中，如果程序在 32 位体系结构下运行，则一个整型数据在内存中占 2 字节；如果程序在 64 位体系结构下运行，则一个整型数据在内存中占 4 字节。Java 则没有这样的区别，无论程序是在 32 位体系结构下还是在 64 位体系结构下运行，Java 语言的一个整型数据在内存中都占 4 字节。

### 7．便携性

由于 Java 具有体系结构无关性，因此 Java 程序是便携的。所谓便携，是指 Java 程序可以被转换为字节码，在任何平台上运行时都不需要重新编译，便于在不同平台间移植。

### 8．高性能

Java 程序是高性能的，因为字节码类似机器码。但是经过编译的 Java 程序还是比经过编译的 C++程序运行得更慢，其主要原因是经过编译的 Java 程序要运行在 JVM 中，而经过编译的 C++程序会得到直接运行在 CPU（central processing unit，中央处理器）中的原生代码。

Java 字节码的运行效率取决于 JVM 管理其中任务的能力，以及执行任务过程中操作计算机硬件和操作系统的能力。大多数使用 Java 开发的交互式应用程序是高性能的，因为在运行交互式应用程序时，服务器的 CPU 经常处于闲置状态，等待用户输入或从其他资源（比如磁盘或数据库）加载数据。因此程序的运行速度足以满足用户需要。即便在"双十一"

等高并发应用场景下，Java 程序也可以通过微服务架构等解决方案应对各种情况。

### 9．分布式计算

分布式计算可以解决网络中多台计算机的协作问题。使分布式计算更容易实现是开发 Java 的目的之一。Java 内置对网络的支持，使用 Java 开发网络应用程序就像向文件发送数据和从文件接收数据一样简单。利用 Spring Cloud 等框架，Java 程序还可以很方便地在分布式系统中开发基于微服务架构的应用程序。在微服务架构中，应用程序可以被拆分成若干个小服务，从而使程序的结构更灵活，支持高并发和高可用的特性。

### 10．多线程编程

Java 可以很方便地实现多线程编程。所谓多线程编程，是指同时运行一个程序的多个部分。多线程编程可以最大化发挥 CPU 的作用。通过多线程编程，服务器程序可以同时处理多个客户端程序的请求。本书将在第 7 章介绍 Java 多线程编程的概念和具体方法。

## 1.1.2　JVM

JVM 是使 Java 具有跨平台特性的关键技术。

### 1．JVM 简介

一方面，可以将 JVM 理解成一个抽象的机器，这个机器可以解析和运行 Java 程序。另一方面，为了实现 Java 程序的跨平台特性，JVM 又是一个规范，不同的厂商可以根据这个规范在不同的平台上开发不同的 JVM 软件。目前，被广泛应用的 JVM 由 Oracle 公司开发并提供。

JVM 在不同平台上的具体实现是 JRE。JRE 的具体情况将在 1.1.3 小节介绍。

JVM 可用于执行一系列虚拟计算机指令。在命令行状态下通过 Java 命令运行 Java 程序时会创建一个 JVM 的示例，然后在该示例中运行 Java 程序。

### 2．JVM 的功能

JVM 可以实现如下功能。

➤ 从源文件中加载代码。Java 程序的源文件为.java 文件。

➤ 对代码进行校验，确保 Java 程序的安全性。

➤ 执行代码，并为 Java 程序提供一个实时的运行环境。

JVM 还定义了存储区、类文件的格式、寄存器组、垃圾（无用资源）回收堆、严重错误报告等概念。

### 3．JVM 的体系结构

JVM 的体系结构如图 1-3 所示。

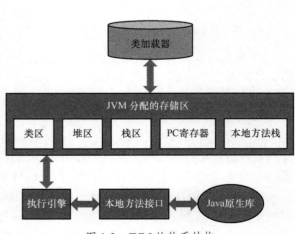

图 1-3　JVM 的体系结构

（1）类加载器

类是最基本的 Java 程序单元，用于封装特定的数据和功能。在 Java 程序中，类是可以封装代码的容器，大多数 Java 程序都包含在类中。类的代码存储在类文件中。

类加载器（classloader）是 JVM 的子系统，负责加载类文件。当运行 Java 程序时，JVM 做的第一件事就是使用类加载器将 Java 源代码加载到内存中。JVM 中包含下面 3 个内置的类加载器。

① 引导类加载器（bootstrap classloader）：这是第一个类加载器，负责加载 rt.jar 文件。rt.jar 中包含 Java 标准版中的所有类，比如 java.lang、java.net、java.util、java.io、java.sql 等包中的类。本书介绍的大部分 Java 类都包含在 rt.jar 中。

② 扩展类加载器（extension classloader）：这是引导类加载器的子类，负责加载 $JAVA_HOME\jre\lib\ext 目录下的 JAR（Java archive，Java 归档）文件。JAR 文件是一种软件包格式的文件，该文件中通常包含大量 Java 类文件、相关元数据和资源（文本、图片等）文件。

③ 系统类加载器（system classloader，也称为应用类加载器，即 application classloader）：这是扩展类加载器的子类，负责加载应用程序类路径下的类文件。

（2）类区

类区（class area）也称为方法区（method area），用于存储每个类的结构，例如实时常量池、方法数据和方法的代码。

（3）堆区

堆区是用于分配对象的实时数据区。

（4）栈区

栈区用于存储帧（frame），帧中包含局部变量和部分结果，在调用函数和返回结果时会使用栈区。函数的概念和应用将在第 3 章介绍。

每个线程都有一个私有的 JVM 栈，JVM 栈会在线程被创建的同时被创建。线程的概念将在第 7 章介绍。

每次调用函数时都会创建一个新的帧，在调用结束时会销毁这个帧。

（5）PC 寄存器

PC（program counter，程序计数器）寄存器中包含当前执行的 JVM 指令的地址。

（6）本地方法栈

本地方法栈中包含应用程序的所有本地方法。本地方法（native method）是一个 Java 代码调用非 Java 代码的接口。

（7）执行引擎

执行引擎中包含如下 3 个组件。

➢ 虚拟处理器：用于执行虚拟机的指令。

➢ 解释器：负责将 Java 源代码（存储在.java 文件中）翻译成机器可执行的二进制代码（通常称为字节码，以.class 文件的形式存储），并逐行解释、执行这些二进制代码。

➢ JIT（just-in-time，即时）编译器：用于提高程序的运行效率。它可以同时编译拥有相近功能的字节码，从而缩短编译所需的时间。所谓"编译"，是指将 JVM 指令集转换为指定 CPU 指令集的过程。

（8）本地方法接口

本地方法接口也称为 JNI（Java native interface，Java 本地接口），它是一个开发框架，可以提供与其他语言（比如 C 或 C++）编写的应用程序进行通信的接口。Java 程序可以通过 JNI 向控制台发送输出或者与操作系统库进行交互。JNI 可以保证本地代码能工作在任何 JVM 环境中。

### 1.1.3 JRE 和 JDK

JRE 和 JDK 是开发和运行 Java 程序的环境所必需的，因此在使用 Java 开发应用程序前应该了解 JRE 和 JDK 的工作原理，并搭建开发环境。

#### 1. JRE

1.1.1 小节和 1.1.2 小节已经提及 JRE，JRE 是 Java 运行时环境，是 JVM 在不同平台上的具体实现。

JRE 是运行在不同平台上的软件，它可以提供 Java 程序运行所需要的类库和其他资源。JRE 由如下组件组成。

➢ 类加载器：具体功能可以参照 1.1.2 小节。

➢ 字节码校验器：负责在 Java 代码被传送至 Java 解释器前对其进行校验，确保 Java 代码的格式和精度符合要求。如果未通过校验，则不会加载代码。

➢ Java 解释器：字节码被加载后，Java 解释器会创建一个 JVM 示例，并在其中运行 Java 程序。

Java 程序的运行过程如图 1-4 所示。

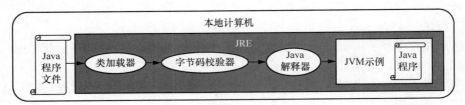

图 1-4　Java 程序的运行过程

#### 2. JDK

JDK（Java development kit，Java 开发包）可以提供运行 Java 程序所必需的一组工具，这些工具由 JVM 和 JRE 运行。

从技术角度看，JDK 是 Java 平台规范的具体实现，其中包括 Java 编译器和标准类库；从软件角度看，JDK 是可以被下载、安装的软件包，用于创建 Java 程序。

JDK、JVM 和 JRE 在开发 Java 程序过程中所起的作用如图 1-5 所示。

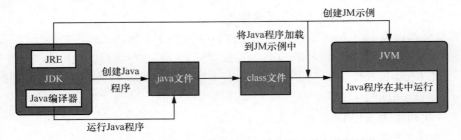

图 1-5　JDK、JVM 和 JRE 在开发 Java 程序过程中所起的作用

具体说明如下。

➢ JVM 是运行 Java 程序的实时组件。

➢ JRE 是存储在硬盘上的程序，用于创建 JVM 示例，并将 Java 程序加载到 JVM 示例中运行。可以把 JRE 理解为运行 Java 程序所需的工具包。

➢ JDK 是开发 Java 程序所必需的工具包。

JRE 可以作为独立的组件，只用于运行 Java 程序，也可以作为 JDK 的一部分存在。因为开发 Java 程序时也需要运行程序，以观察程序的运行效果。

### 3．Java 编译器

JDK 中除了包含 JRE 外，还包含一个 Java 编译器。Java 编译器是可以由.java 文件生成.class 文件的软件。.java 文件是纯文本文件，用于存储 Java 源代码；而.class 文件是可执行的。与 Java 解释器相比，Java 编译器可以一次性地根据 Java 源代码生成.class 文件；Java 解释器则一条一条地把 Java 源代码翻译给计算机，翻译一条就执行一条。

### 4．JDK 的版本

JDK 包含如下 3 种版本。

➢ Java SE（Java platform, standard edition，Java 平台标准版）：可用于开发桌面、服务器、嵌入式环境和实时环境中使用的 Java 应用程序。

➢ Java EE（Java platform, enterprise edition，Java 平台企业版）：基于 Java SE 构建的版本，常用于开发 Web 应用或移动应用的服务器端程序。

➢ Java ME（Java platform, micro edition，Java 平台微型版）：为机顶盒、移动电话和 PDA（personal digital assistant，个人数字助理）等嵌入式消费电子设备提供的 Java 平台。

在下载 JDK 时需要选择版本，除了根据应用场景选择 Java SE、Java EE 和 Java ME 外，还需要选择具体的版本号。

JDK 8 是很重要的 Java 版本，由 Oracle 公司于 2014 年 3 月发布。目前很多被应用的 Java 程序是基于 JDK 8 的。本书程序都兼容 JDK 8。

JDK 11 发布于 2018 年 9 月，是 JDK 8 后的一个非常重要的 Java 版本。其应用率已经超过 JDK 8 的应用率，成为应用最广泛的 JDK 版本。

JDK 17 发布于 2021 年 9 月，是 JDK 11 后的又一个 LTS（long-term support，长期支持）Java 版本。尽管目前 JDK 17 的普及率还不高，但是一些流行 Java 开发框架的最新版本已经宣布需要 JDK 17 环境，比如 Spring Framework 6 和 Spring Boot 3。

## 1.1.4 Java 程序的运行过程

Java 程序从编写到运行的流程如图 1-6 所示。

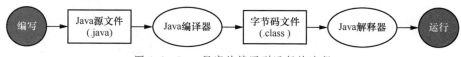

图 1-6　Java 程序从编写到运行的流程

具体说明如下。

- 运行 Java 程序的起点是 Java 源文件。Java 源文件的扩展名为.java，其中包含开发者编写的 Java 程序。
- 编写好 Java 程序后，可以使用 Java 编译器对 Java 源文件进行处理，得到可移植的字节码文件。这个过程被称为编译（compile）。字节码文件的扩展名为.class，这是一个可执行文件。正如 1.1.2 小节中介绍的，字节码文件并不能直接在操作系统中运行，而是在 JVM 示例中运行。不同的操作系统有其支持的 JVM，因此 Java 程序是跨平台执行的。
- JVM 中的 Java 解释器负责读取字节码流，然后执行其中的指令。这样，Java 程序就可以在 JVM 中运行了。

## 1.2　搭建开发环境

在开始 Java 编程前，需要搭建开发环境、了解编写 Java 程序的开发工具。开发工具通常被称为 IDE（integrated development environment，集成开发环境）。IDE 的主要功能是编辑程序的源代码、调试和运行程序。

搭建基本的 Java 程序开发环境的步骤如下。

- 安装和配置 JDK。
- 配置 IDE。

### 1.2.1　安装和配置 JDK

JDK 可以为运行 Java 程序提供环境。因此，在搭建开发环境时需要安装和配置 JDK。这样，在 IDE 中编写好的 Java 程序才能被运行。

首先需要参照 1.1.3 小节的内容选择 JDK 的版本。本书介绍基础的 Java 编程技术，涉及的所有程序都兼容 JDK 8。JDK 是向后兼容的。也就是说，基于 JDK 8 开发的 Java 程序在 JDK 11 和 JDK 17 上也可以运行。

JDK 最初由 Sun 公司开发，后来 Oracle 公司收购了 Sun，拥有了 JDK 的维护权。读者可以在 Oracle 官网下载 JDK 8 安装包，下载页面参见本书资源包中提供的《本书涉及的网址》文档。在页面中可以下载适用于 Linux、macOS、Solaris 和 Windows 等不同平台的 JDK 安装包，如图 1-7 所示。

在下载页面中找到并下载适用于 Windows x64 版本的安装包。下载前需要登录 Oracle 账户。编者下载的安装包是 jdk-8u371-windows-x64.exe。下载完成后运行安装包，根据安装程序的引导完成安装。默认的安装目录为 C:\Program Files\Java，其下包含 2 个目录，分别用于存储 JDK 和 JRE，如图 1-8 所示。

图 1-7　在 JDK8 下载页面中选择适用于不同平台的 JDK 安装包　图 1-8　JDK 8 安装完成后的目录

然后需要参照如下步骤配置环境变量。

① 打开环境变量配置窗口。不同版本的 Windows 中的配置方法大致相同。

② 添加环境变量 JAVA_HOME，变量值为 JDK 的安装目录，例如编者的安装目录为 C:\Program Files\Java\jdk-1.8。

③ 在 Path 环境变量中添加如下代码：

```
C:\Program Files\Java\jdk-1.8\bin;
```

添加环境变量 CLASSPATH，变量值如下：

```
.; C:\Program Files\Java\jdk-1.8\lib; C:\Program Files\Java\jdk-1.8\lib\tools.jar
```

注意：最前面有一个 "."。

配置好后，打开命令行窗口执行如下命令，可以查看 JDK 的版本：

```
java -version
```

在编者的环境下，窗口中返回如下信息：

```
java version "1.8.0_371"
Java(TM) SE Runtime Environment (build 1.8.0_371-b11)
Java HotSpot(TM) 64-Bit Server VM (build 25.371-b11, mixed mode)
```

这些信息说明 JDK 已经安装成功。

### 1.2.2 常用的 Java IDE

Java 程序就是纯文本。理论上使用任何 IDE 都可以编写 Java 代码。但是，开发程序并不只是编写代码，还需要调试、编译和运行程序，这些操作通常需要借助专门的 Java IDE 软件完成。好的 Java IDE 还应该使编写代码以及调试、编译和运行程序变得更方便。

市场上有很多 Java IDE，读者可以根据习惯进行选择。本小节介绍常用的 Java IDE，供读者选择时参考。

#### 1. IDEA

IDEA 的全称为 IntelliJ IDEA，是非常流行的 Java IDE。它具有自动完成编码、语法高亮显示等功能。因此，它可以给用户一些有益的提示，使程序开发的过程更加高效。

IDEA 有下面 2 种不同的版本。

① 具有 Apache 2 许可的社区版（community edition）：这是一个免费的、开源的版本。

② 旗舰版（ultimate edition）：这是一个需要付费的版本，主要关注 Web 应用和企业应用的开发。

IDEA 的主要优势如下。

➢ 其界面和操作方式对用户很友好。

➢ IDEA 提供自动完成编码功能。用户只需要输入少量的代码，IDEA 就可以给出相应的提示，供用户选择，从而自动完成编码。

➢ IDEA 可以针对用户的代码给出一些改善建议，比如在有可能产生异常的代码处建议用户增加用于处理异常的 try…catch 代码块。

➢ IDEA 在 Linux、macOS 和 Windows 下都可以安装、使用。很多 Java 开发者使用 macOS 作为开发 Java 程序的基础环境，这是因为很多 Java 程序（特别是 Web 应用程序）上线后是部署在 Linux 服务器上的，macOS 的很多命令与 Linux 的命令接近，而且 macOS 的操作界面对用户也很友好。

➤ 除了 Java，IDEA 还可以理解 HTML（hypertext markup language，超文本标记语言）、JavaScript 和 SQL（structure query language，结构查询语言）等语言的语法，这使开发 Web 应用变得很方便。

➤ IDEA 对 Git 等版本控制平台提供了很大的支持，便于团队开发和分享代码。

IDEA 的主要不足如下。

➤ 旗舰版是功能完备的版本，但是需要付费；而免费的社区版的功能并不完备，缺乏对一些开发框架的支持。

➤ 安装 IDEA 需要占用 700～800MB 的磁盘空间。

➤ 在使用 IDEA 时可能会占用比较多的系统资源，导致计算机运行较慢。

尽管存在一些不足，但是它还是深受广大 Java 开发者的欢迎，是应用最广泛的 Java IDE 之一。

## 2．Eclipse

Eclipse 也是一款很流行的 Java IDE。它免费、开源，而且历史比较悠久。很多经验丰富的 Java 开发者选择使用 Eclipse，因为在他们开始 Java 编程时，Eclipse 是最受欢迎的 Java IDE 之一。

Eclipse 有下面 2 种不同的版本。

① 桌面版本：安装在桌面系统上的版本。

② 云版本：开发者可以使用浏览器编辑代码，并将代码存储在云端。这样，开发者只要有一台可以上网的计算机，就可以随时随地完成编程工作了。

Eclipse 支持 100 多种编程语言。对于经常使用多种语言编程的开发者而言，Eclipse 是非常方便的 IDE。

Eclipse 的主要优势如下。

➤ 可以在 Linux、macOS 和 Windows 下安装使用。

➤ 完全免费。

➤ 支持插件化。用户可以安装需要的插件，实现不同的功能。

➤ 用户界面简单、易用，对初学者很友好。

➤ 提供了很方便的调试程序特性。

➤ 具有自动完成编码的功能。

Eclipse 的主要不足如下。

➤ 当安装的插件很多时，Eclipse 的运行速度会比较慢。

➤ 占用的系统资源比较多。

➤ Eclipse 的内存管理做得并不是很好，当同时打开多个工作空间时偶尔会遇到崩溃的情况。

## 3．MyEclipse

MyEclipse 是基于 Eclipse 平台构建的 Java IDE，通常用于开发 Java EE 应用或 Web 应用。MyEclipse 包含下面 2 个版本。

① 标准版：在基本 Eclipse 的基础上增加了很多工具，包括数据库工具、持久性工具、

Spring 框架工具。

② 专业版：与标准版相比，专业版集成了更多的插件，可以支持更多的功能。

MyEclipse 的主要优势如下。

➢ 可以在 Linux、macOS 和 Windows 下安装使用。

➢ 支持 codelive 插件，可以实时预览编辑中的网页。

➢ 提供一个支持软件开发全流程的工具集。

➢ 提供数据库可视化的功能。

MyEclipse 的主要不足如下。

➢ MyEclipse 是需要付费的软件，但是提供 30 天的免费试用。

➢ MyEclipse 对初学者不够友好。

➢ MyEclipse 会占用大量的系统资源。

➢ MyEclipse 比其他 Java IDE 的编译速度慢。

本书选择以 IDEA 为例，介绍 Java IDE 在开发 Java 程序过程中的功能和作用。

### 1.2.3　一个简单的 Java 程序

本小节通过一个简单的 Java 程序介绍 Java 程序的基本要素和基本编码格式。假定创建一个 d:\workspace\javabase 目录，用于保存本书介绍的所有 Java 程序，其中 workspace（工作空间）是管理和存储 Java 程序的集合；然后创建 d:\workspace\javabase\1 子目录，用于保存第 1 章的 Java 程序。

【例 1-1】　在 d:\workspace\javabase\1 子目录下创建一个文本文件 hello.java，其中的代码如下：

```
public class hello {
    public static void main(String[] args) {
        System.out.println("Hello world!");
    }
}
```

因为程序很简单，可以直接使用记事本编辑 hello.java 的内容。

hello.java 中包含 Java 程序的基本元素，对这些元素的说明如下。

➢ 程序的第 1 行定义了一个名为 hello 的类（class）。

➢ hello 类中包含一个主函数 main()。运行 Java 程序时，JVM 会找到并运行其中的 main()函数。函数是实现特定功能的一组语句，可以通过函数名调用函数。

➢ 类和函数内部都包含代码，类内部包含的代码被称为类主体，函数内部包含的代码被称为函数体。

➢ 在定义 hello 类和 main()函数时都使用了关键字 public，这是一种访问权限修饰符，用于定义程序元素的访问权限。public 代表公共权限，其定义的类或函数可以在任何一个类中被调用。关于访问权限修饰符的具体内容将在第 4 章介绍。

➢ 在 main()函数中，调用 System.out.println()函数在控制台输出字符串"Hello world!"。方法是定义在类中的函数，不过 Java 的函数都在类中定义，因此在 Java 中方法等同于函数。字符串 "Hello world!" 是 System.out.println()函数的参数，通过参数可以将数据传递到方法内部。

由例 1-1 的代码可以看到 Java 程序的基本编码格式，具体如下。

- 定义类的访问权限修饰符 public 需要顶格书写。
- 类主体和函数体都以左花括号（{）开始，以右花括号（}）结束。左花括号（{）不换行书写，右花括号（}）需要与它对应的类和函数的定义代码对齐。
- 类主体和函数体中的代码应该缩进书写。可以使用制表符或 4 个空格作为缩进。类主体中的函数需要进行一次缩进，函数体内部的代码还需要再进行一次缩进。
- 每个单一的 Java 语句后面都使用分号（;）标识语句的结束。但是}后面不需要使用分号，因为}本身就标识类主体、函数体或其他语句体的结束，不需要再使用分号标识结束。

打开命令行窗口，执行如下命令对 hello.java 进行编译：

```
d:
cd d:\workspace\javabase\1
javac hello.java
```

如果程序中没有错误，编译完成后会生成 hello.class，如图 1-9 所示。hello.class 是 hello.java 对应的字节码文件，而 javac 命令表示 Java 编译器，对应 javac.exe。

执行如下命令可以运行 hello.class：

```
java hello
```

运行结果如图 1-10 所示。

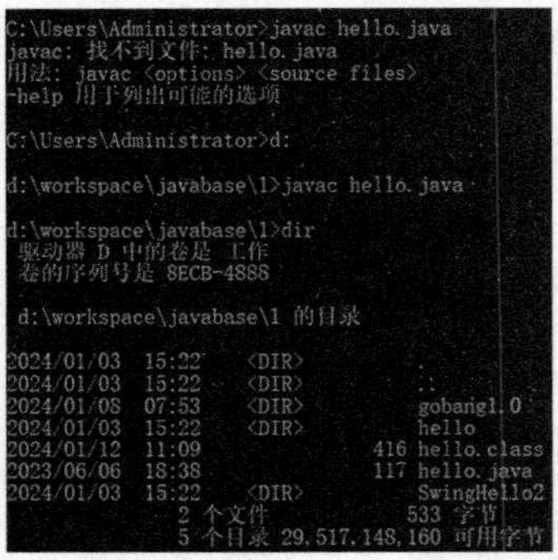

图 1-9  编译完成后会生成 hello.class 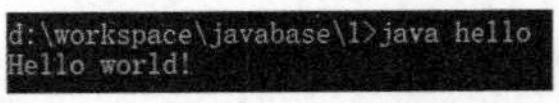          图 1-10  运行 hello.class 的结果

至此，本小节通过手动操作的方式一步一步地完成了 Java 程序的开发过程，可以参照 1.2.4 小节进一步理解该过程。

### 1.2.4  使用 IDEA 开发 Java 程序

IDEA 给 Java 开发者提供了很多辅助功能，使得开发的过程更加便捷。本书以 IDEA 2023.1.2 为例介绍使用 IDEA 开发 Java 程序的方法。安装 IDEA 后，在系统菜单中选择"文件"/"设置"，打开"设置"对话框；在对话框左侧的导航栏中选中"插件"，然后在对话框右侧的插件市场中搜索并安装"中文"插件，如图 1-11 所示。

#### 1．创建 Java 项目

例 1-1 介绍的 Java 程序只有 hello.java 一个源文件。比较复杂的 Java 程序通常会包含多个源文件，用于实现不同的功能。Java 项目是 IDEA 组织 Java 程序的基本单位，它相当于一个容器，管理 Java 程序中的所有源文件和资源文件。比如，Web 应用项目除了包含 Java

源文件外，还包含图片文件、网页文件、样式表文件等前端资源文件。

在 IDEA 的系统菜单中依次选择"文件"/"新建"/"项目"，打开"新建项目"对话框，如图 1-12 所示。

图 1-11　在 IDEA 插件市场中搜索并安装"中文"插件　　　图 1-12　"新建项目"对话框

在"名称"文本框中输入项目名，假定为 hello；在"位置"文本框中选择存储项目的目录，假定为 D:\workspace\javabase\1。其他选项保持默认设置，然后单击"创建"按钮创建 Java 项目。IDEA 会默认打开新建的项目，如图 1-13 所示。

默认情况下，IDEA 窗口分为左右 2 个窗格。在左侧窗格中以树状结构显示项目中包含的各种文件夹和文件。双击某个文件，右侧窗格（编辑窗口）中会显示其内容。

默认新建的 Java 项目中包含一个 src 文件夹，用于存储项目中的源文件。如果在创建项目时勾选了"添加示例代码"复选框，其中包含一个 Main.java 文件，文件中包含一个 main()函数。main()函数是运行 Java 程序的入口，在运行 Java 项目时，需要指定执行的 main()函数。

默认创建的 Main.java 中包含的代码与例 1-1 中的代码一致。

### 2．IDEA 的自动提示和自动完成编码功能

在 IDEA 的编辑窗口中输入字符，会触发自动提示功能。例如，在类 Main 的{字符后面连续按 Enter 键，输入 p，会弹出图 1-14 所示的提示。选择一项提示内容，IDEA 会在编辑窗口中自动完成对提示内容的编码，这会使编码的过程更加方便。

图 1-13　打开新建项目的 IDEA 窗口

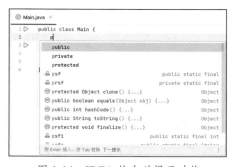

图 1-14　IDEA 的自动提示功能

概述 / 第 1 章

### 3. 编译和构建 Java 程序

编译和构建（build）都是从源代码生成目标代码的过程，在 IDEA 中它们的区别如下。

① 编译指根据.java 文件生成.class 文件的过程。

② 构建则更复杂，通常包含如下步骤。

➢ 编译 Java 源代码。

➢ 编译 Java 项目中的测试代码。如果 Java 项目中引入了测试框架，则需要根据要求编写测试代码。

➢ 执行测试代码。

➢ 根据配置对 Java 项目进行打包（Jar 包、War 包或其他格式的包）。

➢ 执行健康检查。健康检查可以监控应用的运行状态。

➢ 生成构建报告。

在 IDEA 的系统菜单中依次选择"构建"/"构建项目"，可以开始构建项目；在 IDEA 的系统菜单中依次选择"构建"/"构建模块 hello"，可以开始构建模块。模块是 Java 的一个重要概念，可以实现 Java 代码和资源的分组管理。

如果在编辑窗口中打开了 Main.java，还可以选择"构建"/"编译 Main.java"，对 Main.java 进行编译。因为 hello 项目非常简单，所以构建项目、构建模块 hello 和编译 Main.java 的效果是一样的，都是在项目目录下创建一个 out 文件夹，然后在 out\production\hello 目录下生成字节码文件 hello.class。

在编译或构建 Java 程序时，如果程序中存在语法错误，则 IDEA 会在编辑窗口中给出提示。例如，在编辑窗口中输入如下程序：

```
public class Main {
    public static void main(String[] args) {
        System.out.printline("Hello world!");
    }
}
```

在上面的程序中，System.out.printline()函数并不存在，因此 printline 会被显示为红色，并且在窗口底部的"问题"窗格中会显示详细的错误信息，如图 1-15 所示。

### 4. 运行 Java 程序

在编辑窗口中打开 Main 类，然后单击窗口右上角的 ▶ 图标可以运行 Main 类中的 main() 函数。运行结果显示在窗口底部的"运行"窗格中，如图 1-16 所示。

图 1-15　在窗口底部的"问题"窗格中会
显示详细的错误信息

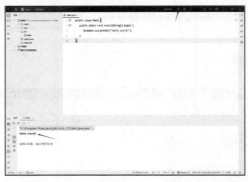

图 1-16　在 IDEA 中运行 Java 程序

可以看到，在 IDEA 中不用执行任何一条命令，就可以很方便地对 Java 程序进行编辑、编译、构建和运行。

### 1.2.5　Java 注释

注释是对代码的解释和说明，其目的是增强代码的可读性，让人们能够更加轻松、直观地了解代码的设计思路和程序逻辑。在编译程序的时候，Java 编译器会忽略注释。Java 中包含单行注释、多行注释和文档注释 3 种类型的注释。

#### 1．单行注释

单行注释以//开头，通常在//后面会追加一个空格，空格后是注释字符串。单行注释只能包含一行注释字符串，因此它经常用于说明一行代码的功能。单行注释可以独占一行，也可以紧接在一行代码的后面。下面是使用单行注释的示例代码：

```
public class Main {
    // 主函数
    public static void main(String[] args) {
        System.out.println("Hello world!"); // 在控制台输出字符串
    }
}
```

#### 2．多行注释

多行注释以/*开头，以*/结尾。/*和*/通常各自独占一行，在/*和*/之间可以包含多行注释字符串。虽然/*所在行的后部和*/所在行的前部也可以包含注释字符串，但是出于对美观的考虑，通常建议保持/*和*/独占一行。同时，建议在/*和*/之间的每一行注释字符串都以*开头，并且*后面紧接着一个空格，空格后才是注释字符串。

下面是使用多行注释的示例代码：

```
public class Main {
    public static void main(String[] args) {
        /*
         * 这是一个非常简单的 Java 程序
         * System.out.println()函数可以在控制台中输出字符串
         * 这里是多行注释的示例
         */
        System.out.println("Hello world!");
    }
}
```

#### 3．文档注释

顾名思义，文档注释是一种可以用来生成程序帮助文档的注释。使用该注释后可以通过 JavaDoc 命令生成 HTML 格式的程序帮助文档，具体方法将在本小节后续内容中介绍。

文档注释是特殊的多行注释，在注释字符串中可以通过文档注释标签标记一些特殊信息。比较常用的文档注释标签如下。

➢ @author：用于标记作者信息。
➢ @version：用于标记版本信息。
➢ @param：用于标记函数的参数信息。
➢ @return：用于标记函数的返回值信息。

文档注释字符串通常用于说明类或函数，建议分为如下 3 段进行说明。

➢ 第 1 段：概要描述，用简短的文字描述该类或函数的作用，以英文句号结束。

➢ 第 2 段：详细描述，可以用大段的文字描述该类或函数的作用，以英文句号结束。

➢ 第 3 段：文档标记，使用文档注释标签标记作者、版本、参数、返回值等信息。

IDEA 可以提供对文档注释的特殊支持。如果在一个类的上方输入/\*\*然后按 Enter 键，会自动生成如下代码：

```
/**
 *
 */
```

可以从第 2 行开始输入文档注释字符串，按 Enter 键后 IDEA 会自动在下一行生成一个\*，并且将这一行的\*和上一行的\*对齐，然后可以继续输入文档注释字符串。

如果在一个函数的上方输入/\*\*然后按 Enter 键，也会自动生成文档注释的基本框架代码。例如，在 main()函数上方输入/\*\*然后按 Enter 键，生成的代码如下：

```
/**
 *
 * @param args
 */
```

因为 main()函数包含一个参数 args，所以生成了一个@param 标签；因为 main()函数没有返回值，所以没有生成@return 标签。可以在此基础上完成文档注释，如下所示：

```
/*
 * 例 1-1
 * 通过一个简单的 Java 程序介绍 Java 程序的基本要素和基本编码格式.
 * @author 张三
 * @version 1.0
 */
public class Main {
    /**
     * 主函数
     * @param args 命令行参数
     */
    public static void main(String[] args) {
        System.out.println("Hello world!");
    }
}
```

IDEA 内置了 JavaDoc。在系统菜单中依次选择"工具"/"生成 JavaDoc"，打开"生成 JavaDoc"对话框，如图 1-17 所示。

在这个对话框中可以选择为整个项目的所有类生成程序帮助文档，即 JavaDoc 文档，也可以选择为指定的单个类生成 JavaDoc 文档。JavaDoc 文档是一个 HTML 文件，在这个对话框中可以选择保存该文件的输出目录，还可以在对话框下部选择输出的文档注释标签。

为了防止出现中文乱码，需要在"命令行实参"文本框中填写如下内容：

```
-encoding UTF-8 -charset UTF-8
```

图 1-17　"生成 JavaDoc"对话框

配置完成后单击"生成"按钮，会生成 JavaDoc 文档（index.html），生成完成后自动打开该文档。

## 1.3 趣味实践：五子棋游戏概况

为了便于读者学习和理解每章的知识点，本书会结合一个趣味实践案例（五子棋游戏）让读者身临其境地参与 Java 编程的过程。在每章的趣味实践一节中，会结合本章介绍的编程知识实现五子棋游戏的相关功能，从而提升读者学习编程技术的兴趣，使读者强化记忆，加深理解，提高动手实践的能力。

Java 图形用户界面
开发基础

### 1.3.1 Java 图形用户界面开发基础

本书的趣味实践案例使用 Java Swing（后文简称 Swing）组件编程技术实现。Swing 组件包含在 JFC（Java foundation classes，Java 基础类库）中，用于开发桌面应用程序。这里所说的桌面应用程序并不等同于 Windows 应用程序，因为 Swing 组件支持跨平台特性。使用 Swing 组件开发的应用程序不但可以在 Windows 操作系统上运行，还可以在 UNIX、macOS 等其他操作系统上运行。附录 A 的实验 1 中将演示 Swing 组件的跨平台特性。

#### 1．Swing 组件类

Swing 组件基于 AWT（abstract windowing toolkit，抽象窗口工具包）API（application program interface，应用程序接口），完全由 Java 编程实现，其中封装了一组组件类，包括窗体、对话框、标签、按钮等。"类"的概念和编程方法将在第 4 章介绍，这里可以将类理解为实现特定功能的程序单元。

常用的 Swing 组件类说明如下。

➢ JFrame：窗体类，用于构建一个初始时不可见的框架。
➢ JDialog：用于构建非模态（modeless）对话框。当用户打开非模态对话框时，依然可以操作其他窗口。
➢ JApplet：小应用程序类，依靠浏览器执行。使用 JApplet 开发的小应用程序可以直接嵌入网页中，实现绘制图形、控制字体和颜色、插入动画和声音等功能。
➢ JLabel：标签组件，用于显示文本。
➢ JList：消息列表组件，用于选择一个或多个选项。
➢ JTable：表格组件，用于以二维表格的形式展现数据。
➢ JComboBox：下拉列表组件。
➢ JSlider：水平滑块组件，取值范围为 0～100，初始值为 50。
➢ JMenu：菜单组件。
➢ JButton：按钮组件。
➢ JPanel：面板容器类，可以将其他组件添加到 JPanel 对象中，再将 JPanel 对象添加到窗体中。

#### 2．Swing 的简单示例程序

下面通过一个简单的示例程序演示 Swing 编程的基本方法。创建 Java 项目 SwingHello，

其 Main 类的定义代码如下：

```
import javax.swing.*;

public class Main {
    public static void main(String[] args) {
        JFrame f=new JFrame();                    // 创建 JFrame 示例

        JButton b=new JButton("Hello");           // 创建 JButton 示例，标题为 "Hello"
        b.setBounds(130,100,100, 40);             // 设置按钮组件的位置和大小
        f.add(b);                                 // 将按钮组件 b 添加到 JFrame 容器 f 中
        f.setSize(400,500);                       // 设置窗体的大小
        f.setLayout(null);                        // 清空默认的布局模式，由用户自定义布局
        f.setVisible(true);                       // 使窗体可见
    }
}
```

程序使用 JFrame 组件定义了一个 Swing 窗体 f，其中使用 JButton 组件定义了一个标题为 "Hello" 的按钮组件 b。

调用组件的 setBounds()函数可以设置组件的位置和大小，相当于定义显示组件的矩形空间。setBounds()函数包含 4 个参数，具体说明如下。

① 第 1 个参数：表示组件左上角的 $x$ 坐标。

② 第 2 个参数：表示组件左上角的 $y$ 坐标。

③ 第 3 个参数：表示组件的宽度。

④ 第 4 个参数：表示组件的高度。

JFrame 组件的 setLayout()函数用于设置组件的布局模式。JFrame 组件支持如下 3 种布局模式。

① 流式布局：组件在窗体中从左到右依次排列。如果组件排列到一行的末尾，则换行排列。排列情况会随着窗体的大小变化而改变。

② 网格布局：以矩形网格形式对容器中的组件进行布局。容器被分成大小相等的矩形，每个矩形中放置一个组件。

③ 边界布局：将窗体分为北、南、东、西、中 5 个区域，每个区域最多只能包含一个组件。

如果不特别指定，则默认采用边界布局。

本例中清空默认的布局模式，由用户自定义组件的位置和大小。

运行项目，打开的窗体如图 1-18 所示。这是在 Windows 10 操作系统中显示的窗体，在其他操作系统中显示的窗体的样式会略有不同。附录 A 中会介绍 Java 桌面应用程序的跨平台特性。

SwingHello 项目中的窗体非常简单，窗体中只有一个按钮，单击按钮没有任何反应。窗体中其他组件的使用方法和桌面应用的开发方法将在本书后面内容中结合五子棋游戏的实现过程进行介绍。

图 1-18　运行项目
SwingHello 的结果

### 3．处理单击事件

在本小节前面介绍的项目 SwingHello 中，单击 "Hello" 按钮并没有任何反应，这是因为程序中并没有对单击事件进行任何处理。可以

通过如下步骤在窗体中处理单击事件。

① 定义一个自定义窗体类。

② 定义一个事件监听器类。

③ 在自定义窗体类中指定窗体的事件监听器类。

④ 在事件监听器类中编写处理单击事件的代码。

为了演示在窗体中处理单击事件的方法，创建 Java 项目 SwingHello2。在 IDEA 窗口的左侧窗格中右击 src 文件夹，在打开的快捷菜单中选择"新建"/"Java 类"，打开"创建新的类"弹框，如图 1-19 所示；在"名称"文本框中输入 MyFrame，然后按 Enter 键，在 src 文件夹下会出现一个名为 MyFrame 的 Java 类。这里将其作为自定义窗体类，如图 1-20 所示。

图 1-19 "创建新的类"弹框

图 1-20 新建的自定义窗体类 MyFrame

MyFrame 类的代码如下：

```
public class MyFrame  extends JFrame {
    public  JButton  btn_hello;              // 按钮组件对象
    private ButtonHelloListener listener;     // 事件监听器对象
    // 构造方法
    public  MyFrame(){
        btn_hello =new JButton("Hello");      // 创建 JButton 示例，标题为"Hello"
        btn_hello.setBounds(130,100,100, 40);  // 设置按钮组件的位置和大小
        this.add(btn_hello);// 将按钮组件 btn_hello 添加到 JFrame 容器 f 中
        listener = new ButtonHelloListener();
        btn_hello.addActionListener(listener);
        this.setSize(400,500);                // 设置窗体的大小
        this.setLayout(null);                 // 清空默认的布局模式，由用户自定义布局
        this.setVisible(true);                // 使窗体可见
    }
}
```

在定义类 MyFrame 时使用 extends 关键字指定类 MyFrame 继承自 JFrame，也就是说 MyFrame 是一个窗体。

类 MyFrame 中定义了一个按钮组件对象 btn_hello 和事件监听器对象 listener。addActionListener()函数将 listener 绑定到指定的组件，用于监听该组件的相关事件。

事件监听器类 ButtonHelloListener 的代码如下：

```
public class ButtonHelloListener implements ActionListener {
    public void actionPerformed(ActionEvent e) {
        System.out.println("您单击的 hello 按钮…");
    }
}
```

事件监听器类都需要实现 ActionListener 接口。接口的概念和作用将在第 4 章介绍，这里只需要知道使用 implements 关键字可以实现接口即可。

当在指定组件上触发事件时会调用 actionPerformed() 函数,这里会在控制台中输出"您单击的 hello 按钮..."。ActionEvent 对象 e 是 actionPerformed() 函数的参数,通过 e.getSource() 函数可以获得触发事件的组件对象。因此一个事件监听器类可以同时处理多个组件的触发事件,并通过 e.getSource() 函数进行区分。具体方法将在第 3 章介绍。

### 1.3.2 五子棋游戏功能简介

本书的趣味实践案例五子棋游戏的主界面如图 1-21 所示。

这个案例的实现过程会贯穿全书,随着每章讲解的编程技术的增加,案例的功能也越来越丰富。

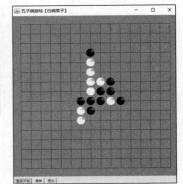

图 1-21 五子棋游戏的主界面

#### 1．第 1 章

在第 1 章的趣味实践案例内容中,将介绍实现五子棋游戏 1.0 版的过程。

第 1 章主要介绍 Java 的特性、开发环境以及开发桌面应用的基础知识。因为还没有开始详细介绍 Java 编程的技术细节,所以五子棋游戏 1.0 版主要设计五子棋游戏的主窗体、在主窗体中摆放按钮并处理单击按钮的事件。为了让读者体验 Java 程序的跨平台特性,附录 A 的实验 1 中会搭建一个 Ubuntu 虚拟机环境,并在 Ubuntu 平台上部署、运行五子棋游戏 1.0 版。

#### 2．第 2 章

在第 2 章的趣味实践案例内容中,将介绍实现五子棋游戏 1.1 版的过程。

第 2 章主要介绍数据类型、常量、变量、表达式、常用语句和数组等 Java 编程的基础知识。通过对第 2 章的学习,读者已经可以完成简单的 Java 编程了,五子棋游戏 1.1 版将结合桌面应用的基础绘图功能在主窗体中绘制棋盘,实现落子功能。

#### 3．第 3 章

在第 3 章的趣味实践案例内容中,将介绍实现五子棋游戏 1.2 版的过程。

第 3 章主要介绍函数编程。通过对第 3 章的学习,读者可以通过函数实现特定的功能。五子棋游戏 1.2 版将通过函数对五子棋游戏的已有功能进行整理,并实现重新开始、悔棋和退出游戏的功能。

#### 4．第 4 章

在第 4 章的趣味实践案例内容中,将介绍实现五子棋游戏 1.3 版的过程。

第 4 章主要介绍面向对象程序设计的方法。通过对第 4 章的学习,读者可以将对象的数据和操作封装到类中,从而使程序的结构更清晰、更易于维护。五子棋游戏 1.3 版将五子棋游戏中的基本游戏元素封装成类,例如棋子类、点位类、规则类等。

#### 5．第 5 章

在第 5 章的趣味实践案例内容中,将介绍实现五子棋游戏 1.4 版的过程。

第 5 章主要介绍 I/O（input/output，输入/输出）编程。通过对第 5 章的学习，读者可以通过编程管理目录和文件、读/写文件的内容。

五子棋游戏 1.4 版将新增使用配置文件和记录日志的功能。

### 6．第 6 章

在第 6 章的趣味实践案例内容中，将介绍实现五子棋游戏 2.0 版的过程。

第 6 章主要介绍网络编程。通过对第 6 章的学习，读者可以通过编程实现网络中两台主机上程序的互相通信。

五子棋游戏 1.x 版都是单机版程序。黑棋先落子，然后白棋落子，互相交替，以此类推。两位玩家如果想对弈，就必须交替使用计算机，操作并不方便，降低了游戏的趣味性。2.0 版则实现了网络对弈的功能，两位玩家可以在各自的计算机上运行游戏，借助网络进行一对一对弈。

### 7．第 7 章

在第 7 章的趣味实践案例内容中，将介绍实现五子棋游戏 2.1 版的过程。

第 7 章主要介绍多线程编程。通过对第 7 章的学习，读者可以在一个程序中同时处理多个任务。

五子棋游戏 2.0 版只实现了两位玩家在两台计算机之间的一对一对弈。玩家在开始游戏前必须知道对方的 IP 地址，才能建立链接，实现对弈。2.1 版则开发了游戏大厅的功能。游戏大厅可以接受多位玩家的接入申请，玩家可以自主选择对手，进行网络对弈。游戏大厅支持多对玩家同时对弈。

### 8．第 8 章

在第 8 章的趣味实践案例内容中，将介绍实现五子棋游戏 2.2 版的过程。

第 8 章主要介绍数据库编程。通过对第 8 章的学习，读者可以将数据存储在数据库里。

五子棋游戏 2.1 版并没有用户管理功能，用户进入游戏大厅时需要输入一个临时玩家昵称；也没有记录用户之间的游戏记录。2.2 版则开发了游戏大厅的用户管理功能，用户通过登录才能进入游戏大厅。每次对弈的结果也会被存储在数据库中，并可以在游戏大厅中展示。

### 9．第 9 章

在第 9 章的趣味实践案例内容中，将介绍实现五子棋游戏 3.0 版的过程。

第 9 章主要介绍开发 Web 应用程序的方法。通过对第 9 章的学习，读者可以设计简单的网页，开发简单的 Web 应用程序。五子棋游戏 3.0 版是 Web 应用程序，用户可以在浏览器中访问网站，参与游戏。

### 10．附录 A

由于篇幅所限，每章的趣味实践部分并没有完整介绍实现本章五子棋游戏案例的过程。正文部分通常只介绍案例的总体架构、设计思想和关键代码，完整的代码解析包含在附录 A 中。

### 11．附录 B

附录 B 介绍了实现五子棋游戏 4.0 版的过程。4.0 版是本书的大作业，该版本在 1.0 版的基础上新增了人机对弈功能，集成了一个简单的机器人 Robot，可以根据当前棋盘上的布局计算在每个点位上落子的得分，并在得分最高的点位上落子。

人机对弈版五子棋
游戏的落子积分算法

### 1.3.3　开发五子棋游戏 1.0 版

五子棋游戏 1.0 版的 Java 项目为 gobang1.0。由于篇幅所限，本小节不具体介绍 gobang1.0 项目的代码、构建和跨平台部署的情况，读者可以参照附录 A 理解这些内容。

## 1.4 本章小结

本章介绍了 Java 的主要特性以及搭建 Java 开发环境的方法，趣味实践部分还介绍了开发五子棋游戏所必须具备的 Java 图形用户界面开发基础。

本章的主要目的是使读者初步了解 Java 的基本情况，为后面学习 Java 程序开发奠定基础。

## 习题

**一、选择题**

1. （　　　）可以为 Java 程序提供一个独立的运行环境。
   A．Windows　　　　B．Linux　　　　　C．macOS　　　　D．JVM
2. Java 源文件的扩展名为（　　　）。
   A．.java　　　　　B．.class　　　　　C．.jar　　　　　D．.war
3. （　　　）命令表示 Java 编译器。
   A．java　　　　　B．jdk　　　　　　C．javac　　　　D．jre
4. Java 字节码文件的扩展名为（　　　）。
   A．.java　　　　　B．.class　　　　　C．.jdk　　　　　D．.jre
5. （　　　）是 Swing 组件类中的窗体类。
   A．JFrame　　　　B．JDialog　　　　C．JApplet　　　D．JPanel

**二、填空题**

1. _____是 Java 开发包，可以提供运行 Java 程序所必需的一组工具。
2. _____作为独立的组件，只用于运行 Java 程序，也可以作为 JDK 的一部分存在。因为开发 Java 程序时也需要运行程序，以观察程序的运行效果。
3. Java_____是可以从.java 文件生成.class 文件的软件。
4. JDK 分为_____、_____和_____3 个类型。

**三、简答题**

1. 简述 Java 的跨平台特性。
2. 简述 JDK、JVM 和 JRE 在开发 Java 程序过程中所起的作用。

# 第2章 基本语法结构

本章介绍 Java 的基本语法和编码规范，包括数据类型、运算符、常量、变量、表达式、常用语句和数组等基础知识，为使用 Java 开发应用程序奠定基础。

## 2.1 常量、直接量和变量

常量、直接量和变量是编程语言的最基本元素，它们是构成表达式和编写程序的基础。

### 2.1.1 常量

常量是内存中用于保存固定值的单元，在程序中常量值不能发生改变。在 Java 中定义常量的方法如下：

```
final 数据类型 常量名 = 常量值
```

例如，下面的语句定义了一个 double 型的浮点数常量 PI：

```
final double PI = 3.14;
```

### 2.1.2 标识符与关键字

标识符与关键字是 Java 的基本语法元素。在开始 Java 编程前，首先应该了解 Java 标识符与关键字的概念和使用方法。

#### 1. 标识符

标识符是用户编程时使用的名称，常量名就是一种标识符。2.1.6 小节介绍的变量名和后面内容介绍的函数名、类名都属于标识符。

Java 标识符应该符合如下规则。

➢ 所有的标识符都应该以字母（A~Z 或者 a~z）、美元符（$）或下画线（_）开头。

➢ 首字符后可以是由字母（A~Z 或者 a~z）、美元符（$）、下画线（_）或数字组成的任何字符组合。

➢ 不能使用关键字作为标识符。

➢ 标识符是大小写敏感的，也就是说，Abc 和 abc 是 2 个不同的标识符。

例如，_x、$x、x1 都是有效的标识符，123 和 1x 则不是有效的标识符。

## 2. 关键字

关键字也称为保留字，是编程语言中具有专门用途的字符串（单词），因此不能将关键字用作标识符。Java 关键字中所有字母都为小写，具体如表 2-1 所示。

**表 2-1　Java 关键字**

| 用途 | Java 关键字 | 具体说明 |
|---|---|---|
| 用于定义数据类型 | class、interface、enum、byte、short、int、long、float、double、char、boolean、void | void 表示函数没有返回值，具体情况将在第 3 章介绍。class 用于定义类，interface 用于定义接口，它们的具体情况将在第 4 章介绍。其他用于定义数据类型的关键字将在本章后续内容中介绍 |
| 用于定义流程控制 | if、else、switch、case、default、while、do、for、break、continue、return | return 用于指定函数的返回值，具体情况将在第 3 章介绍；其他用于定义流程控制的关键字将在 2.3 节介绍 |
| 用于定义访问权限 | private、protected、public | 默认生成的 main() 函数都是用 public 定义访问权限的。后续内容中在介绍常量、变量、函数、类时都需要使用用于定义访问权限的关键字。这些关键字的作用将在第 4 章介绍 |
| 用于定义类、函数、常量、变量 | abstract、final、static、synchronized | final 用于定义常量和最终类，最终类的概念和使用方法将在第 4 章介绍；<br>static 用于定义静态类中的静态成员，具体情况将在第 4 章介绍；<br>abstract 用于定义抽象类及其中的抽象成员，具体情况将在第 4 章介绍；<br>synchronized 关键字用于实现线程同步，具体情况将在第 7 章介绍 |
| 用于继承类和实现接口 | extends、implements | 它们的作用和使用方法将在第 4 章介绍 |
| 用于代表或操作类示例的关键字 | new、this、super、instanceof | 它们的作用和使用方法将在第 4 章介绍 |
| 用于处理异常 | try、catch、finally、throw、throws | 它们的作用和使用方法将在第 4 章介绍 |
| 用于定义和导入 Java 包的关键字 | package、import | 它们的作用和使用方法将在第 4 章介绍 |
| 用于作为修饰符使用以及创建断言的关键字 | native、strictfp、transient、volatile、assert | volatile 的作用和使用方法将在第 7 章介绍；其他几个关键字由于使用频率不高，本书不对其展开介绍 |

### 2.1.3　数据类型

在定义常量时需要指定常量的数据类型。Java 提供了一些基本数据类型，这些基本数据类型可以构成数组、集合、映射等复杂数据类型。本小节简单介绍 Java 的基本数据类型。

Java 中包括逻辑类型、整数类型、浮点类型和字符类型 4 种基本数据类型。

### 1. 逻辑类型

逻辑类型又称为布尔类型，通常用来判断条件是否成立。Java 可以使用关键字 boolean 定义逻辑类型的常量或变量。

声明逻辑类型常量的方法如下：

```
final boolean TRUE = true;
```

其中，true 是逻辑类型直接量，表示真值。

**2．整数类型**

Java 包含下面 4 种整数类型。
- byte 型：字节型，分配 1 字节的内存空间。
- short 型：短整型，分配 2 字节的内存空间。
- int 型：整型，分配 4 字节的内存空间。
- long 型：长整型，分配 8 字节的内存空间。

**3．浮点类型**

Java 包含下面 2 种浮点类型。
- float 型：单精度型，分配 4 字节的内存空间。
- double 型：双精度型，分配 8 字节的内存空间。

**4．字符类型**

Java 的字符类型关键字为 char，char 型分配 2 字节的内存空间，可以用来存储 Unicode 字符集中的一个字符，例如'a'、'B'、'中'、'\n'。Unicode 是目前国际通用的字符集，全世界所有民族、地区的文字基本都包含在里面。

### 2.1.4 枚举类型

枚举类型相当于一种自定义数据类型，是一个被命名的常量的集合。例如，希望用整数表示性别，0 表示男，1 表示女。但是如果在程序中直接使用 0 和 1，则程序的易读性就会不好，容易造成歧义。此时可以定义一个枚举类型 Sex，其中使用被命名的 int 型常量 Male（其值为 0）表示男，使用被命名的 int 型常量 Female（其值为 1）表示女。之后，就可以在程序中使用 Sex.Male 表示男，使用 Sex.Female 表示女了。这样，程序就更加易读了。

定义枚举类型的方法如下：

```
访问权限修饰符  enum 枚举类型名  {
    常量列表
}
```

可以使用如下方法引用枚举类型常量：

```
枚举类型名.常量名
```

将 int 型数据转换为枚举类型常量的方法如下：

```
枚举类型名.values()[int 数据]
```

将枚举类型常量转换为 int 型数据的方法如下：

```
枚举类型常量.ordinal()
```

【例 2-1】 在程序中定义和使用枚举类型的示例。假定本例对应的 Java 项目为 sample0201，其 Main 类的代码如下：

```
public class Main {
    public enum Sex{
```

```
        Male, Female
    }
    public static void main(String[] args) {
        System.out.println(Sex.values()[0]);
        System.out.println(Sex.Male.ordinal());
    }
}
```

程序首先定义了一个枚举类型 Sex，其中包含 Male 和 Female 两个常量；然后输出将整数 0 转换为枚举类型 Sex 常量的值，以及将 Sex.Male 转换为整数的值。

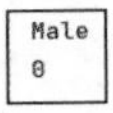

项目的运行结果如图 2-1 所示，可以看到 0 和 Sex.Male 是对应的。

```
Male
0
```

图 2-1　例 2-1 的
运行结果

### 2.1.5　直接量

直接量是指在程序中通过源代码直接给出的值。例如，数字 1 和例 1-1 中的"Hello world!"都属于直接量。

#### 1．int 型直接量

程序中直接使用的 int 型数值都属于 int 型直接量。int 型直接量可以分为二进制、八进制、十进制和十六进制 4 种类型。

通常意义上的整数（包括正数、负数和 0）在 Java 程序中是十进制 int 型直接量，例如 1、−1 和 0 都是十进制 int 型直接量；二进制 int 型直接量以 0B 或 0b 开头；八进制 int 型直接量以 0 或−0 开头，例如 010 表示十进制 int 型直接量 8，−010 表示十进制 int 型直接量−8；十六进制 int 型直接量以 0x 或−0x 开头，例如 0x10 表示十进制 int 型直接量 16，−0x10 表示十进制 int 型直接量−16。

#### 2．long 型直接量

默认情况下，int 型在内存中占 32 位。如果要表示的数值非常大，长度超过 32 位时，则可以把其表示为 long 型直接量。long 型直接量的表示方法是在数值后面加上 L 字符或 l 字符，例如 123L 或 123l。long 型直接量在内存中占 64 位。

#### 3．float 型直接量

float 型直接量是在具有小数点的十进制数值后面添加 f 或 F 字符，例如 10.0f 和−123.45F；也可以使用科学记数法表示 float 型直接量，例如 12.34E3f 或者 12.34e3F。

#### 4．double 型直接量

double 型直接量表示为带小数点的数字，例如 123.4；也可以使用科学记数法表示 double 型直接量，例如 123.4E2。与 float 型相比，double 型的数据精度更高。但是，CPU 处理 float 型数据比处理 double 型数据更快。

#### 5．char 型直接量

char 型直接量是使用单引号标注的一个字符，例如'0'、'a'、'&'等。
Java 中还定义了一组转义字符，用于在字符串中表示一些特殊字符。常用的转义字符如下。

> \\': 单引号字符。
> \\": 双引号字符。
> \\\\: 斜杠字符。
> \\r: 回车符。
> \\n: 换行符。
> \\b: 回退符。
> \\t: 横向制表符（按 Tab 键）。

### 6．String 型直接量

String 型直接量就是通常所说的字符串，是使用双引号标注的一组字符，例如"Hello world"。String 型直接量中可以包含转义字符，例如"Hello world\\r\\nI am Java."。

### 7．boolean 型直接量

boolean 型直接量只有 2 个值，即 true 和 false，分别代表了两种状态：真和假。

### 8．null

null 表示空对象，在第 4 章将介绍 null 的使用方法。

### 2.1.6　变量

变量是内存中命名的存储位置。与常量值不同，变量值可以动态变化。

### 1．定义变量

定义 Java 变量的方法如下：

```
数据类型 变量名 = 初始值;
```

与常量名的命名规则类似，变量名也可以由数字、字母和下画线等符号组成，不能以数字开头，但不要求字母全部为大写。

定义变量时可以指定其初始值，在后面的程序中也可以通过赋值语句改变变量值。

可以同时定义多个同一类型的变量，变量之间使用半角逗号（,）分隔。例如，下面的语句定义了 3 个 int 型变量 a、b、c：

```
int a=1, b=2, c=3;
```

### 2．数据类型的转换

整数类型的变量和浮点类型的变量都可以用于存储数值数据。有时候可能需要对存储数值数据的变量进行数据类型的转换，以便可以存储更大范围的数值数据或者提高数值数据的精度。

不同数据类型所占用的内存空间不同，由小至大的排列顺序如图 2-2 所示。

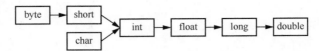

图 2-2 不同数据类型所占用的内存空间由小至大的排列顺序

了解不同数据类型占用内存空间的大小是进行数据类型转换的前提。因为将占用内存空间大的数据类型转换为占用内存空间小的数据类型会造成数据丢失，所以不要进行这样的操作。

可以通过下面 2 种方式进行数据类型的转换。

（1）通过给变量赋值实现数据类型转换

在给变量赋值时，可以使用与其数据类型兼容的直接量、常量或变量对其进行赋值。例如，在定义 double 型变量 d 时，对其赋值 int 型数据 100 的代码如下：

```
double d = 100;
```

【例 2-2】 为 char 型变量赋值 int 型常量的示例。假定本例对应的 Java 项目为 sample0202，其 main() 函数的代码如下：

```
public static void main(String[] args) {
    char a = 65;
    System.out.println(a);
}
```

项目的运行结果如图 2-3 所示。程序在控制台中输出了字母 A。这是因为 65 是字母 A 对应的 ASCII（American standard code for information interchange，美国信息交换标准代码），所以赋值后 65 被转换为 char 型数据'A'。

图 2-3 例 2-2 的运行结果

（2）强制类型转换

强制类型转换是指在语句中明确指定要转换的数据类型。例如，下面的代码强制指定将 double 型变量 v 转换为 int 型变量，并赋值给变量 x：

```
double v = 123.456;
int x = (int)v;
```

### 3．Java 包装类

每种基本数据类型都对应一个 Java 包装类，如表 2-2 所示。

表 2-2　Java 包装类与基本数据类型的对应关系

| Java 包装类 | 基本数据类型 |
| --- | --- |
| Byte | byte |
| Short | short |
| Integer | int |
| Float | float |
| Long | long |
| Double | double |
| Character | char |
| Boolean | boolean |

在需要使用基本数据类型时，都可以使用对应的包装类。包装类中封装了一些方法，使包装类的使用更加方便。由于篇幅所限，这里不展开介绍。

## 2.2 运算符和表达式

运算符用于进行程序代码运算，是编程语言的最基本元素之一。常量、变量和运算符是构成表达式的基础。本节介绍 Java 的运算符和表达式。

### 2.2.1 运算符

运算符用于指定对操作数的运算方式，操作数可以是常量、变量，也可以是表达式。根据要求的操作数数量，运算符可以分为下面 3 类。

➤ 单目运算符：也称为一元运算符。单目运算符只对一个操作数执行操作。
➤ 双目运算符：指对 2 个操作数执行操作的运算符。除非特别说明，否则大部分运算符默认为双目运算符。
➤ 三目运算符：也称为三元运算符，三目运算符可以作用于 3 个操作数。具体情况将在本小节后续内容中介绍。

根据操作数的类型，运算符可以分为算术运算符、位运算符、赋值运算符、逻辑运算符和关系运算符等类型。

#### 1．算术运算符

算术运算符可以对操作数进行数学运算，具体如表 2-3 所示。

表 2-3 Java 的算术运算符

| 算术运算符 | 具体描述 | 示例 |
| --- | --- | --- |
| ++ | 自增运算符，属于单目运算符，其操作数是一个数值类型的变量，数值类型可以是 byte、short、int、long、float 和 double 等类型。经过自增运算符++的操作后，变量的值会增加 1 | x++//返回变量 x 的值<br>++x//返回 x+1 的值 |
| -- | 自减运算符，属于单目运算符，其操作数是一个数值类型的变量，数值类型可以是 byte、short、int、long、float 和 double 等类型。经过自减运算符--的操作后，变量的值会减少 1 | x--//返回变量 x 的值<br>--x//返回 x-1 的值 |
| + | 双目运算符，用于执行加法运算 | x+1 |
| - | 作为单目运算符时是负号运算符，作为双目运算符时用于执行减法运算 | -3　//作为单目运算符<br>x-1 //作为双目运算符 |
| * | 双目运算符，用于执行乘法运算 | x*2 |
| / | 双目运算符，用于执行除法运算 | x/2 |
| % | 双目运算符，用于执行求余数运算 | x％3 |

#### 2．位运算符

在计算机中，数据是以二进制形式存储的。二进制数据由位（bit）构成，位包含 0 和 1 两种状态。位运算符可以对 long、int、short、byte 和 char 等 5 种类型的数据中指定的位进行操作。Java 的位运算符如表 2-4 所示。

表 2-4　Java 的位运算符

| 位运算符 | 具体描述 |
|---|---|
| & | 按位与运算符。计算包含运算符&的表达式时，程序会对两个操作数的二进制表示执行按位与运算。按位与运算的规则为：如果两个操作数的二进制表示的对应位都为 1，则结果中该位的值为 1；否则，结果中该位的值为 0 |
| \| | 按位或运算符。计算包含运算符\|的表达式时，程序会对两个操作数的二进制表示执行按位或运算。按位或运算的规则为：如果两个操作数的二进制表示的对应位有一个为 1，则结果中该位的值为 1；否则，结果中该位的值为 0 |
| ^ | 按位异或运算符。计算包含运算符^的表达式时，程序会对两个操作数的二进制表示执行按位异或运算。按位异或运算的规则为：0^0=0, 1^0=1, 0^1=1, 1^1=0 |
| ~ | 按位非运算符，对 0 执行取非运算的结果为 1，对 1 执行取非运算的结果为 0 |
| << | 位左移运算符，即所有位向左移 |
| >> | 位右移运算符，即所有位向右移 |

【例 2-3】　演示位运算符的使用方法。假定本例对应的 Java 项目为 sample0203，其 main()函数的代码如下：

```java
public static void main(String[] args) {
    byte x = 7, y = 8;
    System.out.println("x&y =" + (x & y));
    System.out.println("x|y =" + (x | y));
    System.out.println("x^y =" + (x ^ y));
    System.out.println("~x =" + (~x));
    System.out.println("x<<2 =" + (x << 2));
    System.out.println("x>>2 =" + (x >> 2));
}
```

项目的运行结果如图 2-4 所示。为了便于理解运算符的运算规则，下面以图形方式演示例 2-3 的运算过程。7&8 的运算过程如图 2-5 所示。7 和 8 的二进制表示中没有对应位都为 1 的情况，因此 7&8 的结果中 8 位的值都是 0，最终得到 7&8 =0。

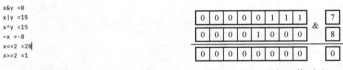

图 2-4　例 2-3 的运行结果　　　　　图 2-5　7&8 的运算过程

7|8 的运算过程如图 2-6 所示。7 和 8 的二进制表示中低 4 位里面都有一个位为 1，因此 7|8 的结果中低 4 位的值都为 1，最终得到 7|8 =15。

7^8 的运算过程如图 2-7 所示。7 和 8 的二进制表示中高 4 位都相同（都为 0），因此执行按位异或运算后，结果中高 4 位的值都为 0；7 和 8 的二进制表示中低 4 位的值都不相同，因此 7^8 的结果中低 4 位的值都为 1，最终得到 7^8 =15。

图 2-6　7|8 的运算过程　　　　　图 2-7　7^8 的运算过程

~7 的运算过程如图 2-8 所示。对 7 的二进制表示中每一位都取非，得到 11111000，这正是-8 的补码。因此，~7 = -8。

7<<2 的运算过程如图 2-9 所示。将 7 的二进制表示中高 2 位丢弃，低 2 位补 0，最终得到 00011111。因此，7<<2=28。

7>>2 的运算过程如图 2-10 所示。将 7 的二进制表示中低 2 位丢弃，高 2 位补 0，最终得到 00000001。因此，7>>2=1。

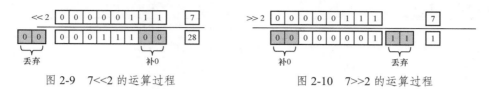

图 2-8　~7 的运算过程

图 2-9　7<<2 的运算过程　　　　　　图 2-10　7>>2 的运算过程

### 3．赋值运算符

赋值运算符的作用是将运算符右侧的表达式赋值给运算符左侧的变量。Java 的赋值运算符如表 2-5 所示。

**表 2-5　Java 的赋值运算符**

| 赋值运算符 | 具体描述 | 示例 |
|---|---|---|
| = | 直接赋值运算符 | x =3;// 将 3 赋值给变量 x |
| += | 加法赋值运算符 | x +=3;// 等同于 x = x+3; |
| -= | 减法赋值运算符 | x -=3;// 等同于 x = x-3; |
| *= | 乘法赋值运算符 | x *=3;// 等同于 x = x*3; |
| /= | 除法赋值运算符 | x /=3;// 等同于 x = x/3; |
| %= | 求余赋值运算符 | x% =3;// 等同于 x = x%3; |
| ^= | 按位异或赋值运算符 | x^=8; // 等同于 x = x^8; |
| \|= | 按位或赋值运算符 | x\|=8; // 等同于 x = x\|8; |
| &= | 按位与赋值运算符 | x&=8; // 等同于 x = x&8; |
| >>= | 位右移赋值运算符 | x>>=2; // 等同于 x = x>>2; |
| <<= | 位左移赋值运算符 | x<<=2; // 等同于 x = x<<2; |

### 4．逻辑运算符

Java 的逻辑运算符如表 2-6 所示。

**表 2-6　Java 的逻辑运算符**

| 逻辑运算符 | 具体描述 |
|---|---|
| &和&& | 逻辑与运算符。例如对于 a && b，当 a 和 b 都为 true 时返回 true；否则返回 false。&和&&的用法和作用一致，它们的不同在于：在计算 a&&b 时，如果 a 为 false，则不继续计算 b 的值，直接返回 false；在计算 a&b 时，如果 a 为 false，还会继续计算 b 的值。大多数情况下使用&& |
| \|和\|\| | 逻辑或运算符。例如对于 a \|\| b，当 a 和 b 至少有一个为 true 时返回 true；否则返回 false。\|和\|\|的用法和作用一致，它们的不同在于：在计算 a\|\|b 时，如果 a 为 true，则不继续计算 b 的值，直接返回 true；在计算 a\|b 时，如果 a 为 true，还会继续计算 b 的值。大多数情况下使用\|\| |
| ! | 逻辑非运算符。如果 a 等于 true，则!a 等于 false；如果 a 等于 false，则!a 等于 true |

## 5．关系运算符

关系运算符用于对两个数值进行比较，返回一个布尔值。Java 的关系运算符如表 2-7 所示。

表 2-7　Java 的关系运算符

| 关系运算符 | 具体描述 |
|---|---|
| == | 等于运算符。如果 a 等于 b，则 a==b 返回 true；否则返回 false |
| != | 不等运算符。如果 a 不等于 b，则 a!=b 返回 true；否则返回 false |
| < | 小于运算符。如果 a 小于 b，则 a<b 返回 true；否则返回 false |
| > | 大于运算符。如果 a 大于 b，则 a>b 返回 true；否则返回 false |
| <= | 小于或等于运算符。如果 a 小于或等于 b，则 a<=b 返回 true；否则返回 false |
| >= | 大于或等于运算符。如果 a 大于或等于 b，则 a>=b 返回 true；否则返回 false |

## 6．三目运算符

三目运算符的使用方法如下：

```
布尔值?表达式 1:表达式 2;
```

当布尔值等于 true 时，上面表达式的值等于表达式 1 的值；否则等于表达式 2 的值。

【例 2-4】　三目运算符的使用示例。假定本例对应的 Java 项目为 sample0204，其 main() 函数的代码如下：

```java
public static void main(String[] args) {
    int x=1,y=10;
    int z = x>y?x:y;
    System.out.println("z="+z);
    x=3;
    y=5;
    z = x>y?x:y;
    System.out.println("z="+z);
}
```

程序使用三目运算符返回变量 x 和变量 y 中的较大值。项目的运行结果如图 2-11 所示。

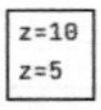

```
z=10
z=5
```

图 2-11　例 2-4 的
运行结果

## 7．运算符优先级

表达式中可能包含多个运算符。在计算表达式的值时，运算符是有优先级的。优先级高的运算符会被优先计算。Java 运算符的优先级如表 2-8 所示。

表 2-8　Java 运算符的优先级

| 运算符的优先级 | 具体描述 |
|---|---|
| ()、[] | 括号的优先级是最高的。[]是用于取数组元素的运算符，关于数组的具体内容将在 2.4 节介绍 |
| 单目运算符+、-、!、~ | 这里的+指正号运算符，-指负号运算符，!指逻辑非运算符，~指按位非运算符 |
| *、/、% | 实现乘、除和求余操作的运算符 |
| +、- | 实现加和减操作的运算符 |
| >>、<< | 位右移运算符和位左移运算符 |

| 运算符的优先级 | 具体描述 |
|---|---|
| >、>=、<、<= | 大于、大于或等于、小于、小于或等于运算符 |
| == 和!= | 等于运算符和不等运算符 |
| & | 按位与运算符 |
| ^ | 按位异或运算符 |
| && | 逻辑与运算符 |
| \|\| | 逻辑或运算符 |
| ? : | 三目运算符 |
| =、+=、-=、*=、/=、%=、^=、<br>\|=、&=、>>=、<<= | 各种赋值运算符 |

在包含多个运算符的表达式里，使用()定义优先计算的运算符，这样会使程序更易读。因为大多数人无法很精确地记忆所有运算符的优先级，编写表达式时完全依靠运算符默认的优先级很容易造成误会，而且会影响程序的易读性。

### 2.2.2　表达式

表达式由常量、直接量、变量和运算符等组成。在 2.2.1 小节中介绍运算符的时候，已经涉及了一些表达式。根据表达式中使用运算符的不同，可以将表达式分为如下几种类型。

- 数学表达式：由数值类型的常量、直接量、变量和算术运算符组成，对操作数进行数学运算。
- 位运算表达式：由操作数和位运算符组成，对整数类型的二进制数进行位运算。
- 关系表达式：由操作数和关系运算符组成，关系表达式的值为布尔值，即 true 或 false，也称其为布尔表达式。
- 逻辑表达式：由布尔值和逻辑运算符组成，逻辑表达式的值为布尔值，即 true 或 false，也称其为布尔表达式。
- 条件表达式：使用三目运算符的表达式。例如，对于表达式 a?b:c，当 a 为 true 时，该表达式等于 b；当 a 为 false 时，该表达式等于 c。
- 布尔表达式：结果为布尔值的表达式。关系表达式和逻辑表达式都是布尔表达式。

在本书后面内容中介绍的数组、函数、对象等都可以称为表达式的一部分。

## 2.3　常用语句

本节介绍 Java 的常用语句，包括赋值语句、分支语句、循环语句等。通过使用这些语句，读者可以在 Java 程序中实现基本的功能，并控制程序语句的执行流程。

### 2.3.1　赋值语句

赋值语句是最简单、最常用的语句。通过赋值语句可以为变量赋值，例如：

```
a = 2;
b = a + 5;
```

在 2.2.1 小节介绍赋值运算符时，已经涉及了赋值语句。除了使用=进行赋值，还可以使用 2.2.1 小节介绍的其他赋值运算符进行赋值。

### 2.3.2 分支语句

分支语句表示当指定的布尔表达式取不同的值时，程序运行的流程也发生相应的分支变化。Java 的分支语句包括 if-else 语句和 switch 语句。

#### 1. if-else 语句

if-else 语句是最常用的条件分支语句之一，其基本语法结构如下：

```
if (布尔表达式){
    语句块 1
}
else{
    语句块 2
}
```

当布尔表达式的值等于 true 时，程序会执行语句块 1；否则会执行语句块 2。if-else 语句的流程如图 2-12 所示。

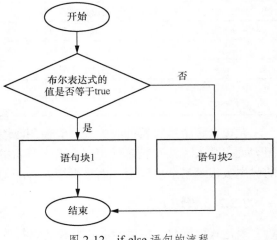

图 2-12　if-else 语句的流程

【例 2-5】　if-else 语句的示例。假定本例对应的 Java 项目为 sample0205，其 main()函数的代码如下：

```java
import java.util.Calendar;
import java.util.Date;
public class Main {
    public static void main(String[] args) {
        Calendar now = Calendar.getInstance();
        int hour = now.get(Calendar.HOUR_OF_DAY);
        System.out.println(hour);
        if (hour < 5) {
            System.out.println("夜深了，注意休息!");
        } else {
            if (hour > 5 && hour < 7) {
                System.out.println("早上好，新的一天开始了!");
            } else {
                if (hour > 7 && hour < 11) {
                    System.out.println("上午好，加油!");
                } else {
                    if (hour > 11 && hour < 14) {
                        System.out.println("中午好，休息一下!");
                    } else {
                        if (hour > 14 && hour < 19) {
                            System.out.println("下午好，继续努力!");
                        }else {
                            if (hour > 19) {
                                System.out.println("晚上好,辛苦一天了,放松一下!");
                            }
                        }
                    }
                }
            }
        }
    }
}
```

程序首先使用 import 语句导入 java.util.Calendar 包，该包中的 Calendar 类是 Java 日期时间处理的核心类。这里利用 Calendar 类获取当前时间中的小时数，并使用 if-else 语句根据当前所在的时间段输出提示信息。

Java 包和 import 语句的作用将在第 4 章介绍。

### 2．switch 语句

switch 语句是多分支语句，其基本语法结构如下：

```
switch (表达式) {
    case 值 1 :
        语句块 1 ;
        break ;
    case 值 2 :
        语句块 2 ;
        break ;
    …
    case 值 n :
        语句块 n ;
        break ;
 default :
        语句块 n + 1 ;
        break ;
}
```

程序会对给定的表达式进行计算，如果表达式的值等于值 1，则执行语句块 1；如果表达式的值等于值 2，则执行语句块 2……如果表达式的值等于值 n，则执行语句块 n……以此类推。switch 语句中可以包含多个 case 分支。如果这些分支指定的值都不等于表达式的值，则会执行语句块 n+1。

无论是 case 分支还是 default 分支，其对应的语句块都应以 break 语句结束。

switch 语句的流程如图 2-13 所示。

【例 2-6】 演示 switch 语句的使用方法。假定本例对应的 Java 项目为 sample0206，其 main()函数的代码如下：

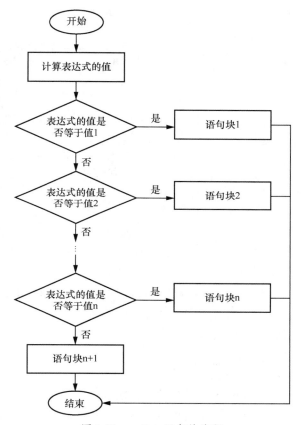

图 2-13　switch 语句的流程

```
import java.util.Calendar;
import java.util.Date;
public class Main {
    public static void main(String[] args) {
        Calendar cal = Calendar.getInstance();
        cal.setTime(new Date());
        int m = cal.get(Calendar.MONTH);
        System.out.println(m);
        switch (m){
            case 0:
                System.out.println("January.");
                break;
            case 1:
                System.out.println("February");
                break;
```

```
        case 2:
            System.out.println("March");
            break;
        case 3:
            System.out.println("April");
            break;
        case 4:
            System.out.println("May");
            break;
        case 5:
            System.out.println("June");
            break;
        case 6:
            System.out.println("July");
            break;
        case 7:
            System.out.println("August");
            break;
        case 8:
            System.out.println("Semptember");
            break;
        case 9:
            System.out.println("October");
            break;
        case 10:
            System.out.println("November");
            break;
        case 11:
            System.out.println("December");
            break;
        default:
            System.out.println("Invalid.");
            break;
        }
    }
}
```

程序首先通过调用 cal.get(Calendar.MONTH)获取今天的月份，cal.get(Calendar.MONTH)
返回一个取值范围从 0 开始的整数，0 表示 1 月，1 表示 2 月……以此类推。程序会根据返
回的整数输出对应月份的英文字符串。

### 2.3.3　循环语句

循环语句可以在满足指定条件的情况下循环执行一段代码。

Java 的循环语句包括 while 语句、do while 语句和 for 语句。continue 语句和 break 语句
常用于跳出循环语句体。

#### 1．while 语句

while 语句的基本语法结构如下：

```
while(布尔表达式){
    循环语句体
}
```

当布尔表达式的值等于 true 时，程序循
环执行循环语句体中的代码。while 语句的
流程如图 2-14 所示。

通常情况下，循环语句体中会有代码改

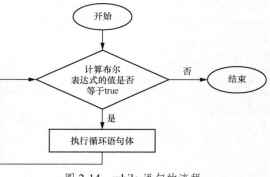

图 2-14　while 语句的流程

变布尔表达式的值，从而使其等于 false，以结束循环。如果结束循环的条件一直无法满足，

则会产生死循环。这是开发者不希望看到的。

【例 2-7】 演示 while 语句的使用方法。假定本例对应的 Java 项目为 sample0207，其 main()函数的代码如下：

```java
public static void main(String[] args) {
    int i=1, sum =0;
    while (i<=10){
        if(i<10)
            System.out.print(i+"+");
        else
            System.out.print(i+"=");
        sum += i;
        i++;
    }
    System.out.println(sum);
}
```

程序使用 while 语句循环计算从 1 累加到 10 的结果。每次执行循环语句体时，变量 i 的值都会增加 1。当变量 i 的值等于 11 时，结束循环。运行项目 sample0207 的结果如下：

```
1+2+3+4+5+6+7+8+9+10=55
```

## 2．do while 语句

do while 语句的基本语法结构如下：

```
do{
    循环语句体
} while(布尔表达式);
```

当布尔表达式的值等于 true 时，程序循环执行循环语句体中的代码。do while 语句的流程如图 2-15 所示。

do while 语句与 while 语句最大的不同就是 do while 语句至少会执行一次循环语句体，while 语句则可能不执行循环语句体直接结束循环。

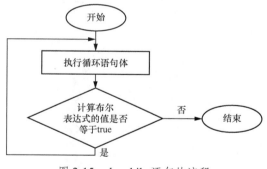

图 2-15　do while 语句的流程

## 3．for 语句

for 语句的基本语法结构如下：

```
for(初始化语句; 布尔表达式; 步进语句){
    循环语句体
}
```

for 语句中会包含一个迭代变量，并根据迭代变量的值决定是否继续执行循环语句体。for 语句的执行过程如下。

① 执行初始化语句。初始化语句中会定义一个迭代变量，并为其赋初值。

② 计算布尔表达式的值。布尔表达式中应该包含迭代变量，用于判断迭代变量的值是否满足结束循环的条件。如果布尔表达式的值等于 true，则会执行循环语句体；否则结束循环。

③ 每次执行循环语句体后，会执行步进语句。在步进语句中会改变迭代变量的值，然后再跳回第②步判断是否执行循环语句体。

基本语法结构　第 2 章

for 语句的流程如图 2-16 所示。

【例 2-8】  演示 for 语句的使用方法。假定本例对应的 Java 项目为 sample0208，其 main() 函数的代码如下：

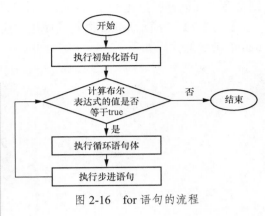

图 2-16  for 语句的流程

```java
public static void main(String[] args) {
    int sum =0;
    for(int i=1;i<=10;i++){
        if(i<10)
            System.out.print(i+"+");
        else
            System.out.print(i+"=");
        sum += i;
    }
    System.out.println(sum);
}
```

例 2-8 与例 2-7 的功能相同。迭代变量 i 的初始值为 1。每执行一次循环语句体，迭代变量 i 的值都会增加 1，直至 i 的值大于 10 时结束循环。

### 4．continue 语句

在循环语句体中使用 continue 语句可以跳过本次循环需要执行的剩余代码，重新开始下一次循环。

【例 2-9】  演示 continue 语句的使用方法。假定本例对应的 Java 项目为 sample0209，其主要功能为计算 1～100 范围内的偶数之和，其中 Main 类的代码如下：

```java
public class Main {
    public static void main(String[] args) {
        int sum = 0;
        for (int i=1;i<=100;i++){
            if(i%2==1)  // 奇数不处理
                continue;
            if(i<100)
                System.out.print(i+"+");
            else
                System.out.print(i+"=");
            sum+=i;
        }
        System.out.print(sum);
    }
}
```

如果 i％2 等于 1，则表示变量 i 的值是奇数，此时执行 continue 语句开始下一次循环，并不将变量 i 的值累加到变量 sum 中。运行项目 sample0209 的结果如下：

```
2+4+6+8+10+12+14+16+18+20+22+24+26+28+30+32+34+36+38+40+42+44+46+48+50+52+54+56+
58+60+62+64+66+68+70+72+74+76+78+80+82+84+86+88+90+92+94+96+98+100=2550
```

### 5．break 语句

无论在哪种循环语句的循环语句体中使用 break 语句，都可以跳出循环语句体，结束循环。

【例 2-10】  演示 break 语句的使用方法。假定本例对应的 Java 项目为 sample0210，其 main() 函数的代码如下：

```java
public class Main {
    public static void main(String[] args) {
```

```
        int i=1, sum =0;
        while (true){
            if(i>10) {
                break;
            }
            if(i<10)
                System.out.print(i+"+");
            else
                System.out.print(i+"=");
            sum += i;
            i++;
        }
        System.out.println(sum);
    }
}
```

上面程序的 while 语句中，布尔表达式值为 true，也就是说正常情况下程序会一直循环。在循环语句体内如果变量 i 的值大于 10，则执行 break 语句结束循环。例 2-10 与例 2-7 的功能是一样的。

## 2.4 数组

数组是具有相同数据类型的一组元素的有序集合。数组元素可以是 int 型、String 型等基本数据类型的数据，也可以是对象。根据数组维度的不同，可以将数组分为一维数组、多维数组。

### 2.4.1 一维数组

一维数组对应内存中一块连续的内存空间，用于存储一组具有相同数据类型的元素，可以通过一个 int 型的索引访问一维数组元素。如果把数组元素视为一个点，则一维数组就可以被视为一条直线。图 2-17 所示为一维数组的示意图。

| 5 | 3 | 4 | 1 | 2 | 7 | 6 | 8 |
索引: 0  1  2  3  4  5  6  7

图 2-17 一维数组的示意图

#### 1. 声明一维数组

声明一维数组的方法如下：

数据类型[] 数组名;

在声明一维数组时并未为其分配内存空间，可以使用 new 关键字指定数组元素的数量，并为数组分配内存空间，方法如下：

数组名 = new 数据类型[元素的数量];

也可以在声明一维数组的同时为其分配内存空间，方法如下：

数据类型[] 数组名 = new 数据类型[元素的数量];

或者在声明一维数组的同时直接指定数组元素的初始值，方法如下：

数据类型[] 数组名 = new 数据类型[]{值 1,值 2,值 3,值 4,…,值 n};

#### 2. 访问一维数组中的元素

可以通过索引访问一维数组中的元素，方法如下：

```
变量 = 数组名[索引值];
```

### 3. 遍历一维数组

遍历数组指依次访问每一个数组元素的过程。例如，使用 for 语句遍历一维数组的方法如下：

```
for(int i=0; i<数组名.length; i++){
    value = 数组名[i];
    …
}
```

也可以通过如下方法遍历一维数组：

```
for(数据类型 变量1 : 数组名){
    // 通过变量1依次访问每一个数组元素
    …
}
```

【例 2-11】 演示遍历一维数组的方法。假定本例对应的 Java 项目为 sample0211，其 main()函数的代码如下：

```
public static void main(String[] args) {
        String[] months = new String[]{"January","February", "March", "April",
"May", "June", "July", "August", "Semptember", "October", "November", " December"};
        for (String month: months) {
            System.out.println(month);
        }
    }
```

运行项目 sample0211 的结果如下：

```
January
February
March
April
May
June
July
August
Semptember
October
November
December
```

可以看到，程序依次输出了数组 months 中的每一个元素。

## 2.4.2 多维数组

如果数组的元素不是基本数据类型的数据，而是一个数组，就意味着数组的维度提升了。如果一维数组的元素还是一个一维数组，这样的数组就是二维数组。

可以通过 2 个 int 型的索引访问二维数组中的元素。如果把一维数组视为一条直线，则二维数组就可以被视为一个平面。图 2-18 所示为二维数组的示意图。

顾名思义，二维数组有 2 个维度，即水平维度和垂直维度，因此需要通过 2 个索引访问二维数组中的元素。假定 arr 是一个二维数组，则访问二维数组中每个元素的方式如图 2-19 所示。

| arr[0,3] | arr[1,3] | arr[2,3] | arr[3,3] | arr[4,3] | arr[5,3] | arr[6,3] | arr[7,3] |
|---|---|---|---|---|---|---|---|
| arr[0,2] | arr[1,2] | arr[2,2] | arr[3,2] | arr[4,2] | arr[5,2] | arr[6,2] | arr[7,2] |
| arr[0,1] | arr[1,1] | arr[2,1] | arr[3,1] | arr[4,1] | arr[5,1] | arr[6,1] | arr[7,1] |
| arr[0,0] | arr[1,0] | arr[2,0] | arr[3,0] | arr[4,0] | arr[5,0] | arr[6,0] | arr[7,0] |

| 5 | 3 | 4 | 1 | 2 | 7 | 6 | 8 |
|---|---|---|---|---|---|---|---|
| 8 | 6 | 7 | 2 | 1 | 4 | 3 | 5 |
| 1 | 2 | 3 | 4 | 5 | 6 | 7 | 8 |
| 8 | 6 | 5 | 4 | 3 | 7 | 2 | 1 |

图 2-18　二维数组的示意图　　　　　图 2-19　访问二维数组中每个元素的方式

声明二维数组的方法如下：

数据类型[][] 数组名;

在声明二维数组时并未为其分配内存空间，可以使用 new 关键字指定数组元素的数量，并为数组分配内存空间，方法如下：

数组名 = new 数据类型[水平维度元素的数量] [垂直维度元素的数量];

也可以在声明二维数组的同时为其分配内存空间，方法如下：

数据类型[] 数组名 = new 数据类型[水平维度元素的数量] [垂直维度元素的数量];

或者在声明二维数组的同时直接指定数组元素的初始值，方法如下：

数据类型[][] 数组名 = {{1,2,3},{4,5,6},{7,8,9}};

可以使用 2 个循环语句分别遍历 2 个维度上的所有元素。

【例 2-12】　演示遍历二维数组的方法。假定本例对应的 Java 项目为 sample0212，其 main()函数的代码如下：

```java
public static void main(String[] args) {
    int[][] arr = {{1, 2, 3}, {4, 5, 6}, {7, 8, 9}};
    for (int[] a : arr) {
        for (int x : a) {
            System.out.print(x + " ");
        }
    }
}
```

运行项目 sample0212 的结果如下：

```
1 2 3 4 5 6 7 8 9
```

可以看到，程序依次输出了二维数组 arr 中的每一个元素。

## 2.5　趣味实践：五子棋游戏的基本功能

本节介绍开发五子棋游戏基本功能的过程，包括绘制棋盘、实现落子功能等，对应的项目为 gobang1.1。

五子棋游戏项目
gobang1.1

### 2.5.1　绘制棋盘

在 gobang1.1 项目中，绘制棋盘后的主窗体如图 2-20 所示。绘制棋盘的具体代码可以参考附录 A，本小节只介绍在 JPanel 组件中绘制直线的方法。

基本语法结构　第 2 章

在 JPanel 组件中可以使用 Graphics 对象绘制直线，方法如下：

```
<Graphics 对象>.drawLine(起点的 x 坐标，起点的 y 坐标，终点的 x 坐标，终点的 y 坐标)
```

在 Swing 编程中，绘制组件或图形时都需要通过坐标指定组件或图形的位置。

在 JPanel 组件中绘制图形时使用 JPanel 组件内部的坐标系，其坐标原点位于 JPanel 组件的左上角，x 轴正方向向右，y 轴正方向向下，如图 2-21 所示。

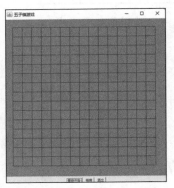

图 2-20　gobang1.1 项目的主窗体

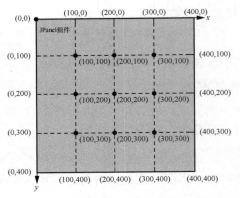

图 2-21　JPanel 组件内部的坐标系

假定图 2-21 中背景色为浅灰色的正方形是一个宽和高都为 400 像素的 JPanel 组件，图中显示了 JPanel 组件中一些点的坐标。

设置画笔颜色的方法如下：

```
g.setColor(颜色值);
```

【例 2-13】　演示在 JPanel 组件中绘制直线的方法。假定本例对应的 Java 项目为 sample0213。在其中定义一个 JPanel 类的子类 DemoPanel，其代码如下：

```
public class DemoPanel extends JPanel {
 public  DemoPanel(){
     setBackground(Color.YELLOW);
 }
 // 设置组件的宽和高属性
 // Dimension: 矩形
 public Dimension getPreferredSize() {
     return new Dimension(400, 400);
 }
 /*绘制直线*/
 public void paintComponent(Graphics g) {
     super.paintComponent(g);
     g.setColor(Color.RED);
     g.drawLine(50, 50,350, 50);
     g.setColor(Color.GREEN);
     g.drawLine(50, 150,350, 150);
     g.setColor(Color.BLUE);
     g.drawLine(50, 250,350, 250);
 }
}
```

在 getPreferredSize()函数中设置了 JPanel 组件的尺寸为 400×400 像素，在 paintComponent()函数中调用 g.drawLine()函数绘制了红色、绿色、蓝色 3 条直线。

MainFrame 类表示本例的主窗体，其代码如下：

```
public class MainFrame   extends JFrame {
    public  MainFrame(){
        setTitle("在 JPanel 组件中绘制直线");
        DemoPanel panel = new DemoPanel();
        add(panel); // 将面板对象添加到主窗体上
        pack();    // 自适应大小
    }
}
```

程序将 JPanel 组件 DemoPanel 添加到主窗体上，并设置主窗体根据 JPanel 组件自适应大小。

项目 sample0213 的 main()函数代码如下：

```
public static void main(String[] args) {
    MainFrame f=new MainFrame(); // 创建主窗体
    f.setVisible(true);          // 显示主窗体
}
```

程序显示主窗体 MainFrame。运行项目 sample0213 的界面如图 2-22 所示。

### 2.5.2　其他功能的实现

由于篇幅所限，gobang1.1 项目中的棋盘绘制和落子功能的实现请参照附录 A 中的实验 2 进行理解。

图 2-22　运行项目 sample0213 的界面

## 2.6　本章小结

本章介绍了 Java 的基本语法结构，包括常量、直接量、变量、数据类型、运算符、表达式、常用语句和数组。利用这些基本的编程技术，本章的趣味实践部分介绍了开发五子棋游戏 1.1 版的过程，其中实现了绘制棋盘和落子的基本功能。

本章的主要目的是使读者初步了解 Java 基本编程技术，并通过编写五子棋游戏 1.1 版程序将这些编程技术应用于实践。

## 习题

**一、选择题**

1. （　　　）是指在程序中通过源代码直接给出的值。
   A. 直接量　　　　B. 常量　　　　　　C. 变量　　　　　　D. 标识符
2. 在 Java 程序中可以使用（　　　）关键字定义常量。
   A. abstract　　　B. final　　　　　　C. static　　　　　D. synchronized
3. 在 Java 程序中可以使用（　　　）关键字声明逻辑类型的常量或变量。
   A. true　　　　　B. false　　　　　　C. boolean　　　　D. bool
4. 下面不属于整数类型的是（　　　）。
   A. int　　　　　　B. byte　　　　　　C. long　　　　　　D. double

基本语法结构　第 2 章

5. 转义字符中回退符为（　　　）。
　　A. \r　　　　　　　B. \n　　　　　　　C. \b　　　　　　　D. \t
6. 下面（　　　）型变量占用的内存空间最大。
　　A. int　　　　　　　B. long　　　　　　　C. float　　　　　　　D. double

二、填空题

1. _____也称为保留字，是编程语言中具有专门用途的字符串（单词）。
2. Java 包括_____、_____、_____、和_____4 种基本数据类型。
3. Java 的字符类型关键字为_____。
4. 可以使用_____关键字定义枚举类型。
5. boolean 型的直接量只有 2 个值，即_____和_____，分别代表了两种状态：真和假。
6. Java 中的循环语句包括_____语句、_____语句和_____语句。

三、简答题

1. 简述 Java 标识符应该符合的规则。
2. 简述 if-else 语句的基本语法结构和流程。
3. 简述 switch 语句的基本语法结构和流程。

# 第3章 函数编程

函数（function）由若干条语句组成，用于实现特定的功能。函数包含函数名、若干参数、函数体和返回值。一旦定义了函数，就可以在程序中需要实现相关功能的位置调用该函数，给开发者共享代码提供了方便。Java 中有可实现各种功能的大量类，其中包含很多函数，比如处理字符串的函数和各种用于数学运算的函数。除此之外，开发者还可以定义和调用函数。

## 3.1 定义和调用函数

本节介绍定义和调用函数的方法。使用自定义函数可以使程序的结构更清晰，更便于程序的调试与维护。

### 3.1.1 定义函数

Java 定义函数的方法如下：

```
访问权限修饰符  返回值类型  函数名(参数类型  参数名...) {
    ...
    函数体
    ...
return 返回值;
}
```

函数定义中包含如下元素。

➤ 函数名：用于标识一个函数，可以通过函数名调用函数，具体方法将在 3.1.2 小节介绍。

➤ 参数：用于向函数中传递数据。在定义参数时需要指定参数类型和参数名。一个函数可以没有参数，也可以包含一个或多个参数。如果包含多个参数，则参数之间使用半角逗号（,）分隔。在调用函数时需要按照参数的顺序和类型提供参数值。

➤ 函数体：定义函数执行的操作。函数体可以是一条语句，也可以由一组语句组成。

➤ 返回值：函数可以没有返回值，也可以有一个返回值。在定义函数时，需要指定返回值类型，并在函数体中通过 return 语句指定具体的返回值。如果函数没有返回值，则在定义函数时使用 void 作为返回值类型，同时在函数体中不能使用 return 语句指定具体的返回值。

➤ 访问权限修饰符：指定函数的可见性，也就是可以调用函数的范围。访问权限修饰符包括 public、private 和 protected 等。函数的可见性是相对于类而言的，Java 的函数都在类中定义。

【例 3-1】 定义一个非常简单的函数 welcome()，它的功能是输出字符串"Welcome to Java"，代码如下：

```
private void welcome() {
    System.out.println("Welcome to Java");
}
```

调用此函数，将在控制台中输出字符串"Welcome to Java"。welcome()函数没有参数。也就是说，welcome()函数并不受外界数据的影响，每次调用 welcome()函数的结果都是一样的。

可以通过参数将要输出的内容通知给自定义函数，从而由调用者决定函数工作的情况。

【例 3-2】 定义函数 PrintString()，通过参数决定要输出的内容，代码如下。

```
private void PrintString(String str){
    System.out.println(str);
}
```

变量 str 是函数的参数。在函数体中，参数可以像其他变量一样被使用。

【例 3-3】 定义一个函数 sum()，用于计算并输出两个参数之和。函数 sum()包含两个参数 a 和 b，代码如下：

```
private int sum(int a, int b) {
    return a + b;
}
```

### 3.1.2 调用函数

可以直接使用函数名调用函数。在调用函数时需要根据定义函数时指定的参数类型和顺序提供参数值，方法如下：

```
函数名(参数1,参数2,…,参数n)
```

【例 3-4】 在程序中调用函数的示例。假定本例对应的 Java 项目为 sample0304，其代码如下：

```
public class Main {
    public static void main(String[] args) {
        welcome();
        PrintString("Hello world.");
        System.out.println(sum(1,2));
    }
    private static void welcome() {
        System.out.println("Welcome to Java");
    }
    private static void PrintString(String str){
        System.out.println(str);
    }
    private static int sum(int a, int b) {
        return a + b;
    }
}
```

main()函数是静态函数（使用 static 关键字定义）。为了便于调用，这里将 welcome()、PrintString()和 sum()也定义为静态函数，然后在 main()函数中调用 welcome()函数、PrintString()函数和 sum()函数。例 3-4 的运行结果如下：

```
Welcome to Java
Hello world.
3
```

### 3.1.3 递归函数

递归函数指在函数体中调用自己的函数。利用递归函数可以将规模比较大的问题分解成若干个规模比较小的问题，然后依次解决所有规模比较小的问题，将所有规模比较小的问题的解汇总在一起就得到了规模比较大的问题的解。递归函数比较适用于解决层次性的问题，比如设计一个递归函数，用于遍历文件夹。每遍历一个文件夹，该函数都会调用自身遍历其子文件夹。如果不使用递归函数，遍历文件夹的功能并不容易实现，因为在编写程序时并不知道文件夹里面有多少子文件夹，也不知道子文件夹的深度。

在编写递归函数时应该遵循如下原则。

➢ 递归调用一定要有结束条件。无限递归调用会使程序陷入死循环。比如在前面提到的遍历文件夹的示例中，当一个文件夹里面没有子文件夹时递归调用就结束了。

➢ 递归调用最终应该满足结束条件。比如在前面提到的遍历文件夹的示例中，每次递归调用应该以当前文件夹的一个子文件夹为参数。这样，最终会有一个子文件夹里面没有子文件夹，从而导致递归调用结束。如果在函数体里以当前文件夹为参数进行递归调用，则永远不会满足结束条件。

➢ 注意控制递归调用的深度。每次调用函数都会占用栈空间，而栈空间是有限的。一直递归调用不返回会导致内存溢出错误，即 java.lang.StackOverflowError。

【例 3-5】　使用递归函数计算指定数字阶乘的示例。假定本例对应的 Java 项目为 sample0305，其代码如下：

```java
public class Main {
    public static void main(String[] args) {
        System.out.println("10 的阶乘="+fact(10));
    }

    private static int fact(int n) {
        if (n == 1){
            return 1;
        } else {
            return n * fact(n-1);
        }
    }
}
```

fact()函数有一个参数 n，该函数用于计算 n 的阶乘。在 fact()函数中以 n−1 为参数调用自己，实现递归调用。当参数 n 等于 1 时，结束递归调用。每次递归调用时，参数值都减 1，因此递归调用会逐渐趋近结束。例 3-5 的运行结果如下：

```
10 的阶乘=3628800
```

## 3.2　参数和返回值

调用函数的程序可以通过参数和返回值与函数交换数据。

### 3.2.1　函数的参数

在定义函数时可以定义函数的参数。在调用函数时可以通过参数向函数内部传递数据。

## 1．形参和实参

在传递函数参数时需要用到形参和实参的概念，具体说明如下。

➤ 形参（parameter）：即形式参数，在定义函数时定义的参数就是形参。在调用函数时，Java 会为函数的形参分配内存空间，用于存储从函数外部传递过来的参数值。在函数内部可以像使用变量一样使用形参。形参的本质就是一个名称，它在函数被调用前并不占用内存空间。

➤ 实参（argument）：即实际参数，在调用函数时，函数名后面的括号内的参数就是实参。实参可以是常量、变量或表达式。在调用函数时，实参必须有确定的值。

## 2．参数的值传递

在调用函数时，把实参的值复制到形参中的过程就是参数的值传递。例 3-4 中演示的调用 PrintString()函数和 sum()函数的方法即使用值传递方式传递参数。在使用值传递方式调用函数时，实参可以是直接量、常量或变量。如果使用变量作为实参，则形参和实参是 2 个不同的变量，它们各自有自己的内存空间。在函数中对形参变量的赋值不会影响实参变量的值。

【例 3-6】 演示以值传递方式调用函数的示例。假定本例对应的 Java 项目为 sample0306，其代码如下：

```java
public class Main {
    private static void swap(int x, int y) {
        System.out.println("在 swap()中对换之前：x="+x+",y="+y);
        int z = y;
        y = x;
        x = z;
        System.out.println("在 swap()中对换之后：x="+x+",y="+y);
    }

    public static void main(String[] args) {
        int a=10, b=20;
        System.out.println("在 main()中对换之前：a="+a+",b="+b);
        swap(a,b);
        System.out.println("在 main()中对换之后：a="+a+",b="+b);
    }
}
```

代码中定义了一个 swap()函数，其中包含 2 个形参：x 和 y。swap()函数的功能是将 x 和 y 这 2 个形参的值对换。

在 main()函数中使用 a 和 b 这 2 个实参调用 swap()函数，在对换参数值前后分别输出形参和实参的值。

例 3-6 的运行结果如下：

```
在 main()中对换之前：a=10,b=20
在 swap()中对换之前：x=10,y=20
在 swap()中对换之后：x=20,y=10
在 main()中对换之后：a=10,b=20
```

可以看到，在 swap()函数中形参 x 和 y 的值已经对换了。但是在 main()函数中实参 a 和 b 的值并没有对换。可见，在使用值传递方式调用函数时，修改形参的值并不会影响实参的值。

### 3．参数的引用传递

参数的引用传递指在调用函数时将实参的引用（地址）传递给形参。此时，形参得到的不是实参值的副本，而是实参本身。如果使用变量作为实参，则操作形参相当于直接操作实参变量。

Java 不支持指针，不能传递变量的地址，因此 Java 只支持值传递，不支持引用传递。但是，在 Java 程序中可以使用引用数据类型作为形参，从而实现引用传递的效果。

可以将引用理解为一个对象的别名，其与被引用的对象共享同一块内存空间。对象在创建时会请求一块内存空间用于保存数据，JVM 会根据对象大小分配内存空间。程序可以通过引用访问对象。Java 的引用数据类型可以分为 3 类，即数组、类和接口。类和接口将在第 4 章具体介绍。

【例3-7】 演示以数组为形参调用函数的示例。假定本例对应的 Java 项目为 sample0307，其代码如下：

```java
public class Main {
    public static void main(String[] args) {
        int[] arr = new int[]{4, 3,5,1,2};
        sort(arr);
        print_array(arr);
    }

    public static void sort(int[] arr){
        for(int i=1;i<arr.length;i++){
            for (int j=i;j>0;j--){
                if(arr[j]<arr[j-1]){ // 将较小的数和前面的较大的数对换
                    int t = arr[j-1];
                    arr[j-1] = arr[j];
                    arr[j] = t;
                }
            }
        }
    }

    private static void print_array(int[] arr){
        for(int i=0;i<arr.length;i++){
            if(i>0){
                System.out.print(", ");
            }
            System.out.print(arr[i]);
        }

    }
}
```

代码中定义了一个 sort()函数，其中包含一个 int 型数组参数 arr。sort()函数的功能是将数组 arr 中的元素从小到大进行排序，使用的方法是冒泡排序算法。该算法会重复遍历要排序的数组元素。每次遍历过程中依次比较两个相邻的元素，如果顺序错误（下面以从小到大为例进行说明），则把它们交换。经过这样的操作，较小的元素经过交换后会像冒泡一样慢慢"浮"到数组的前部。

假定数组中有 $n$ 个元素，则冒泡排序算法会参照如下步骤对数组元素做 $n-1$ 次遍历。

➤ 第 1 次遍历：从数组的第 2 个元素（索引为 1）开始，向前遍历到数组的第 1 个元素。
➤ 第 2 次遍历：从数组的第 3 个元素（索引为 2）开始，向前遍历到数组的第 1 个元素。

函数编程 第 3 章

> ……
> 第 $n-1$ 次遍历：从数组的第 $n$ 个元素（索引为 $n-1$）
> 开始，向前遍历到数组的第 1 个元素。

在遍历过程中，每向前遍历一次，算法都会将当前位置的元素与前面位置的元素进行比较。如果当前位置的元素小于前面位置的元素，则交换它们。这样，每次遍历都会把所经过的所有元素中最小的元素移至数组的最前面。完成所有遍历后，数组就被排序了。

图 3-1 演示了例 3-7 的排序过程。可以看到，经过 4 次遍历后，数组已经被排序了。

print_array()函数可以遍历数组并输出数组元素。

例 3-7 说明在函数中对数组参数进行操作可以影响实参数组的元素。

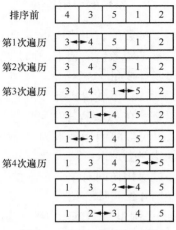

图 3-1 例 3-7 的排序过程

### 3.2.2 参数的默认值

参数的默认值指调用函数时如果不传递参数的实参，参数所使用的值。Java 不支持直接为函数的参数设置默认值。但是可以定义一个新函数，在新函数中可以通过编码设置参数的默认值。

【例 3-8】 设置参数默认值的示例。假定本例对应的 Java 项目为 sample0308。

首先定义一个函数 print_str()，其中包含一个参数 str，程序会输出参数 str 的值。函数 print_str()的代码如下：

```java
private static void print_str(String str){
    System.out.println(str);
}
```

然后定义一个同名函数 print_str()，代码如下：

```java
private static void print_str(){
    String str ="Hello World!";
    print_str(str);
}
```

新函数 print_str()并没有参数，程序会以"Hello World!"为参数调用 print_str()函数。这就相当于设置了 print_str()函数中参数 str 的默认值。

例 3-8 中 main()函数的代码如下：

```java
public static void main(String[] args) {
    print_str("Hello Java!");
    print_str();
}
```

程序 2 次调用 print_str()函数，第 2 次调用时不指定实参，这相当于使用了参数 str 的默认值。例 3-8 的运行结果如下：

```
Hello Java!
Hello World!
```

可以看到，当不指定实参时程序会使用参数的默认值"Hello World!"。

### 3.2.3 函数的返回值

正如 3.1.1 小节中所介绍的，在定义函数时可以为函数指定一个返回值，返回值可以是任何数据类型的数据。在函数体中，使用 return 语句可以返回函数值并退出函数。例 3-3 已经演示了使用函数返回值的方法。如果函数没有返回值，则在定义函数时使用 void 作为返回值类型。前面所有示例的 main()函数就属于这种情况，可以参照这些 main()函数对返回值进行理解。

一般来说，Java 只能按照定义函数时指定的数据类型返回一个值。但是在 Java 程序中可以通过如下方法返回多个返回值。

➢ 首先定义一个类，其中包含要返回的数据，然后在函数中返回这个类的对象。比如定义一个学生类 Student，在查询学生数据的函数中从数据库中读取数据并返回 Student 对象。类和对象的概念将在第 4 章介绍。

➢ 返回一个数组，其中包含多个返回值。

【例 3-9】 演示以数组为返回值的示例。假定本例对应的项目为 sample0309，并在其中定义一个 double_arr()函数，代码如下：

```java
private static int[] double_arr(int[] arr) {
    int[] tmp = new int[arr.length];
    for(int i=0;i<arr.length;i++){
        tmp[i] = arr[i]*2;
    }
    return tmp;
}
```

double_arr ()函数中包含一个 int 型数组参数 arr。double_arr()函数的功能是将数组 arr 中的元素依次乘 2，并将结果赋值到数组 tmp 的对应位置，然后返回数组 tmp。

main()函数的代码如下：

```java
public static void main(String[] args) {
    int[] a = new int[]{4, 3,5,1,2};
    int[] b = double_arr(a);
    print_array(a);
    print_array(b);
}
```

print_array()函数的功能是输出数组元素，并在最后进行换行处理，对两个数组的元素加以分隔，其代码如下：

```java
private static void print_array(int[] arr){
    for(int i=0;i<arr.length;i++){
        if(i>0){
            System.out.print(", ");
        }
        System.out.print(arr[i]);
    }
    System.out.println("");
}
```

例 3-9 的运行效果如下：

```
4, 3, 5, 1, 2
8, 6, 10, 2, 4
```

可以看到，返回数组的所有元素都是原数组元素的 2 倍。

调试 Java 程序

## 3.3 调试 Java 程序

按照 1.2.4 小节介绍的方法在 IDEA 中运行 Java 程序时，只能看到运行结果，无法了解程序运行的过程。如果程序中有问题，往往不容易定位。调试（debug）指跟踪程序运行，从而发现程序中逻辑问题的过程。debug 一词来源于一个开发者不喜欢的名词：bug。bug 的原意是"虫子"。计算机在刚刚问世时非常大，占地 $160m^2$。那时一个虫子进入计算机里面就可能导致短路，影响程序的运行。后来 bug 这个名词就被沿用，指程序中隐藏的错误、缺陷和漏洞等问题。本节介绍在 IDEA 中调试 Java 程序的方法。

### 3.3.1 解决 bug 的基本步骤

程序里面通常都存在 bug，解决 bug 的基本步骤如图 3-2 所示。

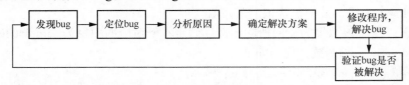

图 3-2 解决 bug 的基本步骤

### 1．发现 bug

发现 bug 的对象可以是开发者、测试人员或用户，他们发现 bug 的方式和渠道各不相同。越早发现 bug，造成的影响越小，解决 bug 的成本也越低。

➤ 开发者。开发者通常通过阅读代码和测试程序 2 种方式发现 bug。好的开发者都会在程序中添加注释，在添加注释的过程中也会对代码进行检查；规范的开发团队也会对核心功能组织团队内部成员进行代码走读。自我检查和团队内部成员的代码走读都可能会发现程序中存在的 bug。在开发完某个功能后，开发者通常也会做自我测试。这种测试可以是封闭的单元测试，也可以与其他开发者进行联调，测试完整的业务流程。通过测试也会发现一些 bug。对于开发者自己发现的 bug，只要及时解决，通常不会影响其他人对应用程序的使用。

➤ 测试人员。在团队开发过程中，项目进展到一定程度时会搭建测试环境、发布测试版本。测试版本指将团队中所有开发者的代码集成到一起打包发布的、用于内部测试的版本。测试人员会根据测试案例对测试版本进行测试，然后定期汇总发现的 bug，并与开发者进行沟通。通常，直到关键 bug 都被解决了才会发布新的测试版本继续测试。测试人员发现的 bug 可能会影响整个测试流程的进行，也可能会影响团队中其他开发者开发的功能。因此这种 bug 会影响整个项目的开发进度，需要及时解决。

➤ 用户。用户可能是最终用户、合作伙伴，也可能是公司领导。被用户发现的 bug 会影响用户使用应用程序的体验，给项目造成不良影响。因此对这种 bug 必须高度重视。

### 2．定位 bug

在团队开发过程中，发现 bug 后测试人员会根据 bug 的表现定位造成 bug 的模块，确定负责解决该 bug 的开发者。如果不能确定，测试人员可能会和项目经理或开发者共同分析 bug。

定位 bug 的目的是确定负责解决 bug 的开发者。如果是个人开发，定位 bug 就是确定造成 bug 的功能模块。在实际开发环境中，一个项目通常由多个开发者负责，每个开发者负责不同的功能模块。一个功能也可能会涉及不同模块的代码。

调试程序是定位 bug 的重要手段。

### 3．分析原因

造成 bug 的原因很多，有的 bug 可能是逻辑不正确造成的，有的 bug 可能是各种环境的特定数据造成的。对于很多 bug，不能直观地通过阅读代码发现原因，因此要对程序进行调试。通过调试，可以观察程序的执行流程以及每一步骤中变量的值，从而分析造成 bug 的原因。

### 4．确定解决方案

了解了造成 bug 的原因后，就可以确定解决 bug 的方案了。有些 bug 不涉及其他模块，开发者可以直接解决。有些 bug 涉及核心模块或底层模块，可能会造成比较大的影响，需要项目经理或相关开发者协商解决方案。

### 5．修改程序，解决 bug

这一步骤比较简单，开发者根据确定的解决方案修改程序、解决 bug 即可。

### 6．验证 bug 是否被解决

在团队开发过程中，一个测试版本的关键 bug 都被解决完后，通常会重新打包发布新的版本。测试人员在收到新版本后，首先会验证上一版本的关键 bug 是否被解决了。如果有关键 bug 未解决，则不能通过该版本的发布，由相关开发者继续解决 bug，直至可以发布新的版本。

新版本发布后，重复上面的过程，直至项目的关键 bug 都被解决了，没有影响程序正常使用的 bug 了，才能发布正式版本。

## 3.3.2 变量的作用域

在调试程序的过程中，有一个很重要的操作就是查看程序执行过程中变量的值。在对代码进行分析前，需要了解变量的作用域。变量的作用域指变量可以被访问的范围。

一个变量只有在作用域范围内才有效，超出作用域的变量，即使同名也不是同一个变量。在定义变量时，变量会具有一个初始值。在作用域范围内可以对变量进行赋值。变量在作用域范围内保有其值，超出作用域后就不再具有值了，这就是变量的生命周期。了解这一点对于了解程序的工作过程和调试程序是很重要的。

根据定义变量的位置，变量可以分为全局变量和局部变量 2 种类型。

### 1．全局变量

在 Java 程序中，函数和变量都包含在类中。如果一个变量定义在任何函数的外面，则它是一个全局变量。在类中，全局变量又称为属性。

全局变量的作用域是整个类，如果类中定义了多个函数，则全局变量在所有函数中都有效。

## 2．局部变量

局部变量指在函数中定义的变量。局部变量只在定义它的函数内部有效，在函数体外，即使使用同名的变量，也会被看作另一个变量。如果局部变量和全局变量同名，则在定义局部变量的函数中，只有局部变量是有效的。也就是说，局部变量的生命周期从调用定义它的函数开始，调用结束时，局部变量将被销毁。

## 3．变量的访问顺序

如果全局变量和局部变量同名，则在程序中使用该变量名时会按照就近访问的原则确定引用的是哪个变量。如果在定义该变量的函数中使用这个变量名，则表示引用局部变量；在定义该变量的函数外使用这个变量名，则表示引用全局变量或其他同名局部变量。

【例 3-10】 演示全局变量和局部变量的示例。假定本例对应的 Java 项目为 sample0310，其代码如下：

```java
public class Main {
    static int x =100;
    private static void test(){
        int x =10;
        System.out.println("x in test():"+x);
    }
    public static void main(String[] args) {
        System.out.println("x in main():"+x);
        test();
    }
}
```

在 Main 类中定义了一个全局变量 x，其初始值为 100；在 test()函数中定义了一个同名局部变量 x，其初始值为 10。

例 3-10 的运行效果如下：

```
x in main():100
x in test():10
```

可以看到，在 main()函数中引用变量 x，引用的是全局变量；在 test()函数中引用变量 x，引用的是局部变量。

### 3.3.3 设置断点进行调试

例 3-10 中使用 System.out.println()函数输出变量的值，这是了解程序运行情况的常用方法。但是这种方法在每次想要查看不同变量时都需要修改程序，因此并不方便。另一种方法是在 IDEA 中设置断点，暂停程序的运行，然后在窗口中查看变量的值，这种方法更方便、更直观。

## 1．设置断点

断点是调试器的功能之一，可以让程序暂停在需要的地方，从而方便对其进行分析。在 IDEA 的编辑窗口中找到要设置断点的代码行，然后单击代码行的左侧区域，即可以设置断点。设置断点的标记是代码行左侧区域显示的一个暗红色圆点，该代码行的背景会显示为浅红色，如图 3-3 所示。单击该圆点可以取消断点。

## 2．单步调试

IDEA 窗口的右上方有一个 ⚙ 图标，这就是"调试程序"按钮，如图 3-4 所示。

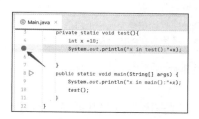

图 3-3　在 IDEA 窗口中设置断点

图 3-4　IDEA 窗口中的"调试程序"按钮

单击"调试程序"按钮可以运行程序。当程序运行至断点处时会暂停运行。此时，断点处的标记上出现了一个对号 ✓，同时断点代码行的背景色变成了蓝色，表示程序已经暂停于此处，如图 3-5 所示。

可以看到，在断点代码行的后面显示了变量 x 的当前值。当程序暂停时，IDEA 窗口的底部会出现"线程和变量"窗格，该窗格中也会显示断点代码行中变量的值，如图 3-6 所示。

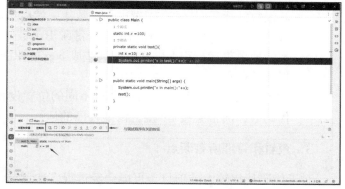

图 3-5　程序暂停于断点处

图 3-6　在"线程和变量"窗格中查看变量的值

在图 3-6 中可以看到：当程序暂停时，IDEA 窗口的底部窗格中会出现一系列与调试程序有关的按钮。这些按钮的具体功能如表 3-1 所示。

### 表 3-1　IDEA 中与调试程序有关的按钮

| 与调试程序有关的按钮 | 按钮名称 | 功能说明 | 快捷键 |
| --- | --- | --- | --- |
| ⟳ | 重新运行 | 程序会结束本次调试，重新运行 | Ctrl+F5 |
| □ | 停止运行 | 程序会结束本次调试，停止运行 | Ctrl+F2 |
| ▷▷ | 恢复程序 | 程序会从断点处恢复运行 | F9 |
| ‖ | 暂停程序 | 程序处于运行状态时单击此按钮，程序会暂停运行，停在运行路径中的随机位置上 | |
| ↷ | 步过 | 在当前代码为调用函数的代码时，单击"步过"按钮会跳过函数（不进入函数体），执行下一行代码 | F8 |

| 与调试程序有关的按钮 | 按钮名称 | 功能说明 | 快捷键 |
| --- | --- | --- | --- |
| ↓ | 步入 | 在当前代码为调用函数的代码时，单击"步入"按钮会进入函数体，继续执行 | F7 |
| ↑ | 步出 | 在当前代码位于函数内部时，单击"步出"按钮会跳出函数体，继续执行 | Ctrl+F8 |
| ⌀ | 查看断点 | 打开一个对话框查看断点的详情 | Ctrl+Shift+F8 |
| ⌀ | 忽略断点 | 单击此按钮，当前代码行左侧的断点标记会变成一个白色圆点，表示忽略断点，本次运行将不会在此代码行暂停 | |

程序是由不同的函数组成的，因此在调试程序时经常会遇到调用函数的代码。通常调试程序的过程如下。

➢ 在可能有 bug 的代码行设置断点，然后单击"调试程序"按钮开始调试程序。

➢ 当程序运行到断点处时会暂停运行。此时观察相关变量的值，分析程序的逻辑是否正确。

➢ 按 F8 键继续单步运行程序。每执行一步后根据需要观察相关变量的值，分析程序的逻辑是否正确。

➢ 当程序第一次运行到调用函数的代码时，通常会按 F8 键跳过函数，观察函数的返回值是否与预期相符。如果相符，则继续调试，不关注此函数的代码。如果函数的返回值与预期不符，则按 Ctrl+F5 组合键重新运行程序。当程序再次暂停在调用此函数的代码时，按 F7 键进入函数体，然后单步运行程序，了解函数体的执行过程。定位 bug 后，按 Ctrl+F8 组合键跳出函数体，继续前面的调试。

➢ 不断地单步运行程序，直至找到造成 bug 的原因。此时可以按 Ctrl+F2 组合键停止程序的运行。

➢ 对于比较复杂的程序，可能会在不同的位置设置多个断点。分析完一个断点处的代码后，通常会按 F9 键，恢复程序的运行，以便分析其他断点处的代码。

### 3．查看和管理所有断点

对于代码量比较大的项目，可能会经过很多次调试，在不同源文件的不同位置设置很多断点。按 Ctrl+Shift+F8 组合键可以打开"断点"对话框，查看和管理项目中所有断点，如图 3-7 所示。

在"断点"对话框中可以按软件包分组、按文件分组或按类分组查看程序中的断点。选中一个或一组断点，然后单击－按钮，可以删除断点。

图 3-7 "断点"对话框

### 4．条件断点

所谓"条件断点"，是指在满足指定条件时才会生效的断点。通常可以在循环语句或递归函数内部设置条件断点，表示只在特定情况下调试程序。例如，在例 3-5 的 fact()函数内部设置条件断点，当参数 n=5 时暂停程序，方法如下：

① 打开项目 sample0305，在 Main 类中 fact()函数的下面代码行设置断点：

```
if (n == 1){
```

② 设置好断点后，按 Ctrl+Shift+F8 组合键打开"断点"对话框，找到前面设置的断点，然后勾选"条件"复选框，并在复选框下方的文本框中输入下面的条件代码：

```
n==5
```

设置完成后，单击"完成"按钮，如图 3-8 所示。设置条件断点后，单击"调试程序"按钮开始调试程序。程序刚刚暂停时的界面如图 3-9 所示。

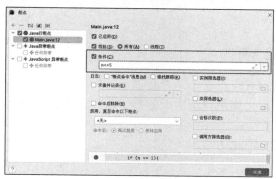

图 3-8　设置条件断点

图 3-9　程序暂停时的页面

可以看到，此时参数 n 的值为 5。调用 fact()函数的实参初始值为 10。每次递归调用时，实参值都会减 1。也就是说 n=10、n=9、n=8、n=7、n=6 时程序都没有暂停。这就是条件断点的功能。

## 3.4　趣味实践：设计五子棋游戏中的函数

在 gobang1.1 项目中，有些功能的实现代码是重复使用的，例如根据鼠标指针的坐标计算落子点位、判断指定点位上是否存在棋子。使用这些功能用函数可以减少程序的代码量，使程序结构更加规范。

本节介绍的五子棋游戏项目为 gobang1.2。在此项目中不但使用函数整理 gobang1.1 项目的已有功能，还新增了重新开始、悔棋和退出游戏的功能。

本节介绍 gobang1.2 项目的基本框架，具体实现过程可以参照附录 A。

### 3.4.1　整理 gobang1.1 项目中的代码

gobang1.2 项目是基于 gobang1.1 项目所做的简单升级，其中将棋盘类 ChessBoard 的如下功能以函数的形式实现。

➤ 根据给定的坐标计算棋盘上对应的点位。
➤ 根据给定的坐标判断对应点位上是否有棋子。

### 1．根据给定的坐标计算棋盘上对应的点位

当用户在棋盘上单击时，可以获得鼠标指针对应的坐标（包括 x 坐标和 y 坐标 2 个值）。

而此时程序关注的是落子的点位。可以使用水平方向点位索引和垂直方向点位索引 2 个值描述棋盘上的点位。

根据给定的坐标计算棋盘上对应点位的公式如下：

$$点位索引 = (坐标值 - 棋盘边距 + 棋盘线间距 / 2) / 棋盘线间距$$

坐标值减去棋盘边距后除以棋盘线间距得到的数据就是落子的点位索引，也就是落子在第几条棋盘线上。公式中还考虑了四舍五入的情况，在除以棋盘线间距前，被除数加上棋盘线间距的 1/2，相当于在计算得到的点位索引上加上 0.5。

此公式同时适用于水平方向点位索引和垂直方向点位索引的计算。

ChessBoard 类的 coordinate2index() 函数可以实现根据给定的坐标计算棋盘上对应点位的功能。

### 2．根据给定的坐标判断对应点位上是否有棋子

在棋盘上单击时，程序会判断当前坐标对应点位上是否有棋子。判断的方法是遍历保存有落子信息的数组，与对应点位进行匹配。如果找到匹配的落子信息，则表示对应点位上有棋子；否则表示对应点位上没有棋子。

ChessBoard 类的 findChess() 函数可以实现此功能。

### 3.4.2　新增功能

除了针对 gobang1.1 项目进行改造外，gobang1.2 项目还实现了如下新功能。

➢　重新开始。

➢　悔棋。

➢　退出游戏。

这 3 个功能对应主窗体底部的 3 个按钮。为了在主窗体中处理单击按钮的事件，需要在 MainFrame 类中定义一个事件监听器对象 listener，并将这 3 个按钮注册到事件监听器中。相关代码如下：

```
private ButtonListener listener; // 事件监听器
button_restart.addActionListener(listener);
    button_withdraw.addActionListener(listener);
    button_exit.addActionListener(listener);
```

## 3.5　本章小结

本章介绍了 Java 函数编程的方法。在 Java 程序中可以利用函数实现特定的功能，从而使程序的结构更加清晰，还可以通过参数向函数内部传递数据，通过返回值从函数内部向调用函数的代码传递数据。本章还介绍了调试 Java 程序的方法。通过调试，可以单步运行程序，并查看当前位置的变量值，从而分析造成 bug 的原因。

本章的趣味实践部分利用函数对五子棋游戏的已有功能进行整理，并通过函数实现了重新开始、悔棋和退出游戏的功能。

本章的主要目的是使读者初步了解 Java 的函数编程技术，并通过编写五子棋游戏 1.2 版程序实践了函数编程的方法。

# 习题

## 一、选择题

1. 可以通过（　　）向函数内部传递数据。
   A. 函数名　　　　　　　　　　B. 参数
   C. 函数体　　　　　　　　　　D. 返回值

2. 可以通过（　　）从函数内部向调用函数的代码传递数据。
   A. 函数名　　　　　　　　　　B. 参数
   C. 函数体　　　　　　　　　　D. 返回值

3. 在调用函数时，把实参的值复制到形参中的方式就是参数的（　　）传递。
   A. 值　　　　　　　　　　　　B. 引用
   C. 数据　　　　　　　　　　　D. 指针

4. 全局变量的作用域是（　　）。
   A. 定义它的整个类　　　　　　B. 整个项目
   C. 其所在的函数　　　　　　　D. 所有项目

5. 局部变量的作用域是（　　）。
   A. 定义它的整个类　　　　　　B. 整个项目
   C. 其所在的函数　　　　　　　D. 所有项目

## 二、填空题

1. 函数包含_____、若干_____、_____和_____4 个部分。
2. 在定义函数参数时需要指定_____和_____。
3. 参数的_____传递指在调用函数时将实参的引用（地址）传递给形参。

## 三、简答题

1. 简述定义自定义函数的方法。
2. 简述形参和实参的概念。
3. 简述解决 bug 的基本步骤。

# 第4章 面向对象程序设计

面向对象程序设计是 Java 采用的基本编程思想，它可以将属性和方法集成在一起，并将其定义为类，从而使程序设计更加简单、规范、有条理。本章介绍在 Java 程序中使用类和对象进行编程的方法。

## 4.1 面向对象程序设计概述

本节介绍面向对象程序设计的基本理念和常用概念。

### 4.1.1 面向对象程序设计的基本理念

在传统的程序设计中，通常使用数据类型对变量进行分类。不同数据类型的变量拥有不同的作用，例如 int 型变量用于保存整数，String 型变量用于保存字符串。数据类型实现了对变量的简单分类，但并不能完整地描述事务。

在日常生活中，要描述一个事物，既要说明它的属性，也要说明它所能完成的动作。例如，如果将人看作一个事物，它的属性包含姓名、性别、生日、身高、体重等，它能完成的动作包括吃饭、行走、说话等。将人的属性和能够完成的动作结合在一起，就可以完整地描述人了，如图 4-1 所示。

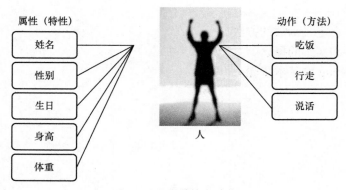

图 4-1　人的属性和动作

面向对象程序设计正是基于这种基本理念，将事物的属性和方法都定义在类中，对象则是类的一个示例。不同的对象拥有不同的属性值。

Java 提供对面向对象程序设计的全面支持，从而使应用程序的结构更加清晰。

### 4.1.2　面向对象程序设计的常用概念

在面向对象程序设计中，开发者需要全面关注程序中对象的属性和方法，而不仅仅管理对象的逻辑。程序的逻辑被封装到不同的对象中，可以根据功能将程序拆分成多个模块。在组织团队开发时，可以很方便地将模块分配给不同开发者。团队成员各司其职，互相配合，完成程序的开发工作。因此，这种理念更适用于开发比较大、比较复杂、经常需要更新的应用程序，例如移动应用、Web 应用等。

本小节介绍面向对象程序设计的一些常用概念。

① 对象（object）：可以将一组数据和与这组数据有关的动作（方法）封装在一起，形成一个实体，这个实体就是对象。

② 类（class）：具有相同或相似性质的对象的抽象就是类。例如，如果将人定义为一个类，则一个具体的人就是一个对象。对象是类的一个示例，创建对象也称为示例化对象。

③ 封装：将一类事物的属性和该类事物可以进行的动作捆绑在一起，定义一个新类的过程就是封装。

④ 方法：也称为成员函数，是执行特定任务的代码块，可以被程序的其他部分多次调用。

⑤ 构造函数：也称为构造方法，是一种特殊的成员函数，用于在创建对象时初始化对象。构造方法与它所属的类完全同名。

⑥ 继承：用于定义类之间的父子关系，子类可以继承父类中定义的属性和方法。例如，如果将人定义为一个类，则可以定义一个子类男人。男人可以继承人的属性（例如姓名、性别、身高等）和方法（例如吃饭、行走、说话等）。子类无须重复定义父类的属性和方法，这减少了程序设计过程中的一些重复劳动。利用继承机制从一个已有类定义新的子类的过程被称为派生。

⑦ 多态性：从同一个类派生的不同子类具有多态性，正如一对父母的不同子女会各有特色一样。子类可以对父类的方法进行重定义，即相同方法名的方法在不同子类中有不同的实现。

⑧ 抽象：从对象中移除相关属性的过程，只保留必要的属性，以便降低类的复杂度、提取类的核心特征。在进行面向对象程序设计时，抽象是非常重要的工作。因为类是分层的，一个子类的父类还可以有它的父类，越上层的类越应该结构精简。对于下层的子类而言，最上层的类被称为根类。根类的属性和方法会被其下面的逐层子类继承。因此，根类必须从所有子类中抽象出必要的属性和方法，否则其子类可能会被动地继承一些没有意义的属性和方法。有的类还可以包含一些没有实现的方法（即没有方法体的方法），这种方法被称为抽象方法。抽象方法必须在其子类中实现，这相当于定义了开发规范，即在从父类派生子类时必须实现父类指定的功能。

## 4.2　类和对象

类是面向对象程序设计的常用概念，在类中可以定义对象的属性和方法。

### 4.2.1　定义和使用类

在前面的示例程序中，每个项目都会默认创建一个 Main 类，从 Main 类的代码可以了解 Java 程序中定义类的方法。

## 1. 定义类

在 Java 程序中可以使用 class 关键字定义一个类。定义类的基本方法如下：

```
访问权限修饰符 class 类名 {
    类主体
}
```

访问权限修饰符用于定义可以访问该类的范围。在前面的示例程序中都是使用 public 作为访问权限修饰符的，public 表示公共访问权限。类主体中包括类的属性定义和类的方法定义。

类的属性定义就是在类中定义变量，类的方法定义就是在类中定义函数。在类中定义的函数就是方法，在方法中可以操作类的属性。每个类中都可以定义多个属性和方法。

【例 4-1】 演示定义和使用类的方法。假定本例对应的 Java 项目为 sample0401，其中包含一个 Student 类，代码如下：

```java
public class Student {
    public  String name;      // 姓名
    public  String no;        // 学号
    public String  school;    // 学校
    public  String grade;     // 年级
    public  String clazz;     // 班级
    public void print_info(){
        System.out.println("name:"+ name+", no:"+no+", school:"+school+",grade:"+ grade+", class:"+clazz);
    }
}
```

在定义属性和方法时都需要指定其访问权限修饰符，这里暂时使用 public。

因为 class 是 Java 的关键字，不能被用作标识符，所以在定义班级属性时使用了 clazz。

## 2. 示例化对象

对象是类的一个示例。在 Java 程序中定义一个对象的方法如下：

```
类名 对象名 = new 构造方法();
```

构造方法与类同名。在示例化对象时会自动调用构造方法。每个 Java 类中都包含一个默认的、没有参数的构造方法。

假定在 sample0401 项目的 main()方法中示例化 Student 类的对象 s，代码如下：

```java
public class Main {
    public static void main(String[] args) {
        Student s = new Student();
        s.name = "小明";
        s.no="2020001";
        s.school="六一小学";
        s.grade="一年级";
        s.clazz="1 班";
        s.print_info();
    }
}
```

可以看到，在 Student 类中虽然没有定义构造方法，但是在示例化对象 s 时可以直接使用默认的构造方法 Student()。通过对象 s 可以调用 Student 类中的属性和方法。

运行 sample0401 项目的结果如下：

```
name:小明, no:2020001, school:六一小学, grade:一年级, class:1 班
```

### 3．构造方法

构造方法在示例化对象时被调用，用于初始化对象的属性值。例 4-1 中已经演示了构造方法的使用方法。默认的构造方法没有参数，可以自定义带参数的构造方法。

【**例 4-2**】　演示自定义构造方法的方法。假定本例对应的 Java 项目为 sample0402，其中包含一个 Student 类，其主要代码与例 4-1 中 Student 类的主要代码一致，然后在 Student 类中添加一个自定义构造方法，代码如下：

```java
public Student(String _name, String _no, String _school, String _grade, String _class) {
    name = _name;
    no = _no;
    school = _school;
    grade = _grade;
    clazz = _class;
}
```

在 main()方法中使用自定义构造方法示例化 Student 类的对象 s，代码如下：

```java
public class Main {
    public static void main(String[] args) {
        Student s = new Student("小明", "2020001", "六一小学", "一年级", "1 班");
        s.print_info();
    }
}
```

例 4-2 的运行结果与例 4-1 的相同。

### 4．this 关键字

在类的方法中可以使用 this 关键字表示当前对象。使用 this 关键字可以引用类中定义的属性。在不重名的情况下，this 关键字可以省略。例如，如果存在一个属性 name，则在类代码中 name 和 this.name 的含义相同。但是如果存在一个与属性同名的局部变量 name，则 name 代表局部变量，而 this.name 代表属性。例如，在 Student 类的构造方法中使用与属性同名的参数，代码如下：

```java
public Student(String name, String no, String school, String grade, String clazz) {
    this.name = name;
    this.no = no;
    this.school = school;
    this.grade = grade;
    this.clazz = clazz;
}
```

## 4.2.2　以对象作为方法的参数和返回值

对象也可以像变量一样作为方法的参数和返回值。

### 1．以对象作为方法的参数

在 Java 程序中，对象属于引用数据类型。也就是说，当以对象作为方法的参数时，在

方法内部对对象属性值的修改会影响调用方法时传递的对象。

【例4-3】 演示以对象作为方法参数的情况。假定本例对应的 Java 项目为 sample0403，其中包含一个 Test 类，代码如下：

```java
public class Test {
    public  String str;
    public  boolean saved;
    public  Test(String _str){
        str = _str;
        saved = false;
    }
}
```

其中 saved 属性用于标识对象是否被保存，其初始值为 false。

sample0403 项目中还包含一个 TestDB 类，用于模拟保存 Test 对象的过程，代码如下：

```java
public class TestDB {
    public  void save(Test t){
        t.saved= true;
    }
}
```

这里将 Test 对象 t 的属性 saved 设置为 true，表示其已经被保存了。

Main 类的代码如下：

```java
public class Main {
    public static void main(String[] args) {
        Test t = new Test("test");
        TestDB db = new TestDB();
        db.save(t);
        System.out.println(t.saved);
    }
}
```

程序调用 TestDB 类的 save()方法，保存 Test 对象 t，然后输出 t.saved。运行项目 sample0403 的结果为 true，这说明在 save()方法中对参数 t 的修改可以影响实参的值。

### 2. 以对象作为方法的返回值

在 Java 程序中，可以以对象作为方法的返回值，从而一次性返回多个值。在实际应用中，通常会在指定方法中查询对象的详细数据，并将其返回。

【例4-4】 演示以对象作为方法返回值的情况。假定本例对应的 Java 项目为 sample0404，其中包含 Student 类，其定义代码与例 4-1 中 Student 类的定义代码一致。

sample0404 项目中还包含一个 StudentDB 类，用于模拟对数据库中学生数据的操作，代码如下：

```java
public class StudentDB {
    Student[] arr_stu = new Student[]{ new Student("小明", "2020001", "六一小学",
    "一年级","1班"),
            new Student("小刚", "2020002", "六一小学", "一年级","1班"),
            new Student("小强", "2020003", "六一小学", "一年级","1班"),
            new Student("小红", "2020004", "六一小学", "一年级","2班"),
            new Student("小丽", "2020005", "六一小学", "一年级","2班"),
            new Student("小杰", "2020006", "六一小学", "一年级","2班")
    };
    public  Student GetStudentByName(String _name){
        for (int i=0;i<arr_stu.length;i++){
```

```
                if(arr_stu[i].name.equals(_name)){
                    return arr_stu[i];
                }
            }
            return null;
        }
    }
```

StudentDB 类中定义了一个以 Student 对象为元素的数组 arr_stu，用于模拟存储在数据库中的数据。GetStudentByName()方法返回 Student 对象，用于根据参数_name 查询指定姓名的学生记录。如果没有找到指定姓名的学生记录，则返回 null。

Main 类的代码如下：

```
public class Main {
    public static void main(String[] args) {
        StudentDB db = new StudentDB();
        Student stu = db.GetStudentByName("小明");
        if(stu==null){
            System.out.println("没有找到小明同学。");
        }
        else{
            System.out.println("小明同学的详细信息如下。");
            stu.print_info();
        }
        stu = db.GetStudentByName("小莉");
        if(stu==null){
            System.out.println("没有找到小莉同学。");
        }
        else{
            System.out.println("小莉同学的详细信息如下。");
            stu.print_info();
        }
    }
}
```

程序调用 StudentDB 类的 GetStudentByName ()方法分别获取小明和小莉的记录，并根据返回的 Student 对象输出信息。运行项目 sample0404 的结果如下：

```
小明同学的详细信息如下。
name:小明, no:2020001, school:六一小学,grade:一年级, class:1 班
没有找到小莉同学。
```

### 4.2.3　类的封装

封装是面向对象程序设计中很重要的概念，指将某些属性隐藏在类的内部，不允许外部程序直接访问类中的属性，只能通过规定的方法访问数据。对类进行封装的具体方法如下。

① 在类中定义属性时使用 private 关键字将其定义为私有属性。

② 为每个属性创建一对公有方法，具体如下。

➤ setter 方法：用于对属性进行赋值。setter 方法的命名规则通常为 set 加上首字母大写的属性名。例如，属性 name 的 setter 方法通常会被命名为 setName()。

➤ getter 方法：用于返回属性的值。getter 方法的命名规则通常为 get 加上首字母大写的属性名。例如，属性 name 的 getter 方法通常会被命名为 getName()。

## 1．在 IDEA 中自动生成 getter 方法和 setter 方法

在类中编写 getter 方法和 setter 方法是一件琐碎而重复的工作，因此很多 IDE 都提供自动生成 getter 方法和 setter 方法的功能。在 IDAE 中编辑一个类，然后在系统菜单中依次选择"代码"/"生成"，打开"生成"弹框，如图 4-2 所示。单击"getter 和 setter"，打开"选择要生成 getter 和 setter 的字段"对话框，如图 4-3 所示。

图 4-2 "生成"弹框　　　　图 4-3 "选择要生成 getter 和 setter 的字段"对话框

选中要生成 getter 方法和 setter 方法的字段，按住 Shift 键可以多选，然后单击"确定"按钮，即可生成 getter 方法和 setter 方法。

例如，在 Person 类中生成 getter 方法和 setter 方法的代码如下：

```java
public class Person {
    private String name;
    private int age;
    public String getName() {
        return name;
    }
    public void setName(String name) {
        this.name = name;
    }
    public int getAge() {
        return age;
    }
    public void setAge(int age) {
        this.age = age;
    }
}
```

此时，在 Person 类外无法访问私有属性 age 和 name，只能通过 getter 方法和 setter 方法访问数据，例如：

```java
Person p = new Person();
p.setAge(10);
p.setName("小明");
System.out.println("name:"+p.getName()+",age:"+p.getAge());
```

## 2．POJO 类

最常用的应用封装属性的 Java 类之一为 POJO（plain ordinary java object，简单的 Java

对象）类。POJO 类中并不包含业务逻辑的代码，其最经典的应用场景之一是描述数据库表对象的数据结构，即为每个数据库表对象定义一个对应的 POJO 类。前面定义的 Person 类就是一个 POJO 类。

### 4.2.4 外部类和内部类

按照定义位置分类，类可以分为外部类和内部类。外部类和内部类是相对的，如果一个类定义在另外一个类的内部，则该类被称为内部类。反之，相对于内部类而言，包含它的类被称为外部类。例如，在下面的代码中，Outer 类是外部类，Inner 类是内部类；

```java
public class Outer {
    class Inner{
        …
    }
    …
}
```

#### 1. 在外部类中访问内部类

在外部类中访问内部类的方法如下（这里以 Outer 指代外部类，以 Inner 指代内部类）。如果内部类使用 static 修饰，则使用下面的方法访问内部类：

```java
Inner in = new Inner();
```

如果内部类没有使用 static 修饰，则使用下面的方法访问内部类：

```java
Outer.Inner in = new Outer ().new Inner();
```

#### 2. 在内部类中访问外部类

如果内部类使用 static 修饰，则使用下面的方法访问外部类的属性 x：

```java
new Outer().x
```

如果内部类没有使用 static 修饰，则使用下面的方法访问外部类的属性 x：

```java
Outer.this.x
```

【例 4-5】 演示外部类和内部类的创建和使用方法。本例对应的 Java 项目为 sample0405，在其中创建和使用外部类 Outer 和内部类 Inner，代码如下：

```java
public class Outer {
    String x = "outer_x";

    class Inner1 {
        String x = "inner1_x";

        public void test() {
            String x = "inner1_test_x";
            System.out.println(x);
            System.out.println(this.x);
            System.out.println(Outer.this.x);
            Outer.this.outer_test();
        }
    }

    static class Inner2 {
        String x = "inner2_x";
```

```
        public void test() {
            String x = "inner2_test_x";
            System.out.println(x);
            System.out.println(this.x);
            System.out.println(new Outer().x);
            new Outer().outer_test();
        }
    }

    public void outer_test() {
        System.out.println("outer_test");
    }

    public static void main(String[] args) {
        Inner1 in1 = new Outer().new Inner1();
        System.out.println("在 Outer 类中调用 Inner1 类的 test()方法");
        in1.test();
        Inner2 in2 = new Inner2();
        System.out.println("在 Outer 类中调用 Inner2 类的 test()方法");
        in2.test();
    }
}
```

外部类 Outer 中定义了 2 个内部类，其中 Inner2 类使用 static 修饰，Inner1 类没有使用 static 修饰。请留意内部类和外部类之间的访问方式。

例 4-5 中以外部类 Outer 作为主类，执行其中的 main()方法，运行结果如下：

```
在 Outer 类中调用 Inner1 类的 test()方法
inner1_test_x
inner1_x
outer_x
outer_test
在 Outer 类中调用 Inner2 类的 test()方法。
inner2_test_x
inner2_x
outer_x
outer_test
```

## 4.3　继承

继承是面向对象程序设计中的常用概念，借助继承可以构建类的层次结构。

### 4.3.1　定义子类

在定义新类时，可以使用 extends 关键字指定在一个已有类的基础上进行扩展，从而确定类的继承关系，方法如下：

```
访问权限修饰符 class 子类名 extends 父类名 {
    类主体
}
```

【例 4-6】　演示定义和使用子类的方法。本例对应的 Java 项目为 sample0406，其中包含一个 Person 类，用于描述一个人的基本信息，代码如下：

```
public class Person {
    public String name;// 姓名
    public String sex;// 性别
```

```
    public  int age;// 年龄

    public void print_info(){
        System.out.println("姓名："+name +"。性别："+sex+"。年龄："+age+"。");
    }
}
```

定义一个 Person 类的子类 Student，用于描述一个学生的基本信息，代码如下：

```
public class Student extends Person{
    public String no;                  // 学号
    public String school;              // 学校
    public String grade_class;         // 年级和班级
    public void print_stuinfo(){
        System.out.println("姓名："+name +"。性别："+sex+"。年龄："+age+"。学校：
        "+ school +"。年级和班级："+grade_class+"。学号："+no+"。");
    }
}
```

Student 类可以访问其父类的属性 name、sex 和 age。

在 main()方法中可以分别定义 Person 对象 p 和 Student 对象 s，并设置它们的属性值，调用它们的方法，代码如下：

```
public class Main {
    public static void main(String[] args) {
        Person p = new Person();
        p.name = "小明";
        p.age = 10;
        p.sex = "男";
        p.print_info();
        Student s = new Student();
        s.name="小红";
        s.age=10;
        s.sex="女";
        s.no="2023002";
        s.school="六一小学";
        s.grade_class="三年1班";
        s.print_info();
        s.print_stuinfo();
    }
}
```

可以看到，Student 对象 s 可以调用其父类 Person 的 print_info()方法。运行 sample0406 项目的结果如下：

```
姓名：小明。性别：男。年龄：10。
姓名：小红。性别：女。年龄：10。
姓名：小红。性别：女。年龄：10。学校：六一小学。年级和班级：三年1班。学号：2023002。
```

### 4.3.2  访问权限修饰符

在定义类、属性和方法的时候都需要使用访问权限修饰符，它决定了其定义对象的可访问范围。可以定义的可访问范围包括如下几种情况。

➢ 类内部：对于类中定义的属性和方法，它的第 1 个可访问范围就是定义它的类内部。这是可管理的最小的可访问范围。

➢ 包（package）内部：包又称为软件包，是类的容器。可以在 Java 项目中定义包，

面向对象程序设计 | 第 4 章

一个包中可以包含不同的类。

➤ 不同包的子类：指子类和父类不在一个包中的情况。

➤ 不同包的其他类（非子类）：指在所有不相关的类（既不在一个包中定义、又没有继承关系的类）中是否可以访问该对象。这是可管理的最大的可访问范围。

Java 的访问权限修饰符及其管理权限如表 4-1 所示。其中√代表可以访问，×代表不可访问。

表 4-1　Java 的访问权限修饰符及其管理权限

| 访问权限修饰符 | 类内部 | 包内部 | 不同包的子类 | 不同包的其他类 |
| --- | --- | --- | --- | --- |
| public | √ | √ | √ | √ |
| protected | √ | √ | √ | × |
| 缺省 | √ | √ | × | × |
| private | √ | × | × | × |

public 用于定义公有类、属性和方法，使用 public 关键字定义的类、属性和方法在所有地方都可以被访问。通常类都是使用 public 关键字定义的。除非在一个类中使用 private 创建一个只能在该类中被访问的私有类，但是这种应用场景比较少。

protected 用于定义受保护的类、属性和方法。使用 protected 关键字定义的类只能被同一包中定义的其他类访问，而不能被其他包中定义的类访问；使用 protected 关键字定义的属性和方法在类内部及其子类（无论子类在哪个包中）中可以被访问。

缺省指在定义类、属性或方法时不使用访问权限修饰符。不使用访问权限修饰符定义的类相当于受保护的类，不使用访问权限修饰符定义的属性和方法只能在该类的内部被访问。

private 用于定义私有类属性和方法。独立创建的类不能使用 private 关键字定义，因为它在哪里都不能被访问。使用 private 关键字定义的私有属性和方法只能在该类内部被访问，即使其子类也不会继承私有属性和方法。

无论使用何种访问权限修饰符定义的属性和方法都可以在当前类中被访问。

【例 4-7】　演示访问权限修饰符的使用。本例对应的 Java 项目为 sample0407，其中包含一个类 Person，程序使用各种访问权限修饰符定义属性，代码如下：

```
public class Person {
    public String public_name;
    private String private_name;
    protected  String protected_name;
    String default_name;
}
```

Person 类中并没有定义方法，因为在使用访问权限修饰符时，属性和方法是没有区别的。定义 Person 类的子类 Student，代码如下：

```
public class Student  extends  Person{
    public  void printinfo(){
        System.out.println(public_name+", "+protected_name+", "+private_name+ ",
        "+default_name);
    }
}
```

在 printinfo()方法中，程序会输出父类 Person 中的各个属性。构建项目时会出现如下的报错：

```
java: private_name 在 Person 中是 private 访问控制
```

可以看到，父类的私有属性不能被子类继承。除此之外，使用 public、protected 关键字定义的属性或者不使用访问权限修饰符定义的属性都可以被子类所继承。

### 4.3.3　super 关键字

在子类中可以使用 super 关键字引用父类的方法或属性，使用方法如下。

➢　在子类的构造方法中使用 super()方法引用父类的构造方法。

➢　使用下面的代码引用父类的方法：

```
super.方法()
```

➢　使用下面的代码引用父类的属性：

```
super.属性
```

如果子类中定义了父类中已经存在的属性，则使用"super.属性"引用父类的属性，使用"this.属性"引用子类的属性。

【例 4-8】　演示在子类中使用 super()方法引用父类的构造方法。本例对应的 Java 项目为 sample0408，其中包含一个 Person 类，用于描述一个人的基本信息，代码如下：

```
public class Person {
    private String name;
    private int age;
    private String sex;
    public Person(String name, int age, String sex){
        this.name = name;
        this.age = age;
        this.sex = sex;
    }
    protected void print_info(){
        System.out.println("姓名: "+name +"。性别: "+sex+"。年龄: "+age+"。");
    }
}
```

定义 Person 类的子类 Student，用于描述一个学生的基本信息，代码如下：

```
public class Student extends Person{
    private String school;
    private String grade;
    private String clazz;
    public Student(String name, int age, String sex, String school, String grade,
    String clazz){
        super(name,age, sex);
        this.school= school;
        this.grade = grade;
        this.clazz =clazz;
    }
    public void print(){
        super.print_info();
        System.out.println("学校:"+this.school+"。年级:"+this.grade+"。班级:"+this.
        clazz+"。");
    }
}
```

在 Student 类的构造方法中，使用 super()方法调用其父类 Person 的构造方法。在 Student 类的 print()方法中，使用 super.print_info()方法调用其父类 Person 的 print_info()方法。

### 4.3.4　对象的类型转换

有继承关系的对象之间可以进行类型转换。也就是说，对象之间可以进行类型转换的前提是它们所属的两个类是父子关系。对象的类型转换包括向上转型（upcasting）和向下转型（downcasting）2 种。

#### 1．向上转型

向上转型指将父类对象的引用指向子类。例如，如果 Student 类的父类为 Person，则可以定义一个 Person 对象 p 指向子类 Student，代码如下：

```
Person p = new Student();
```

#### 2．向下转型

向下转型指将子类对象的引用指向父类。例如，如果 Student 类的父类为 Person，则可以定义一个 Student 对象 s 指向父类 Person，代码如下：

```
Student s = new Person ();
```

### 4.3.5　最终类和静态类

最终类和静态类是 2 种特殊类型的类，它们的共同特点是都不能扩展。也就是说，它们都没有子类。

#### 1．最终类

顾名思义，最终类不能再有子类，即最终类不能被继承。如果 A 是最终类，则下面的定义是错误的：

```
class B extends A {
    …
}
```

可以使用 final 关键字定义最终类，方法如下：

```
访问权限修饰符 final class 类名 {
    类主体
}
```

#### 2．最终变量

在普通类（非最终类）中可以使用 final 关键字定义最终变量。最终变量只能显式初始化一次，其后变量的值不能发生变化。因此，通常使用 final 关键字定义常量。

#### 3．最终方法

在普通类（非最终类）中可以使用 final 关键字定义最终方法。最终方法不能在子类中被重写（override）。重写指子类对父类（或接口）的方法进行重新编写。最终方法的形参和返回值都不能被改变。

例如，类 Demo 中定义了一个最终方法 add()，代码如下：

```
public class Demo {
    public final static int add(int a,int b) {
        return a+b;
    }
}
```

定义 Demo 类的一个子类 son，其中重写了 add() 方法，代码如下：

```
public class son extends Demo{
    public static int add(int a,int b) {
        return a+b;
    }
}
```

在 IDEA 中会看到针对 add() 方法提示的报错信息，如图 4-4 所示。

图 4-4  重写最终方法的报错信息

### 4．静态类

静态类是不能被示例化、不能被继承的类。Java 的静态类是包含静态属性和静态方法的类。定义静态类的方法如下：

```
访问权限修饰符 class 类名{
    访问权限修饰符 static 数据类型 属性名;
    …
    访问权限修饰符 static 数据类型 方法名(参数列表) {
        方法体
    }
    …
}
```

静态类通常用于封装某种类型的操作，如封装字符串相关操作、封装 IP 地址相关操作、封装 HTTP（hypertext transfer protocol，超文本传输协议）请求相关操作等。例如，Math 类就是静态类，其中封装了数学运算相关操作。这种提供通用、公共方法的静态类通常又称为工具类。

【例 4-9】 演示静态类的使用方法。本例对应的 Java 项目为 sample0409，其中包含一个静态类 MyMathUtils，用于封装加、减、乘、除 4 种数学运算，代码如下：

```
public class MyMathUtils {
    public static int add(int x, int y) {
        return x + y;
    }
    public static int reduce(int x, int y) {
        return x - y;
    }
    public static int multiple(int x, int y) {
        return x * y;
    }
```

面向对象程序设计　第4章

```
        public static int divide (int x, int y) {
            if (y != 0)
                return x / y;
            else
                return 0;
        }
}
```

在 main()方法中调用类 MyMathUtils 的方法实现数学运算，代码如下：

```
public static void main(String[] args) {
    System.out.println("10+2="+MyMathUtils.add(10,2));
    System.out.println("10-2="+MyMathUtils.reduce(10,2));
    System.out.println("10*2="+MyMathUtils.multiple(10,2));
    System.out.println("10/2="+MyMathUtils.divide(10,2));
}
```

运行结果如下：

```
10+2=12
10-2=8
10*2=20
10/2=5
```

## 4.4　接口和抽象类

接口和抽象类

普通 Java 类的所有方法都有具体的代码，可以实现特定的功能。在有些情况下，除了实现特定功能外，还需要定义某种开发规范。接口和抽象类就可以实现这种功能，它们中都包含抽象方法。抽象方法指没有方法体、必须在子类中实现的方法。换言之，抽象方法并不实现具体的功能，但是可以规定子类的动作（即实现指定的方法）。

### 4.4.1　接口

接口可以用来定义程序的某种开发规范。通常接口中只包含抽象方法，因此接口的子类都需要实现这些抽象方法。从 JDK 8 开始，Java 接口中也可以包含普通方法，但在实际应用中大多数接口中只包含抽象方法。

#### 1．定义接口

可以使用 interface 关键字定义接口，方法如下：

```
访问权限修饰符 interface 接口名 {
    // 属性定义
    …
    // 方法定义
    …
}
```

接口中的属性具有如下特性。

① 默认使用 public 修饰符：这说明接口的属性会被其实现类访问。因为接口本身不能被示例化，所以如果其属性不能被其实现类访问，则定义属性就没有意义了。

② 默认使用 static 修饰符：这说明接口的属性可以属于其实现类，但不属于其实现类的对象。

③ 默认使用 final 修饰符：这说明接口的属性只能是常量，因此必须为属性指定初始值。

假定接口中定义了一个如下属性：

```
int age = 18;
```

则它相当于如下代码：

```
public static final age = 18;
```

虽然可以在接口中定义属性，但这些属性并不属于其实现类的对象。因此，在实际应用中通常很少在接口中定义属性。

接口中的抽象方法没有方法体，其定义方法如下：

```
访问权限修饰符  返回值类型  方法名(参数列表);
```

### 2. 实现接口

可以使用 implements 关键字定义一个实现接口的类，方法如下：

```
访问权限修饰符 class 类名 implements 接口名 {
    // 自定义属性
    ...
    // 自定义方法
    ...
    // 实现抽象方法
    ...
}
```

接口的实现类中可以自定义自己的属性和方法，而且实现类必须实现接口中定义的抽象方法。

【例 4-10】 演示接口的使用方法。本例对应的 Java 项目为 sample0410，其中包含一个接口 IPerson，代码如下：

```
public interface IPerson {
  public void print_name();
  public void print_info();
}
```

定义接口 IPerson 的一个实现类 Student，用于描述一个学生的基本信息，代码如下：

```
public class Student implements IPerson {
    private String name;
    private int age;
    private String school;     // 学校
    private String grade;      // 年级
    private String clazz;      // 班级
    public Student(String _name, int _age, String _school, String _grade, String _clazz) {
        setName(_name);
        setAge(_age);
        setSchool(_school);
        setGrade(_grade);
        setClazz(_clazz);
    }
    ...
    @Override
    public void print_name() {
        System.out.println(name);
    }
    @Override
    public void print_info() {
```

```
        System.out.println("姓名: "+name+"。年龄: "+age+"。学校: "+school+"。年级:
        "+grade+"。班级: "+clazz+"。");
    }
}
```

这里省略了 getter 和 setter 方法。Student 类中实现了 IPerson 接口的 2 个抽象方法。@Override 注解用于标记该方法是从父类或接口继承的，需要开发者重写一次。

下面定义接口 IPerson 的一个实现类 Employees，用于描述一个雇员的基本信息，代码如下：

```
public class Employees implements IPerson {
    private String name;
    private int age;
    private String company;         // 公司
    private String department;       // 部门
    private String title;            // 职务
    public Employees(String _name, int _age, String _company, String _department,
    String _title) {
        setName(_name);
        setAge(_age);
        setCompany(_company);
        setDepartment(_department);
        setTitle(_title);
    }
    @Override
    public void print_name() {
        System.out.println(getName());
    }
    @Override
    public void print_info() {
        System.out.println("姓名: "+name+"。年龄: "+age+"。公司: "+company+"。部门:
        "+department+"。职务: "+title+"。");
    }
}
```

同样，这里省略了 getter 和 setter 方法。Employees 类中也实现了 IPerson 接口的 2 个抽象方法。

在 main()方法中可以分别定义 Employees 对象 e 和 Student 对象 s，并设置它们的属性值，调用它们的方法，代码如下：

```
public class Main {
    public static void main(String[] args) {
        Employees e = new Employees("张三", 24,"Oracle","开发部", "开发工程师");
        e.print_info();
        Student s = new Student("小明", 6,"六一小学", "一年级", "1 班");
        s.print_info();
    }
}
```

运行项目 sample0410 的结果如下：

```
姓名: 张三。年龄: 24。公司: Oracle。部门: 开发部。职务: 开发工程师。
姓名: 小明。年龄: 6。学校: 六一小学。年级: 一年级。班级: 1 班。
```

### 4.4.2  抽象类

抽象类是包含抽象方法的类，从这一点上看，抽象类与接口很类似。它们的不同之处如下。

➢ 大多数接口中的方法都是抽象方法，抽象类则会包含普通方法。

➢ 接口中的变量默认用 public static final 定义，因此接口中定义的变量就是全局静态常量；抽象类中则可以定义普通变量，这些普通变量可以被子类继承。

➢ 可以定义一个抽象类实现一个接口，反之则不行。

➢ 通常接口仅用于定义开发规范；抽象类则既可以用于定义开发规范，也可以用于为其子类赋能。抽象类中定义的普通属性和普通方法可以被其子类继承，简化了子类的开发，使子类天然地具备特定的能力。

### 1．定义抽象类

可以使用 abstract class 关键字定义抽象类，方法如下：

```
访问权限修饰符 abstract class 抽象类名 {
    // 属性定义
    …
    // 方法定义
    …
}
```

### 2．定义抽象类的子类

抽象类不能示例化对象，因此必须定义抽象类的子类才能使用抽象类。定义抽象类子类的方法和定义普通类子类的方法相同，都使用 extends 关键字。抽象类的子类可以是普通类，也可以是抽象类，具体情况如下。

➢ 如果子类重写了父类中所有的抽象方法，则该子类是普通类。

➢ 如果子类没有重写父类中所有的抽象方法，也就是说，子类中还有抽象方法，则该子类是抽象类。

【例 4-11】 演示抽象类的使用方法。本例对应的 Java 项目为 sample0411，其中包含一个抽象类 Employees，代码如下：

```
public abstract class Employees {
    private String name;
    public  Employees(String name){
        this.name = name;
    }
    public abstract float CalculatePerformance();// 计算绩效
    public void printPerformance() {
        System.out.println("name: "+name +", performance:"+CalculatePerformance());
    }
}
```

Employees 类中定义了一个抽象方法 CalculatePerformance()，用于实现不同岗位的绩效计算；Employees 类中还定义了一个 printPerformance()方法，用于输出员工的绩效信息。对于各种岗位而言，printPerformance()方法的逻辑都一样，因此它是一个普通方法，在子类中可以直接继承使用。

定义抽象类 Employees 的一个子类 Developer，代码如下：

```
public class Developer extends Employees{
    private  float rate;
    public Developer(String name, float rate){
        super(name);
        this.rate = rate;
```

```
    @Override
    public float CalculatePerformance() {
        float DeveloperPerformanceTotal = 10000.0F;

        return  DeveloperPerformanceTotal*rate;
    }
}
```

定义抽象类 Employees 的一个子类 Testor，代码如下：

```
public class Testor extends Employees{
    private  float rate;
    public Testor(String name, float rate){
        super(name);
        this.rate = rate;
    }
    @Override
    public float CalculatePerformance() {
        float PerformanceTotal = 5000.0F;
        return PerformanceTotal * rate;
    }
}
```

在 main()方法中创建一个 Developer 对象 d 和一个 Testor 对象 t，并将它们都添加到
Employees 对象的列表 emplist 中，然后依次计算并输出每个接口对象对应员工的绩效，代
码如下：

```
public class Main {
    public static void main(String[] args) {
        List<Employees> emplist = new ArrayList<>();
        Developer d= new Developer("小明",0.2F);
        emplist.add(d);   // 此处将类对象转换为接口对象
        Testor t = new Testor("小刚", 0.3F);
        emplist.add(t);
        for (Employees e : emplist){
            e.printPerformance();
        }
    }
}
```

例 4-11 的运行结果如下：

```
name: 小明, performance:2000.0
name: 小刚, performance:1500.0
```

### 4.4.3  多态

多态指同一个动作具有多个不同表现形式或形态的能力。在面向对象程序设计中，多
态指父类的一个方法在不同的子类中可以有不同的实现。在 Java 程序中实现多态，必须满
足如下几个条件。

① 存在继承体系：一个类无法体现多态的特性。多态的特性体现为不同子类对同一个
父类（或接口）方法的不同实现。

② 子类必须对父类（或接口）的方法进行重写：父类中可以被重写的方法必须满足如
下条件。

➢ 应该是抽象方法。

➢ 不能是静态方法（即使用 static 关键字修饰的方法）。

> ➤ 不能是私有方法（即使用 private 关键字修饰的方法）。
> ➤ 不能是最终方法（即使用 final 关键字修饰的方法）。
> ➤ 不能是构造方法。

③ 通过父类（或接口）的引用调用重写方法：也就是说，在创建父类对象时，需要使用子类对其进行示例化。这样，当使用不同子类进行示例化时，父类对象调用重写方法会呈现不同的效果。

**【例 4-12】** 演示多态的实现方法。本例对应的 Java 项目为 sample0412，其中包含一个 Person 类，用于描述一个人的基本信息，代码如下：

```java
public abstract class Person {
    protected String name;
    public Person(String name){
        this.name = name;
    }
    public abstract void work();
}
```

定义 Person 类的一个子类 Student，用于描述一个学生的基本信息，代码如下：

```java
public class Student extends Person{
    public Student(String name) {
        super(name);
    }
    @Override
    public  void work(){
        System.out.println("我叫"+name +"，我在学习");
    }
}
```

定义 Person 类的一个子类 Worker，用于描述一个工人的基本信息，代码如下：

```java
public class Worker extends Person {
    public Worker(String name) {
        super(name);
    }
    @Override
    public void work() {
        System.out.println("我叫" + name + "，我在操作机床");
    }
}
```

定义 Person 类的一个子类 Developer，用于描述一个开发者的基本信息，代码如下：

```java
public class Developer extends Person{
    public Developer (String name) {
        super(name);
    }
@Override
    public  void work(){
        System.out.println("我叫"+name +"，我在编程序");
    }
}
```

在 main() 方法中使用 Person 对象分别调用不同子类的 work() 方法，体验抽象类 Person 的多态，代码如下：

```java
public static void main(String[] args) {
    List<Person> plist = new ArrayList<>();
    plist.add(new Student("小明"));
    plist.add(new Worker("李刚"));
```

```
        plist.add(new Developer("王阳"));
        for(int i=0;i<plist.size();i++){
            plist.get(i).work();
        }
    }
```

运行项目 sample0412 的结果如下：

```
我叫小明，我在学习
我叫李刚，我在操作机床
我叫王阳，我在编程序
```

### 4.4.4　重载

重载（overload）是面向对象程序设计的一个重要概念，指在一个类中定义多个同名的方法，并且这些同名方法的参数不能完全一样。也就是说，这些参数的数量不同或者类型不同。

重载与返回值类型无关。也就是说，如果有 2 个方法，它们同名且参数完全相同，但是它们的返回值类型不同，这种情况并不属于重载，而且在编译时会报错。

【例 4-13】　演示重载的实现方法。本例对应的 Java 项目为 sample0413，其中包含一个 MyMath 类，代码如下：

```
public class MyMath {
    public  int add(int x, int y){
        return  x+y;
    }
    public  double add(double x, double y){
        return  x+y;
    }
    public  int add(int x, int y, int z){
        return  x+y+z;
    }
    public  double add(double x, double y, double z){
        return  x+y+z;
    }
}
```

MyMath 类中定义了 4 个 add()方法，它们的参数数量和参数类型各不相同。
在 main()方法中分别调用这 4 个 add()方法，代码如下：

```
    public static void main(String[] args) {
    MyMath math = new MyMath();
    System.out.println("1+2="+math.add(1,2));
    System.out.println("1.1+2.2="+math.add(1.1,2.2));
    System.out.println("1+2+3="+math.add(1,2,3));
    System.out.println("1.1+2.2+3.3="+math.add(1.1,2.2,3.3));
}
```

运行项目 sample0413 的结果如下：

```
1+2=3
1.1+2.2=3.3000000000000003
1+2+3=6
1.1+2.2+3.3=6.6
```

### 4.5　匿名类和 Lambda 表达式

在 Java 中，类和方法都可以没有名称，没有名称的类被称为匿名类，没有名称的方法被称为 Lambda 表达式。

## 4.5.1 匿名类

外部类必须有名称，否则无法被使用。因此匿名类都是内部类，又称为匿名内部类。

创建对象是使用匿名类的一种快捷方式，即在继承父类或实现接口的同时创建对象，方法如下：

```
父类名或接口名 对象 = new 父类名或接口名(){
    // 重写父类或接口的方法
    …
};
```

然后就可以通过创建的对象调用匿名类中重写的方法。使用匿名类的更快捷的方式是连对象都无须创建，在定义匿名类的同时调用其中重写的方法，具体如下：

```
new 父类名或接口名(){
    // 重写父类或接口的方法
    …
}.方法();
```

【例 4-14】 演示匿名类的使用方法。本例对应的 Java 项目为 sample0414，其中包含一个抽象类 Employees，代码如下：

```
public abstract class Employees {
    …
    private String name;
    public  Employees(String name){
        this.name = name;
    }
    public abstract void printinfo();
}
```

代码中省略了 getter 方法和 setter 方法。

在 main()方法中定义并使用匿名类，使其继承抽象类 Employees，代码如下：

```
public static void main(String[] args) {
    new Employees("小明") {
        @Override
        public void printinfo() {
            System.out.println("我的姓名为: "+getName());
        }
    }.printinfo();
}
```

运行项目 sample0414 的结果如下：

```
我的姓名为: 小明
```

## 4.5.2 Lambda 表达式

Lambda 表达式是一个匿名函数，也称为闭包（closure）。Lambda 表达式的语法格式如下：

```
(参数列表) -> {
    Lambda 表达式体
}
```

其中可以使用参数列表中的参数，也可以使用 return 语句返回 Lambda 表达式的值。

在 Java 中，Lambda 表达式通常用于实现函数式接口。所谓"函数式接口"，是指只有一个抽象方法的接口。可以使用@FunctionalInterface 注解定义函数式接口，例如：

```
@FunctionalInterface
interface IDemo{
        // 注意：只能有一个方法
        void test();
}
```

Lambda 表达式可以用于实现函数式接口，方法如下：

```
函数式接口 对象 = Lambda 表达式
```

然后，就可以通过下面的方法调用 Lambda 表达式：

```
对象.抽象方法();
```

【例 4-15】 演示 Lambda 表达式的使用方法。本例对应的 Java 项目为 sample0415，并在其中创建一个接口 IDemo，代码如下：

```
@FunctionalInterface
interface IDemo{
    int add(int x, int y);
}
```

在 main()方法中使用 Lambda 表达式示例化接口 IDemo，然后调用 Lambda 表达式，代码如下：

```
public static void main(String[] args) {
    IDemo dm = (int x, int y)-> x+y;
    System.out.println("10+8 ="+dm.add(10,8) );
}
```

运行项目 sample0415 的结果如下：

```
10+8 =18
```

## 4.6 常用的 Java 类

JDK 中包含一些 Java 程序中经常会用到的类，包括 String 类、Math 类、日期处理类、容器类和异常类。

### 4.6.1 String 类

在程序中经常会对文本数据进行处理。文本数据实际上是字符数组，也称为字符串。Java 没有内置的字符串类型，可以通过 String 类存储和操作字符串。

#### 1. 定义 String 对象

在定义 String 对象时可以直接使用 String 型直接量对其进行赋值，例如：

```
String str = "Hello world";
```

如果需要，也可以使用 new 关键字示例化 String 对象，例如：

```
char a[] = {'H','e','l','l','o'};
String str = new String(a);
```

## 2. String 类的常用方法

通过调用 String 对象的方法可以获取 String 对象的属性，对 String 对象进行操作。String 类的常用方法如表 4-2 所示。

**表 4-2　String 类的常用方法**

| 方法名 | 功能说明 | 示例 |
|---|---|---|
| concat() | 将一个字符串连接到另一个字符串的后面 | str1.concat(str2); |
| length() | 获取字符串的长度 | int length = pass.length(); |
| toLowerCase() | 将字符串中的字母全部转换为小写，非字母不受影响 | String str_lower = str. toLowerCase() |
| toUpperCase() | 将字符串中的字母全部转换为大写，非字母不受影响 | String str_upper = str.toUpperCase() |
| trim() | 删除字符串两端的空格 | String name = tbname.trim() |
| substring() | 从字符串中截取子字符串 | String str = "Hello world";<br>String result = str.substring(1, 3);//1 是截取的起始位置索引（索引从 0 开始），3 是截取的结束位置索引（索引从 1 开始），因此变量 result 的值为"el" |
| replaceAll() | 替换字符串中指定的子字符串 | String str = "Hello world";<br>String result = str.replaceAll("Hello", "Hi");//变量 result 的值为" Hi world" |
| equals() | 判断 2 个字符串是否相等。需要注意的是，字符串不是基本数据类型，不能用==判断是否相等 | str1.equals(str2);//str1 等于 str2 时返回 true；否则返回 false |
| indexOf() | 在字符串中获取匹配字符或字符串的索引 | String s = "Hello world";<br>int index = s.indexOf('w'); // 结果为 5 |
| split() | 按指定的分割符对目标字符串进行分割，分割后的内容存放在字符串数组中 | String Names = "小明,小刚,小强,小红"; String[] arr1 = Names.split(","); // arr1 中包含 4 个元素，分别是"小明"、"小刚"、"小强"和"小红" |

由于篇幅所限，这里没有介绍 String 类的所有方法，也没有展开介绍每个方法的具体用法。在本书后面内容的示例程序中还会涉及 String 类的用法，读者可以参照理解。

## 3. String 对象和 int 型数据的互相转换

在实际应用中，经常需要将 String 对象和 int 型数据互相转换。完成这种转换的方法比较多，这里只介绍其中比较常用的、简单的方法。

将 int 型数据转换为 String 对象的方法很简单，只要将 int 型数据加上""即可，例如：

```
int x = 10;
String str = x + "";
```

变量 str 的值为"10"。使用 Integer.parseInt ()方法可以将 String 对象转换 int 型数据。Integer.parseInt()方法的定义如下：

```
public static int parseInt(String s) throws NumberFormatException;
```

参数 s 必须是存储 int 型数据的字符串，否则 Integer.parseInt ()方法会抛出 NumberFormatException 异常。例如，Integer.Parse("abc")和 Integer. parseInt ("1.1")都会抛

出 NumberFormatException 异常。Java 的异常类将在 4.6.5 小节介绍。

【例 4-16】 使用 Integer.parseInt()方法将 String 对象转换为 int 型数据。本例对应的 Java 项目为 sample0416,其 main()方法的代码如下:

```java
public static void main(String[] args) {
    String str = "10";
    int x = Integer.parseInt(str);
    System.out.println(str);
}
```

运行结果为 10。

### 4.6.2　Math 类

在 Java 程序中可以通过 Math 类实现数学运算的功能,Math 类是静态类。

#### 1. 常量

Math 类中包含如下 2 个数学常量。

➢ Math.E:代表自然对数 e。
➢ Math.PI:代表圆周率 π。

#### 2. 常用方法

通过调用 Math 类的方法可以完成各种数学运算。Math 类的常用方法如表 4-3 所示。

表 4-3　Math 类的常用方法

| 方法名 | 功能说明 | 示例 |
|---|---|---|
| abs () | 返回参数的绝对值,参数可以是 int、long、float、double 型数据 | int x = −1;<br>int y = Math.abs(x); |
| max() | 返回 2 个数值中的最大值。Math.max()方法有 2 个参数,它们的数据类型必须相同,可以是 int、long、float、double 型数据 | int a = 10;<br>int b = 11;<br>int x = Math.max(a, b); |
| min() | 返回 2 个数值中的最小值。Math.min()方法有 2 个参数,它们的数据类型必须相同,可以是 int、long、float、double 型数据 | int a = 10;<br>int b = 11;<br>int x = Math.min(a, b); |
| ceil() | Math.ceil()方法有一个 double 型的参数,方法返回大于或等于参数的最小整数(也称为取天棚) | double x = Math.ceil(0.1); // x 等于 1.0 |
| floor() | Math.floor()方法有一个 double 型的参数,方法返回小于或等于参数的最大整数(也称为取地板) | double x = Math.floor(0.1); // x 等于 0.0 |
| rint() | Math.rint()方法有一个 double 型的参数,方法返回最接近参数的整数。如果存在 2 个同样接近的整数,则返回偶数 | double x = Math.rint(0.5); // x 等于 0.0 |
| round() | 返回对参数进行四舍五入的结果 | long x = Math.round(0.5); // x 等于 1 |

由于篇幅所限,这里没有介绍 Math 类的所有方法,也没有展开介绍每个方法的具体用法。Math 类中还封装了 sin()、cos()、asin()、acos()、tan()、atan()等三角函数方法,以及 exp()、pow()、sqrt()等指数运算方法。有兴趣的读者可以查阅相关资料进行理解。

### 4.6.3　日期处理类

java.util 包也是 Java 内置的一个工具包,其中包含集合框架、日期和时间、随机数生成器等各种实用工具类。包的概念将在 4.7 节介绍。

java.util 包中提供的日期处理类包括 Date 类和 Calendar 类。

另外，java.text 包中还提供了 2 个常用的日期格式化类，即 DateFormat 类和 SimpleDateFormat 类。DateFormat 是一个抽象类，不能直接进行实例化，但可以用它的子类 SimpleDateFormat 来实现具体的格式化。

## 1. Date 类

Date 类用于表示日期和时间，Date 对象中存储的日期和时间数据包含年、月、日、小时、分钟和秒等值。获取当前系统的日期和时间的代码如下：

```
Date date = new Date();
```

可以使用 Date 类提供的 compareTo()方法比较 2 个 Date 数据（date1 和 date2）的大小，方法如下：

```
int 结果 = date1.compareTo(date2);
```

compareTo()方法的返回值说明如下。
- −1：表示 date1 小于 date2。
- 1：表示 date1 大于 date2。
- 0：表示 date1 等于 date2。

## 2. Calendar 类

Calendar 提供了一些方法和静态字段，用来操作日历。

Calendar 是抽象类，不能使用 new 关键字创建 Calendar 对象。创建 Calendar 对象的方法如下：

```
Calendar cal = Calendar.getInstance();
```

cal 实际上是 Calendar 类子类的对象。调用 cal.get()方法，可以返回给定静态字段的值，使用方法如下：

```
int val = cal(Calendar 类的静态字段)
```

Calendar 类的常用静态字段如下。
- YEAR：代表年。
- MONTH：代表月。
- DAY_OF_MONTH：代表一个月中的第几天。
- DAY_OF_WEEK：代表一周中的第几天，其中 1 代表星期日，2 代表星期一，3 代表星期二，4 代表星期三，5 代表星期四，6 代表星期五，7 代表星期六。
- HOUR_OF_DAY：代表小时数。
- MINUTE：代表分钟数。
- SECOND：代表秒数。

【例 4-17】 演示 Calendar 类的使用方法。本例对应的 Java 项目为 sample0417，其 main() 方法的代码如下：

```
public static void main(String[] args) {
    String[] weeks = { "星期日", "星期一", "星期二", "星期三", "星期四", "星期五",
```

```
    "星期六" };
    Calendar cal = Calendar.getInstance();
    System.out.println("现在是: " + cal.get(Calendar.YEAR) + "年" + (cal.get
(Calendar.MONTH) + 1) + "月" + cal.get(Calendar.DAY_OF_MONTH) + "日, " +
    cal.get(Calendar.HOUR) + "点" + cal.get(Calendar.MINUTE) + "分" +
    cal.get(Calendar.SECOND) + "秒, " + weeks[cal.get(Calendar.DAY_OF_WEEK) - 1]);
}
```

### 3．SimpleDateFormat 类

java.text.SimpleDateFormat 类用于对日期和时间字符串进行格式化输出，可以实现 Date 数据与日期和时间字符串之间的转换。创建 SimpleDateFormat 对象的方法如下：

```
SimpleDateFormat sdf = new SimpleDateFormat(模式字符串);
```

模式字符串用于指定日期和时间字符串的格式，其中可以包含如下字符。

- ➤ y：代表年。
- ➤ M：代表月。
- ➤ d：代表日。
- ➤ H：代表时。
- ➤ m：代表分。
- ➤ s：代表秒。

例如，"yyyy-MM-dd HH:mm:ss"对应的日期和时间字符串的格式为"2023-07-10 11:51:30"，"yyyy 年 MM 月 dd 日 HH 时 mm 分 ss 秒"对应的日期和时间字符串的格式为"2023 年 7 月 10 日 11 时 51 分 30 秒"。注意：模式字符串中的字母是区分大小写的。

使用 SimpleDateFormat 对象的 format()方法可以将 Date 数据转换为指定格式的日期和时间字符串，其定义如下：

```
public final String format(Date date);
```

使用 SimpleDateFormat 对象的 parse()方法可以按指定格式将日期和时间字符串转换为 Date 数据，其定义如下：

```
public Date parse(String source) throws ParseException;
```

如果参数 source 不符合日期和时间字符串的格式，则会抛出 ParseException 异常。

【例 4-18】 演示 SimpleDateFormat 类的使用方法。本例对应的 Java 项目为 sample0418，其 main()方法代码如下：

```
public static void main(String[] args) throws ParseException {
    SimpleDateFormat sdf = new SimpleDateFormat("yyyy-MM-dd HH:mm:ss");
    Date date1 = new Date();
    System.out.println(date1);
    String s = sdf.format(date1);
    System.out.println(s);
    Date date2 = sdf.parse("2023-12-30 0:00:00");
    System.out.println(date2);
    int result = date1.compareTo(date2);
    System.out.println(result);
}
```

注意：main()方法的后面有一个 throws 关键字，用于处理可能发生的 ParseException 异常。这是处理异常的一种方法，具体情况将在 4.6.5 小节介绍。

例 4-18 的运行结果如下：

```
Sun Jul 09 09:55:48 CST 2023
2023-07-09 09:55:48
Sat Dec 30 00:00:00 CST 2023
-1
```

从输出结果可以看到经过 SimpleDateFormat 类处理得到的日期和时间字符串与原始 Date 数据的区别。程序中还演示了对 Date 数据进行比较的方法。

### 4.6.4　容器类

Java 提供了一组容器类，可以实现列表、集合、映射等。容器类可以存储一组元素，并提供了对这些元素进行访问和操作的方法。

#### 1. 容器接口

Java 提供了一组容器接口，本小节介绍的容器类都是这些接口的实现类。Java 容器接口与常用容器类的层次关系如图 4-5 所示。

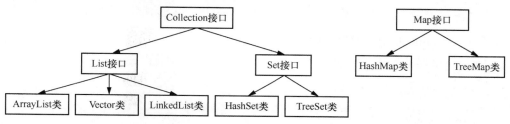

图 4-5　Java 容器接口与常用容器类的层次关系

部分接口的具体说明如下。

➤ Collection 接口：所有单列容器的父接口。
➤ List 接口：列表容器的父接口。
➤ Set 接口：集合容器的父接口。
➤ Map 接口：用于保存具有映射关系的数据。Map 接口和 Collection 接口是并列存在的。Collection 接口中的数据是单列的，Map 接口中的数据则是键值对，数据有 2 列，即键（key）和值（value）。

图 4-5 中并未包含所有的 Java 容器类。由于篇幅所限，本小节只对 ArrayList、Vector、HashSet、HashMap 等常用的 Java 容器类进行介绍。

#### 2. ArrayList 类

ArrayList 类表示由数组实现的列表，允许对元素进行快速、随机的访问，其特点是增删慢，查询快。

ArrayList 类可实现 List 接口。在实际应用中，通常使用 List 接口定义列表。创建一个 List 对象的方法如下：

```
List<String> list = new  ArrayList();
```

可以使用 add()方法向 List 对象中添加元素，例如：

```
list.add("str1");
list.add("str2");
list.add("str3");
```

面向对象程序设计 ▏第 4 章

可以使用 get() 方法获取 List 对象中的元素，例如：

```
String str1 = list(0); // 获取 List 对象中的第 1 个元素
String str2 = list(1); // 获取 List 对象中的第 2 个元素
```

可以使用 size() 方法获取 List 对象中元素的数量。

【例 4-19】 演示 ArrayList 类的使用方法。本例对应的 Java 项目为 sample0419，其 main() 方法代码如下：

```java
public static void main(String[] args) {
    List<String> list = new ArrayList();
    list.add("str1");
    list.add("str2");
    list.add("str3");
    list.add("str4");
    list.add("str5");
    System.out.println("Total count:"+list.size());
    for (int i=0;i<list.size();i++){
        System.out.println((i+1)+": "+list.get(i));
    }
}
```

运行项目 sample0419 的结果如下：

```
Total count:5
1: str1
2: str2
3: str3
4: str4
5: str5
```

### 3．Vector 类

Vector 类用于实现向量。向量类似于动态数组，即定义时不指定大小，可以根据需要改变大小的数组。

Vector 类的常用方法如下。

➤ void add(int index, Object element)：在向量的指定位置（索引为 index）添加一个元素 element。

➤ boolean add(Object o)：在向量的尾部添加一个元素 o。

➤ boolean contains(Object elem)：如果此向量包含指定的元素 elem，则返回 true，否则返回 false。

➤ Object elementAt(int index)：返回索引 index 处的元素。

➤ Object firstElement()：返回第一个元素。

➤ Object get(int index)：返回索引 index 处的元素。

➤ int indexOf(Object elem)：返回元素 elem 首次出现处的索引。

➤ void insertElementAt(Object obj, int index)：将指定对象 obj 作为此向量中的元素插入指定的索引（index）处。

➤ boolean isEmpty()：判断此向量是否为空。

➤ Object lastElement()：返回此向量的最后一个元素。

➤ int lastIndexOf(Object elem)：返回此向量中元素 elem 最后一次出现处的索引。如果此向量不包含元素 elem，则返回-1。

➤ Object remove(int index)：移除此向量中索引 index 处的元素。

➤ int size()：返回此向量中的元素数量。

➤ poll()：查询并移除第一个元素。

### 4．HashSet 类

HashSet 类可以实现一个不存在重复元素的集合。这种集合是无序的，其中不会记录插入元素的顺序。

HashSet 类的常用方法如下。

➤ public boolean add(E e)：向集合中添加元素 e。

➤ public boolean remove(Object o)：从集合中删除元素 o。

➤ public void clear()：清空集合元素。

➤ public int size()：返回集合中元素的数量。

### 5．HashMap 类

HashMap 类可实现接口 Map，用于存储键值对。键值对由键和值组成。接口 Map 中不能包含重复的键。如果添加重复的键，则会覆盖已经存在的值。

每个键都有一个对应的值，而且一个键只能对应一个值。在定义接口 Map 的对象时，需要指定键和值的类型，方法如下：

```
Map<键的类型,值的类型> map=new HashMap<>();
```

HashMap 类的常用方法如下，其中 K 代表键的类型，V 代表值的类型。

➤ V put(K key, V value)：向 Map 对象中添加一个元素。

➤ V remove(Object key)：从 Map 对象中根据键删除一个元素。

➤ void clear()：从 Map 对象中移除所有键值对。

➤ boolean containsKey(Object key)：判断 Map 对象中是否存在指定的键。

➤ boolean containsValue(Object value)：判断 Map 对象中是否存在指定的值。

➤ Boolean isEmpty()：判断 Map 对象是否为空。

➤ int size()：返回 Map 对象中元素的数量。

【例 4-20】 演示 HashMap 类的使用方法。本例对应的 Java 项目为 sample0420，其 main()方法代码如下：

```java
public static void main(String[] args) {
    Map<String, String> m = new HashMap<>();
    m.put("2023001","Xiaoming");
    m.put("2023002","Xiaogang");
    m.put("2023003","Xiaohong");
    m.put("2023004","Xiaoli");
    m.put("2023001","Xiaoyu");
    System.out.println(m);
    System.out.println(m.size());
    m.remove("2023001");
    System.out.println(m.containsKey("2023001"));
    System.out.println(m);
}
```

运行项目 sample0420 的结果如下：

```
{2023001=Xiaoyu, 2023002=Xiaogang, 2023003=Xiaohong, 2023004=Xiaoli}
4
false
{2023002=Xiaogang, 2023003=Xiaohong, 2023004=Xiaoli}
```

可以看到，"Xiaoyu"不在 Map 对象 m 中，这是因为它被拥有相同键"2023001"Xiaoyu
覆盖了。

### 6. 使用 Java 迭代器遍历 Java 容器

接口 Iterator 是 Java 迭代器，可以用于遍历 Java 容器。接口 Collection 的 iterator()方法
返回遍历 Collection 容器的 Iterator 迭代器，方法如下：

```
Iterator<元素数据类型> iterator = <Collection 对象>.iterator();
```

接口 Iterator 的常用方法（以集合为例）如下。

➢ hasNext()：判断集合中是否还有可以访问的下一个元素。

➢ next()：返回集合中可以访问的下一个元素，并将迭代器的指针移到下一个元素的
位置。

➢ remove()：从集合中删除迭代器最后访问的元素。

接口 Collection 的实现类 ArrayList、LinkedList、Vector、HashSet 等都可以通过调用
iterator()方法获取 Iterator 对象。使用迭代器 Iterator 遍历 Collection 容器对象的方法类似，
下面以 ArrayList 类为例进行演示。

【例 4-21】 演示使用迭代器 Iterator 遍历 ArrayList 类的方法。本例对应的 Java 项目
为 sample0421，其 main()方法代码如下：

```
import java.util.ArrayList;
import java.util.Iterator;
import java.util.List;
public class Main {
    public static void main(String[] args) {
        List<Integer> list=new ArrayList<Integer>();
        for(int i=0;i<5;i++)
        {
            list.add(i);
        }
        for(Iterator<Integer> it = list.iterator(); it.hasNext();)
        {
            System.out.println(it.next()+"\t");
        }
    }
}
```

运行项目 sample0421 的结果如下：

```
0
1
2
3
4
```

Map 接口并没有 iterator()方法，因此不能使用类似例 4-21 的方法遍历 Map 对象。但是，
Map 接口的 keySet()方法可以返回 Map 对象中键的集合。可以使用迭代器 Iterator 遍历键的
集合，再使用键获取值，从而达到遍历 Map 对象的效果。

### 4.6.5　Java 异常及处理

语法错误、逻辑问题、运行时异常、内存不足、外部干扰等都会导致程序不能正常执行。

当一个方法不能正常执行时，会抛出一个封装异常信息的对象，同时该方法立即退出并不返回任何值，调用该方法的代码也无法继续执行。当遇到异常时，Java 的异常处理机制会将代码的执行流交由异常处理器控制。因此在调用一个方法时，需要考虑对其可能抛出的异常进行处理。这样才能按开发者期望的形式处理异常。

所谓"异常"，是指程序运行过程中发生的超出预期的事件，异常会导致程序不能按预期的效果执行。

#### 1．异常的分类

Java 程序运行过程中可能发生的异常分为下面 2 类。

➢ Error 类：指由于系统内部错误或者内存不足导致的错误。发生这类异常时应用程序应该立即停止。常见的 Error 异常包括 StackOverflowError（栈溢出）和 OOM（out of memory，内存溢出）。

➢ Exception 类：指由于编程错误或其他偶然的外在因素导致的一般性问题。Exception 异常包含 RuntimeException 类和 CheckedExcepion 类两个子类，具体情况如表 4-4 所示。

**表 4-4　Exception 类的子类**

| 子类 | 具体说明 |
| --- | --- |
| RuntimeException | RuntimeException 为运行时异常。例如，下面的异常属于 RuntimeException 异常。<br>➢ NullPointerException：空指针异常。当一个对象为 null 时，调用该对象的方法就会抛出 NullPointerException 异常。<br>➢ ClassCastException：当 2 种不兼容的类型进行转换时会抛出此异常。<br>➢ ArrayIndexOutOfBoundsException：当数组索引越界时会抛出此异常。<br>通常可以通过完善程序逻辑、提前做好判断避免发生运行时异常 |
| CheckedExcepion | CheckedException 又称为编译时异常，指在编译阶段编译器会强制程序捕获此类异常并做出处理。常见的 CheckedExcepion 异常如下。<br>➢ IOException：在进行输入/输出操作的过程中可能发生的异常。比如打开的文件不存在时会抛出 IOException 异常。<br>➢ SQLException：在进行数据库操作的过程中可能发生的异常。比如无法连接数据库时会抛出 SQLException 异常 |

#### 2．异常处理

编译器会要求开发者处理可能抛出 CheckedExcepion 异常的方法，处理异常的方法如下。

➢ 将异常添加到方法签名上。

➢ 使用 try…catch…语句捕获和处理异常。

编译器无法检测到 RuntimeException 异常，因此需要开发者自己检查程序或者在测试中找出异常。定位异常后，使用 try…catch…语句捕获并处理异常。

（1）将异常添加到方法签名上

在一个方法中调用可能抛出异常的方法时，可以将异常添加到方法签名上，方法如下：

```
public void 方法名(参数列表) throws 异常类名{
    …
}
```

例如，下面的代码在 testCheckedException()方法中测试抛出 IOException 异常，并在方法签名上添加该异常：

```
public void testCheckedException() throws IOException{
    throw new IOException
}
```

这种处理方法表明在 testCheckedException()方法中并不对异常进行处理，而是要求调用 testCheckedException()方法的代码处理异常，最终还是需要使用 try…catch…语句捕获和处理异常。

（2）使用 try…catch…语句捕获异常

try…catch…语句的使用方法如下：

```
try {
    // 可能出现异常的代码
    …
} catch (Exception type1) {
    // 对异常 type1 的处理
    …
} catch (Exception type 2) {
    // 对异常 type2 的处理
    …
} finally {
    // 最后执行的代码
    …
}
```

一段代码可能会触发多种异常，因此可以使用多个 catch 语句捕获和处理不同的异常。捕获异常后，就可以在 catch 语句体中对异常进行处理。在 catch 语句体中，通常可以调用 e.printStackTrace()方法输出异常的位置、类型和其他信息。

finally 语句体中的代码在执行完 try 语句体中的代码后被执行，通常用于释放 try 语句体中占用的系统资源。例如，如果在 try 语句体中连接了数据库，则在 finally 语句体中就需要断开连接、释放资源。

【例 4-22】 演示使用 try…catch…语句捕获和处理异常的方法。本例对应的 Java 项目为 sample0422，其 main()方法的代码如下：

```
public static void main(String[] args) {
    try {
        int result = 1 / 0;
    }
    catch (Exception e)
    {
        e.printStackTrace();
    }
    System.out.println("divide by zero 1");
    int result = 1 / 0;
    System.out.println("divide by zero 2");
}
```

程序中 2 次执行除 0 操作，第 1 次执行除 0 操作时使用 try…catch…语句捕获和处理异常，并在 catch 语句体中调用 e.printStackTrace ()方法输出异常信息；第 2 次执行除 0 操作时并没有捕获和处理异常。

运行项目 sample0422 的结果如下：

```
java.lang.ArithmeticException: / by zero
        at Main.main(Main.java:4)
Exception in thread "main" java.lang.ArithmeticException: / by zero
        at Main.main(Main.java:11)
divide by zero 1
```

可以看到，e.printStackTrace()方法输出了异常的位置为 Main.java 的第 4 行和第 11 行，异常的类型为 java.lang.ArithmeticException，异常的其他信息为"/ by zero"。

第 2 次执行除 0 操作后的 System.out.println()方法并没有被执行。这是因为没有使用 try…catch…语句捕获和处理异常，程序在执行除 0 操作后直接退出了。可见，使用 try…catch…语句捕获和处理异常对保证程序的正常运行是很有必要的。

## 4.7　模块化编程

Java 的功能很强大，除了标准 JDK 提供的类外，还有很多第三方提供的类库。为了使 Java 项目的结构更清晰，避免由于重名而导致类的冲突，Java 支持模块化系统，可以将 Java 项目分为模块、软件包（简称包）、类等层次结构，如图 4-6 所示。

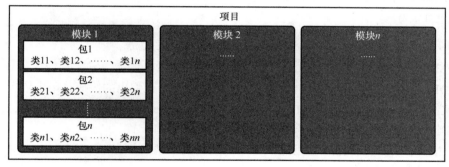

图 4-6　Java 的模块化系统

### 4.7.1　模块

模块是对项目中代码进行分组的一种方式。可以在项目里创建模块，实现特定的分工。例如，在一个 Web 项目中，比较常见的模块分工如图 4-7 所示。

在 Web 项目中，通常会创建操作数据库的模块、前台模块和后台模块。前台模块负责开发供前台用户访问的 Web 应用，后台模块负责开发供后台管理用户访问的 Web 应用。可以将模块理解为子项目，它可以实现一个项目所能实现的功能，例如前台模块可以实现的功能和单独创建一个前台项目实现的功能没有太大的差别。但是，项目中的不同模块之间可以很方便地互相引用。例如，前台模块和后台模块都可以通

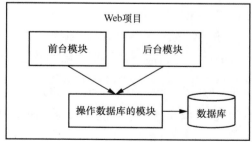

图 4-7　Web 项目中常见的模块分工

面向对象程序设计　第 4 章

过引用操作数据库的模块访问同一个数据库，从而避免代码冗余。在 IDEA 中创建和使用多模块项目的方法将在 4.7.3 小节介绍。

### 4.7.2 包

包又称为软件包，是类的分组，可以提供类的多层命名空间，解决类名冲突的问题。

#### 1. 定义包

在定义类的时候，可以使用 package 语句定义其所属的包，方法如下：

```
package 包名;
public class 类名{
    // 类主体
    …
}
```

package 语句应该放在源文件的第一行，且每个源文件中只能有一个 package 语句。Java 包的命名规则如下。

➢ 包名中不能使用大写字母。

➢ 包名可以包含多个层次，每个层次使用小数点（.）进行分隔。

➢ 通常可以使用倒置的域名作为包名，格式一般如下：

```
com.公司名.分类名
```

例如，下面的包名可以用来保存 POJO 类：

```
com.example.pojo
```

在 IDEA 窗口左侧的项目树中右击一个文件夹，然后在弹出的快捷菜单中依次选择"新建"/"软件包"，打开"新建软件包"弹框，如图 4-8 所示。

在文本框中填写包名，然后按 Enter 键，即可在当前位置创建包。在 IDEA 的项目树中，包类似于一个文件夹，展开该文件夹后可以看到其中包含的类。

图 4-8 "新建软件包"弹框

#### 2. 导入包中的类或接口

在类中引用其他类时，如果引用的类与当前类在同一个包中，则可以直接引用该类；否则需要先通过 import 语句导入包中的类，然后才能引用包中的类。导入包中单个类的方法如下：

```
import 包名.类名;
```

例如，Set 接口和 HashSet 类都在包 java.util 中定义。因此要想在类中引用 Set 接口和 HashSet 类，就需要使用如下语句从包 java.util 中导入它们：

```
import java.util.HashSet;
import java.util.Set;
```

也可以通过如下方法导入指定包中的所有类或接口：

```
import 包名.*;
```

如果某个类只使用一次，也可以不将其从包中导入，而是在引用类时指定其所属的包，方法如下：

```
包名.类名 对象 = new 包名.类名();
```

例如，可以通过如下方法引用接口 Set 和类 HashSet：

```
java.util.Set<String> set = new java.util.HashSet<>();
```

### 3．系统包

Java 提供了一些系统包，其中包含常用的 Java 基础类。Java 的常用系统包如表 4-5 所示。

表 4-5　Java 的常用系统包

| 包名 | 说明 |
|---|---|
| java.lang | Java 的核心包，其中包含基本数据类型、字符串处理、异常处理和线程等相关类。Java 编译器会默认加载该包 |
| java.io | Java 的输入/输出包，具体情况将在第 5 章介绍 |
| java.util | Java 的常用工具包，其中包含 Date、Vector、HashTable 等类 |
| java.awt | 用于构建图形用户界面的包。本书介绍的五子棋游戏项目使用 java.awt 包构建图形用户界面 |
| java.net | 实现网络功能的包，具体情况将在第 6 章介绍 |
| java.sql | 实现 JDBC（Java database connectivity，Java 数据库互连）的包，用于访问数据库，具体情况将在第 8 章介绍 |

## 4.7.3　项目管理工具 Maven

Java 是开源的，因此包含丰富的第三方类库。这些第三方类库通常以.jar 包的形式提供。可以手动下载.jar 包文件，并在项目中导入.jar 包文件，然后引用其中的类。但是，通过这种传统方式管理.jar 包可能会存在如下问题。

➢　如果项目中需要导入多个.jar 包，则这些.jar 包之间可能存在冲突。

➢　有的.jar 包可能会依赖其他.jar 包，逐一下载比较麻烦。

➢　项目引用的.jar 包可能会很多，有的.jar 包很大，对其进行手动下载和管理并不方便。

在 Java 程序开发过程中，依赖是一个专有名词，指一个组件、库或模块需要引用另一个组件、库或模块才能正常工作，它描述了代码之间的依赖关系。一个模块可能依赖于多个其他模块，这些被依赖的模块提供了依赖模块所需的功能和资源。

通常可以借助项目管理工具管理项目中的依赖和项目的构建。本小节要介绍的 Maven 就是一款很流行的项目管理工具，可以实现 Java 项目的构建、依赖管理和项目信息管理。通过 Maven 管理项目依赖可以自动下载匹配的.jar 包，解决.jar 包冲突的问题，而且可以自动下载.jar 包依赖的其他.jar 包，不需要开发者操心导入.jar 包的问题。

### 1．POM

POM（project object model，项目对象模型）是 Maven 项目的基本工作单元，它可以通过一个 XML（extensible markup language，可扩展标记语言）文件（pom.xml）定义项目的基本信息、项目的依赖以及构建项目的方式等。下面是 pom.xml 文件的简单示例：

```
<?xml version="1.0" encoding="UTF-8"?>
<project xmlns = "http:// maven.apache.org/POM/4.0.0"
    xmlns:xsi = "http:// www.w3.org/2001/XMLSchema-instance"
    xsi:schemaLocation = "http:// maven.apache.org/POM/4.0.0
    http:// maven.apache.org/xsd/maven-4.0.0.xsd">
    <modelVersion>4.0.0</modelVersion> <!-- 模型版本 -->
    <groupId>com.companyname.project-group</groupId>  <!-- 项目分组-->
```

```
    <artifactId>project</artifactId>
    <version>1.0</version>      <!-- 版本号 -->
</project>
```

整个 pom.xml 文件的主要代码都包含在<project>标签和</project>标签之间，其中包含如下常用的子标签。

> <modelVersion>：指定当前 POM 的版本。对于 Maven 2 和 Maven 3 来说，版本只能是 4.0.0。

> <groupId>：指定当前项目的分组，通常是公司或者组织的唯一标志，可以使用公司或组织倒置的域名，例如本例中使用的 com.companyname.project-group。

> <artifactId>：指定当前项目在分组中的唯一标识，可以理解为项目名。

> <version>：指定当前项目的版本号。

### 2．依赖管理

使用 Maven 管理项目的主要目的是利用它的依赖管理功能。在 Maven 项目中，依赖指项目需要的.jar 包，可能是包含项目中使用类的.jar 包，也可能是.jar 包依赖的其他.jar 包。在 pom.xml 文件中可以通过<dependency>标签定义项目中要导入的依赖，方法如下：

```
<dependencies>
  <dependency>
    <groupId>com.example</groupId>
    <artifactId>my-library</artifactId>
    <version>1.0.0</version>
  </dependency>
  …
<dependencies>
```

<dependency>标签包含在<dependencies>标签中。通常项目中会包含多个依赖，<dependencies>标签中可以包含多个<dependency>标签。<dependency>标签中包含如下几个子标签。

> <groupId>：指定提供依赖的公司或者组织的唯一标志。

> <artifactId>：指定依赖在分组中的唯一标识，可以理解为依赖名。

> <version>：指定导入依赖的版本号。

### 3．仓库

Maven 导入的依赖都存储在仓库（repository）中，由仓库统一管理。本地项目只在需要的时候将依赖对应的.jar 包从仓库下载到本地使用即可。

Maven 仓库分为本地仓库和远程仓库具体说明如下。

（1）本地仓库

本地仓库是指存储在本地计算机上的仓库，默认的路径为${user.home}/.m2/repository。

（2）远程仓库

远程仓库又分为中央仓库和私服。

① 中央仓库是指 Maven 官方提供的远程仓库，它拥有较全的.jar 包资源。中央仓库的内容是唯一的，但是为了方便世界各地的用户访问，中央仓库有多个镜像。例如，下面的 URL（uniform resource locator，统一资源定位符）都是常用的中央仓库镜像：

```
https:// mvnrepository.com/
http:// repo1.maven.org/maven2/
```

国内用户通常使用阿里云提供的中央仓库镜像，其 URL 如下：

```
http:// maven.aliyun.com/nexus/content/groups/public
```

这些中央仓库的镜像是所有人都可以访问的，因此中央仓库又被称为公共仓库。为了方便下载依赖，通常在 Maven 项目中配置使用国内镜像。

② 私服是指搭建在局域网中的仓库，是中央仓库在局域网中的代理。搭建私服的目的是提高下载依赖的速度。

中央仓库/国内镜像、私服、本地仓库和 Maven 项目的关系如图 4-9 所示。

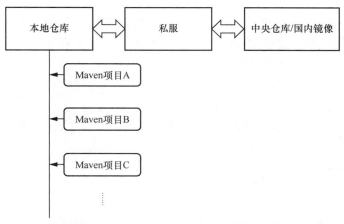

图 4-9　中央仓库/国内镜像、私服、本地仓库和 Maven 项目的关系

Maven 项目会根据 pom.xml 文件中配置的依赖信息首先在本地仓库中查找相关.jar 包。如果找不到，则会到私服中查找。如果在私服中还是找不到，则将.jar 包从配置好的中央仓库或国内镜像中下载到私服，再下载到本地仓库。一个依赖对应的.jar 包只需要下载一次，只要私服或本地仓库中已经存在该.jar 包，其他项目再导入对应的依赖时，就无须再下载该.jar 包了。

### 4. 安装和配置 Maven 项目

访问 Maven 官网的下载页面（网址参见《本书使用的网址》文档），在该页面可以下载最新的 Maven 安装包。

Windows 系统下载的安装包是.zip 格式的。假定下载的文件是 apache-maven-3.9.3-bin.zip，将其解压缩到 C:\apache-maven-3.9.3 文件夹下；然后设置环境变量 Path，添加一行代码 C:\apache-maven-3.9.3\bin\。

配置完后，打开命令行窗口，执行下面的命令查看 Maven 的版本信息：

```
mvn -v
```

如果返回图 4-10 所示的结果，则说明 Maven 已经成功安装。

```
C:\Users\Administrator>mvn -v
Apache Maven 3.9.3 (21122926829f1ead511c958d89bd2f672198ae9f)
Maven home: C:\apache-maven-3.9.3
Java version: 1.8.0_371, vendor: Oracle Corporation, runtime: C:\Program Files\Java\jdk-1.8\jre
Default locale: zh_CN, platform encoding: GBK
OS name: "windows 11", version: "10.0", arch: "amd64", family: "windows"

C:\Users\Administrator>
```

图 4-10　查看 Maven 的版本信息

Maven 的配置文件是 conf 文件夹下的 settings.xml，其中的<mirrors></mirrors>标签用于配置 Maven 仓库的镜像。下面的代码可以配置 Maven 使用阿里云提供的镜像：

```
<mirror>
    <id>alimaven</id>
    <mirrorOf>central</mirrorOf>
    <name>aliyun maven</name>
    <url>http:// maven.aliyun.com/nexus/content/repositories/central/</url>
</mirror>
```

### 5．创建 Maven 项目

在 IDEA 中打开"新建项目"对话框，在"构建系统"选项中选中"Maven"，然后单击"创建"按钮，即可创建 Maven 项目，如图 4-11 所示。在 Maven 项目的根目录下有一个 pom.xml 文件，其默认代码如下：

```
<?xml version="1.0" encoding="UTF-8"?>
<project xmlns="http:// maven.apache.org/POM/4.0.0"
         xmlns:xsi="http:// www.w3.org/2001/XMLSchema-instance"
         xsi:schemaLocation="http:// maven.apache.org/POM/4.0.0 http://maven.
         apache.org/xsd/maven-4.0.0.xsd">
    <modelVersion>4.0.0</modelVersion>
    <groupId>org.example</groupId>
    <artifactId>mavenProject</artifactId>
    <version>1.0-SNAPSHOT</version>
    <properties>
        <maven.compiler.source>8</maven.compiler.source>
        <maven.compiler.target>8</maven.compiler.target>
        <project.build.sourceEncoding>UTF-8</project.build.sourceEncoding>
    </properties>
</project>
```

在 pom.xml 文件中，默认的 groupId 为 org.example，可以根据需要修改；artifactId 为"新建项目"对话框中填写的项目名称；默认的 version 为 1.0-SNAPSHOT，表示当前版本为测试版。

<properties>标签中定义项目中使用的 Maven 属性。在默认的 pom.xml 文件中定义了如下标签。

➢ <maven.compiler.source>：指定项目中使用的 JDK 版本。

➢ <maven.compiler.target>：指定生成与特定 JDK 版本兼容的字节码文件。

➢ <project.build.sourceEncoding>：指定 Maven 编译时读取文件使用的编码方式。

在 IDEA 中单击窗口右上角的◎按钮，然后从弹出的下拉列表中选择"设置"，打开"设置"对话框；在左侧导航栏中依次选择"构建、执行、部署"/"构建工具"/"Maven"，可以对项目使用 Maven 进行配置，如图 4-12 所示。

单击"Maven 主路径"后面的▦按钮，选择之前安装的 Maven 路径，例如 C:\apache-maven-3.9.3；勾选"用户设置文件"后面的"重写"复选框，然后选择之前配置好的 Maven 配置文件，例如 C:\apache-maven-3.9.3\conf\settings.xml；配置完成后单击"确定"按钮。

接下来演示在 Maven 项目中管理依赖的方法。在 commons-lang3 包中有一个工具类 StringUtils，其中提供了一些关于字符串的常用操作。假定创建一个 Maven 项目 mavenProject，并在其中使用工具类 StringUtils。

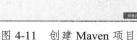

图 4-11　创建 Maven 项目

图 4-12　在 IDEA 中配置项目的 Maven 属性

首先，在 pom.xml 文件中添加如下代码，导入 commons-lang3 依赖：

```
<dependency>
    <groupId>org.apache.commons</groupId>
    <artifactId>commons-lang3</artifactId>
    <version>3.12.0</version>
</dependency>
```

在 IDEA 窗口的右上角单击 m 按钮，展开 Maven 浮动窗格。单击 按钮可以重新加载所有 Maven 项目并下载其中的依赖。下载完成后，可以在 C:\Users\Administrator\.m2\repository\org\apache\commons\commons-lang3\3.12.0 目录下找到下载完成的 .jar 包及相关资源文件。

在 Main 类中使用工具类 StringUtils 删除字符串后面的空格，代码如下：

```
package org.example;
import org.apache.commons.lang3.StringUtils;
public class Main {
    public static void main(String[] args) {
        String str1 = "Hello ";
        String str2 = "world!";
        System.out.println(str1+str2);
        System.out.println(StringUtils.trim(str1)+str2);
    }
}
```

程序调用 StringUtils.trim() 方法删除字符串 str1 两端的空格。在使用工具类 StringUtils 前，需要使用 import 语句导入 org.apache.commons.lang3.StringUtils。只有成功下载 commons-lang3 依赖才能构建项目。

运行项目 mavenProject 的结果如下：

```
Hello world!
Helloworld!
```

可以看到 StringUtils.trim() 方法的作用。

## 4.8　趣味实践：在五子棋游戏中使用自定义类

趣味实践：在五子棋游戏中使用自定义类

本节介绍的五子棋游戏项目为 gobang1.3。此项目将使用自定义类对 gobang1.2 项目的已有功能进行封装和梳理，其中包括点位类 Point 和棋子类 Piece，还将新增判断输赢的功能。

在 gobang1.3 项目的 src 文件夹下包含如下 3 个包。

> ➤ components：用于存储点位类 Point 和棋子类 Piece 等。
> ➤ enums：用于存储 gobang1.3 项目中的枚举类型。
> ➤ utils：用于存储 gobang1.3 项目中的工具类。

本节介绍 gobang1.3 项目的基本框架，具体实现过程可以参照附录 A。

### 4.8.1 gobang1.3 项目中的枚举类型

gobang1.3 项目中包含 ColorInturn 和 Direction 两个枚举类型，其中 ColorInturn 与 gobang1.2 项目中的完全一样。

Direction 用于定义棋盘上一个点位周围的方向，代码如下：

```
public enum Direction {
    Up, Upright, Right, Downright, Down, Downleft, Left, Upleft
}
```

其中定义了上（Up）、右上（Upright）、右（Right）、右下（Downright）、下（Down）、左下（Downleft）、左（Left）、左上（Upleft）8 个方向，如图 4-13 所示。

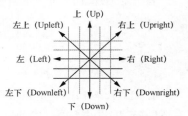

图 4-13　枚举类型 Direction 定义的 8 个方向

### 4.8.2 点位类

棋盘中有很多个点位，棋盘的横线和竖线交叉的位置就是一个点位。点位是可以落子的位置。为了便于在程序中更直观和便捷地描述落子功能，components 包下包含一个 Point 类，用于描述棋盘上的一个点位。

### 4.8.3 棋子类

棋子类 Piece 是 Point 类的子类，用于描述棋盘上某个点位上的棋子。

### 4.8.4 规则类

utils 包下定义了一个规则类 RuleUtils，用于实现与规则有关的功能。其中主要实现如下功能。

> ➤ 判断输赢。
> ➤ 将坐标转换为点位在棋盘上的索引。

### 4.8.5 棋盘类

棋盘类 ChessBoard 在 components 包中定义，其中包含五子棋游戏的主要功能，包括落子、重新开始、悔棋、退出游戏等。

### 4.9 本章小结

本章介绍了 Java 中面向对象程序设计的基本方法，包括定义类、创建对象、类的继承和模块化编程等，还介绍了使用接口和抽象类定义子类开发规范的方法。为了方便开发者编程，Java 提供了丰富的基础类，封装了各种常用功能。此外，本章还介绍了 Java 提供的常用类，包括 String 类、Math 类、日期处理类、容器类和异常类。

本章的趣味实践部分通过面向对象程序设计思想对五子棋游戏的已有功能进行整理，使程序的结构更加规范和清晰。

本章的主要目的是使读者了解 Java 对面向对象程序设计提供的支持，并结合编写五子棋游戏 1.3 版程序实践了面向对象程序设计的方法。

# 习题

## 一、选择题

1. 具有相同或相似性质的对象的抽象就是（　　）。
   A. 抽象类　　　　　B. 类　　　　　　C. 接口　　　　　　D. 静态类
2. 将属性和动作捆绑在一起，定义一个新类的过程就是（　　）。
   A. 封装　　　　　　B. 派生　　　　　C. 继承　　　　　　D. 实现
3. 在 Java 中可以使用（　　）关键字定义一个类。
   A. public　　　　　B. class　　　　　C. interface　　　　D. enum
4. 代表圆周率 π 的常量是（　　）。
   A. Math.E　　　　　B. Math.PI　　　　C. E　　　　　　　D. PI
5. 用于实现向量的 Java 类是（　　）。
   A. ArrayList　　　　B. Vector　　　　　C. HashSet　　　　D. HashMap

## 二、填空题

1. _____也称为成员函数，是执行特定任务的代码块。
2. _____是一种特殊的成员函数，用于在创建对象时初始化对象。
3. 如果希望一个方法一次性返回多个值，则可以将_____作为方法的返回值。
4. Java 程序中可以通过_____类存储和操作字符串。
5. 在 Java 程序中可以通过类_____实现数学运算。
6. _____表达式是一个匿名函数，也称为闭包。
7. 可以通过_____语句导入包。
8. POM 是 Maven 项目的基本工作单元，它可以通过一个 XML 文件_____定义项目的基本信息、项目的依赖以及构建项目的方式等。

## 三、简答题

1. 简述对类进行封装的具体方法。
2. 试绘制 Java 模块化系统中将 Java 项目分为模块、包、类的层次结构图。

# 第5章 I/O 编程

I/O 通常指数据在内部存储器和外部存储器以及其他周边设备之间的输入和输出。常见的输入源和输出目标包括键盘、文件和网络等。在 Java 中，不同类型的输入源和输出目标使用不同的流进行处理，例如文本文件使用字符流，非文本文件使用字节流。本章介绍 Java I/O 编程的方法。

## 5.1 输入流和输出流

Java I/O 编程的核心是输入流和输出流。不同的输入源和输出目标都有自己对应的输入流和输出流。因此，理解流的概念和分类对于学习 Java I/O 编程是很重要的。

### 5.1.1 流的概念

流是传输数据的通道。Java 程序通过流可以实现如下功能，其中涉及的网络编程将在第 6 章介绍。

➢ 获取从键盘输入的数据。
➢ 向显示器输出数据。
➢ 从文件中读取数据。
➢ 向文件中写入数据。
➢ 获取来自网络的数据。
➢ 向网络中发送数据。

### 5.1.2 流的分类

按照数据的流向分类，流可以细分为输入流和输出流。

➢ 输入流负责处理外部传输给程序的数据，例如从键盘输入的数据、从文件或内存中读取的数据以及从网络接收的数据。
➢ 输出流负责处理程序传输给外部的数据，例如在显示器上显示的数据、向文件或内存中写入的数据以及发送到网络中另一端的数据。

按照传输数据的最小单位分类，流可以细分为字节流和字符流。

➢ 字节流传输最小单位为 Byte 的数据，即 1B 的有符号数据，范围为−128～127。字节流可用于传输任何类型的数据。

➤ 字符流传输最小单位为 char 的数据，即 2B 的 Unicode 数据，范围为 0～65 535。字符流可用于传输文本数据，但不能用于传输音频、视频和图片等数据。

按照功能分类，流可以细分为节点流与处理流。

➤ 节点流可以从一个特定的数据源读/写数据，但不会对数据进行加工。节点流属于底层流，直接与数据源相连。

➤ 处理流也称为包装流，是对节点流的封装。它不会直接与数据源相连，但可以对数据进行加工，例如以增加缓冲的方式提高输入、输出数据的效率。处理流可以使用一系列便捷的方法来一次输入、输出大批量的数据。相比节点流，处理流更加灵活、方便，效率也更高。

## 5.2 标准输入/输出编程

标准输入指从键盘输入数据，标准输出指向控制台输出数据。控制台是指在 Java 程序中进行输入和输出操作的命令行窗口或终端界面。在 Java 中，可以通过系统类 System 实现标准输入/输出编程的功能。

### 5.2.1 标准输入流

可以使用 System.in 表示标准输入流，in 是系统类 System 的一个属性，其定义如下：

```
public final static InputStream in = null;
```

InputStream 是 Java 的输入流类。

在 Java 程序中可以通过 Scanner 对象或 BufferedReader 对象读取从键盘输入的数据。

#### 1．通过 Scanner 对象读取从键盘输入的数据

这里的 Scanner 指 java.util.Scanner 类，用于接收控制台输入的数据。通过 Scanner 对象获取键盘输入数据的方法如下：

```
Scanner input = new Scanner(System.in);
String s = input.nextLine();
input.close();
```

nextLine()方法可以自控制台读取从键盘输入的一行数据。除此之外，Scanner 类还提供如下从键盘获取数据的方法。

➤ nextByte()：读取从键盘输入的一个类型为 byte 的数据。

➤ nextShort()：读取从键盘输入的一个类型为 short 的数据。

➤ nextLong()：读取从键盘输入的一个类型为 long 的数据。

➤ nextFloat()：读取从键盘输入的一个类型为 float 的数据。

➤ nextBoolean()：读取从键盘输入的一个类型为 boolean 的数据。

➤ next()：读取从键盘输入的一个字符串。遇到空格时会自动截断字符串，不再读取。

需要说明的是 Java 中不存在 nextChar()方法。如果希望读取从键盘输入的一个字符，则可以使用如下方法：

```
char c = scanner.next().charAt(0);
```

这相当于读取字符串然后截取其中的第一个字符。

在使用 nextByte()、nextShort()、nextLong()、nextFloat()、nextBoolean()等方法时，如果输入数据的类型不能被转换为相应的类型，则程序会抛出异常。

【例 5-1】 演示通过 Scanner 对象获取键盘输入数据的方法。在 IDEA 中创建 Java 项目 sample0501，其 Main 类的代码如下：

```java
import java.util.Scanner;
public class Main {
    public static void main(String[] args) {
        Scanner sc= new Scanner(System.in);
        System.out.println("Input your name: ");
        String name= sc.nextLine();
        System.out.println("Input your  age: ");
        int age =sc.nextInt();
        System.out.println("Input your  salary: ");
        float salary = sc.nextFloat();
        System.out.println("Your information: ");
        System.out.println("Name: "+name+"\n"+"Age: "+age+"\n"+"Salary: "+salary);
    }
}
```

运行项目 sample0501，依次输入姓名、年龄和工资数据后，程序会输出读取的数据，过程如图 5-1 所示。

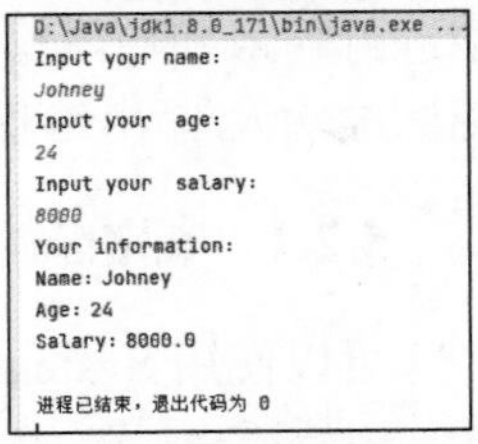

图 5-1 运行项目 sample0501 的过程

### 2. 通过 BufferedReader 对象读取从键盘输入的数据

这里的 BufferedReader 指 java.io.BufferedReader 类，用于读取缓冲区中的数据。从缓冲区中读取数据可以减少直接操作原始数据源的次数，因此效率比较高。通过 BufferedReader 对象获取键盘输入数据的方法如下：

```java
BufferedReader input = new BufferedReader(new InputStreamReader(System.in));
String s = input.readLine();
```

readLine()方法可以从缓冲区中读取从键盘输入的一行数据。

【例 5-2】 演示通过 BufferedReader 对象获取键盘输入数据的方法。在 IDEA 中创建 Java 项目 sample0502，其 Main 类的代码如下：

```java
import java.io.BufferedReader;
import java.io.IOException;
import java.io.InputStreamReader;
public class Main {
    public static void main(String[] args){
        System.out.println("Input your description below:");
        BufferedReader input = new BufferedReader(new InputStreamReader(System.in));
        try {
            String desc = input.readLine();
            System.out.println("Description: "+ desc);
        } catch (IOException e) {
            throw new RuntimeException(e);
        }
    }
}
```

运行项目 sample0502，输入个人简介信息后，程序会输出读取的数据，过程如图 5-2 所示。

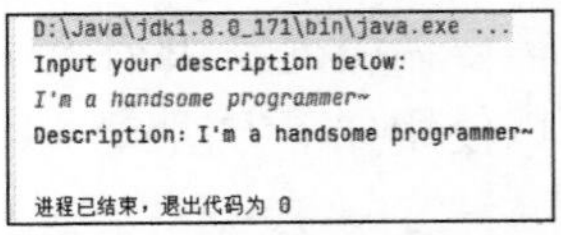

图 5-2 运行项目 sample0502 的过程

### 5.2.2 标准输出流

Java 中使用 System.out 表示标准输出流。out 是系统类 System 的一个属性，其定义如下：

```
public final static PrintStream out = null;
```

PrintStream 中的 Print 并不是指在打印机上打印数据，而是指在标准输出设备（即显示器）上输出数据。在实际应用中，Print 体现为在控制台或命令行窗口中输出数据。可以通过 System.out 的 print()方法、println ()方法、printf ()方法或 write()方法输出各种类型的数据。

### 1．System. out. print ()方法

System.out.print()方法用于在控制台中输出数据，方法如下：

```
System.out.print(表达式);
```

System.out.print()方法的参数类型可以是 boolean、char、int、long、float、double、String 等。

### 2．System. out. println ()方法

System.out.println()方法在前面的示例程序中被多次使用，它的作用是在控制台中输出一个字符串，只是它会在输出一个字符串后再输出一个换行符。

### 3．System. out. printf ()方法

System.out.printf()方法可以格式化输出指定的数据，方法如下：

```
System.out.printf(包含控制符的字符串"，与控制符匹配的数据);
```

System.out.printf()方法类似于填空题，它在要输出的字符串中嵌入控制符。控制符可以指定在该位置上要输出的数据的类型和格式。System.out.printf()方法中可以使用的常用控制符如表 5-1 所示。

**表 5-1　System.out.printf()方法中可以使用的常用控制符**

| 控制符 | 具体说明 | 示例 |
|---|---|---|
| %d | 在对应位置上输出十进制整数 | int i= 10;<br>System.out.printf("%d", i); |
| %ld | 在对应位置上输出十进制长整数 | long l= 10L;<br>System.out.printf("%ld", l); |
| %md | m 是一个整数，用于指定输出数据的位数。如果数据的位数小于 m，则在数据左端补以空格；若大于 m，则按实际位数输出 | int i= 12345;<br>System.out.printf("%10d", i); |
| %c | 在对应位置上输出一个字符 | System.out.printf("字母 a 的大写是：%c", 'A') |
| %f | 在对应位置上输出一个实数，可以是单精度实数或双精度实数。实数的整数部分全部输出，小数部分只输出 6 位，超过 6 位的小数部分会四舍五入 | double d = 10.02;<br>System.out.printf("%f", d); |
| %m.nf | 同%f，但是指定整个数据占 m 位，不足 m 位的数据在左侧以空格填充；小数部分占 n 位，不足 n 位的数据在右侧以 0 填充。也可以省略 m，以%.nf 的形式只指定保留的小数位数 | double d = 10.1234;<br>System.out.printf("%9.2f", d);// "9.2"中的 9 表示输出数据的位数，2 表示小数点后的位数 |
| %% | 在对应位置上输出一个字符% | System.out.printf("100%%"); |
| %s | 在对应位置上输出一个字符串 | String str = "Java"<br>System.out.printf("Hello %s", str); |
| %n | 在对应位置上输出一个换行符 | System.out.printf("Hello World%n"); |

【例 5-3】    演示使用 System.out.printf()方法格式化输出指定数据的方法。在 IDEA 中创建 Java 项目 sample0503，其 main()方法代码如下：

```java
import java.io.IOException;
public class Main {
    public static void main(String[] args) throws IOException {
        String name="Tom";
        int age = 10;
        System.out.println("Score list");
        System.out.println("================");
        System.out.printf("Name:%10s, Age:%d%n", name, age);
        System.out.printf("%s: %3d%n", "Chinese      ", 95);
        System.out.printf("%s: %3d%n", "Mathematics", 92);
        System.out.printf("%s: %3d%n", "English      ", 98);
        System.out.println("");
        System.out.printf("%9.3f", 12.34567);
        System.out.println("");
        System.out.printf("%.6f", 12.34567);
    }
}
```

运行项目 sample0503 的结果如图 5-3 所示。

### 4．System.out.write()方法

System.out.write()方法用于在控制台中输出一个字符或一个字符串。

使用 System.out.write()方法输出字符的方法如下：

```
System.out.write(char 型数据);
```

也可以通过字符的 ASCII 值输出数据，方法如下：

```
System.out.write(int 型数据);
```

例如，下面 2 条语句都可以输出字符'a'：

```
System.out.write('a');
System.out.write(97);
```

```
Score list
================
Name:        Tom, Age:10
Chinese      : 95
Mathematics: 92
English      : 98

    12.346
12.345670
进程已结束，退出代码为 0
```

图 5-3    运行项目 sample0503 的结果

使用 System.out.write()方法输出字符串的方法如下：

```
System.out.write(字符串常量或变量.getBytes());
```

需要注意的是，System.out.write()方法并不会直接在控制台中输出数据，而是将数据写入输出缓冲区中。执行如下任何一条语句都可以刷新输出缓冲区，将输出缓冲区中的数据输出到控制台中：

```
System.out.write('\n');
System.out.println();
System.out.print(' ');
System.out.flush();
```

## 5.3 文件系统编程

文件是 I/O 编程中重要的输入源和输出目标，在实际应用中也经常需要使用文件存储数据、在程序中管理目录和文件以及读/写文件。

### 5.3.1 路径管理

路径用于在文件系统中定位文件或目录。在 Java 程序中，可以通过 Path 类和静态类 Paths 实现路径管理。

使用 java.io.Path 类可以获取指定路径的各种信息。通过 java.nio.file.Paths 类可以创建 java.io.Path 对象，方法如下：

```
Path p = Paths.get(路径字符串);
```

接下来就可以使用对象 p 获取指定路径的信息了。java.io.Path 类的常用方法如表 5-2 所示。

表 5-2　java.io.Path 类的常用方法

| 方法名 | 功能说明 |
|---|---|
| boolean endsWith(Path other) | 判断当前的 Path 对象是否是路径 other 的上级路径，即以路径 other 为其路径字符串的结束 |
| boolean endsWith(String other) | 与 boolean endsWith(Path other)的功能相同，只是参数 other 的类型不同 |
| boolean startsWith(Path other) | 判断当前的 Path 对象是否是路径 other 的下级路径，即以路径 other 为其路径字符串的开头 |
| boolean startsWith(String other) | 与 boolean startsWith(Path other)的功能相同，只是参数 other 的类型不同 |
| FileSystem getFileSystem() | 返回创建当前 Path 对象的 FileSystem 对象。通过 FileSystem 对象可以获取文件或目录的更多文件系统属性 |
| String toString() | 返回当前 Path 对象的字符串表示形式 |
| Path getRoot() | 返回当前 Path 对象的根路径对象。例如，D:/test 的根路径为 D:/ |
| Path getParent() | 返回当前 Path 对象的父路径对象。例如，D:/test/1 的父路径为 D:/test |
| Path getFileName() | 返回当前 Path 对象的文件名或目录名。例如，使用路径 D:/workspace/test.docx 调用 getFileName()方法时，返回的文件名为 test.docx |
| int getNameCount() | 返回当前 Path 对象中名称元素的数量。例如，使用路径 C:/Users/username/Documents/test.txt 调用 getNameCount ()方法时，返回值为 4 |
| URI toUri() | 返回当前 Path 对象的 URI（uniform resource identifier，统一资源标识符）格式地址，例如 file:///C:/Users/username/Documents/test.txt |
| Path toAbsolutePath() | 返回当前 Path 对象的绝对路径 |
| File toFile() | 返回当前 Path 对象对应的 File 对象。使用 File 对象可以对文件和目录进行操作 |
| Iterator iterator() | 返回由当前 Path 对象的各级路径组成的数组 |

【例 5-4】　演示使用 java.io.Path 类的方法。在 IDEA 中创建 Java 项目 sample0504，其 Main 类的代码如下：

```
import java.nio.file.Path;
import java.nio.file.Paths;
import java.util.Iterator;

public class Main {
    public static void main(String[] args) {
        // 1. 创建目录
        String path_str="C:/Windows/Cursorsaero_arrow.cur";
        Path path = Paths.get(path_str);
        System.out.println("path:"+path.toString()+" is path absolutely: " + path.
        isAbsolute());
        System.out.println("Parent path:"+path.getParent().toString()+" is
```

```
                path absolutely: " + path.getParent().isAbsolute());
                System.out.println("File name:"+path.getFileName().toString()+" is path
                absolutely: " + path.getFileName().isAbsolute());
                 // 2.遍历各级路径
                Iterator<Path> iterator = path.iterator();
                while (iterator.hasNext()){
                    System.out.println("iterator: " + iterator.next());
                }
        }
}
```

程序演示了 java.io.Path 类的 toString()、getParent()、isAbsolute()、getFileName()、iterator()
等方法的使用。运行项目 sample0504 的结果如下:

```
path:C:/Windows/Cursorsaero_arrow.cur is path absolutely: true
Parent path:C:/Windows is path absolutely: true
File name:Cursorsaero_arrow.cur is path absolutely: false
iterator: Windows
iterator: Cursorsaero_arrow.cur
```

例 5-4 以 C:/Windows/Cursorsaero_arrow.cur 为测试路径。从执行结果可以得出如下结论。

① 路径 C:/Windows/Cursorsaero_arrow.cur 本身是绝对路径,它的父路径 C:/Windows
也是绝对路径,它的文件名 Cursorsaero_arrow.cur 则不是绝对路径。

② 调用 path.iterator()方法可以将路径 C:/Windows/Cursorsaero_arrow.cur 拆分成"Windows"
和"Cursorsaero_arrow.cur"两个部分。

### 5.3.2 操作目录和文件

在 Java 中,可以使用 java.io.File 类和 java.nio.file.Files 类来操作目
录和文件。

操作目录和文件

#### 1.java.io.File 类

示例化 File 对象的方法如下:

```
File f = new File(文件或目录的路径字符串);
```

接下来就可以使用对象 f 对指定路径的目录或文件进行操作了。

java.io.File 类的常用方法如表 5-3 所示。

表 5-3　java.io.File 类的常用方法

| 方法名 | 功能说明 |
| --- | --- |
| exists() | 判断指定的目录或文件是否存在。如果存在,则返回 true;否则返回 false |
| mkdir() | 如果示例化 File 对象时使用的参数是一个不存在的目录路径,则调用该 File 对象的 mkdir()方法可以创建对应的目录。为了防止操作目录时出现错误,应该使用 try...catch...语句捕获并处理异常 |
| createNewFile() | 如果示例化 File 对象时使用的参数是一个不存在的文件路径,则调用该 File 对象的 createNewFile()方法可以创建对应的文件。新建的文件是一个空文件。为了防止操作文件时出现错误,应该使用 try...catch...语句捕获并处理异常 |
| delete() | 删除指定的文件 |
| listFiles() | 遍历目录,并返回一个元素为 File 对象的数组,其中包含指定目录中的所有子目录和文件 |
| isDirectory() | 判断一个 File 对象是否为目录。如果是目录,则返回 true;否则返回 false |
| renameto() | 将指定的目录或文件移动至指定的目标位置 |

【例 5-5】 演示使用 java.io.File 类创建目录和文件的方法。在 IDEA 中创建 Java 项目 sample0505，其 Main 类的代码如下：

```java
import java.io.File;
public class Main {
    public static void main(String[] args) {
        // 1. 创建目录
        String path="D:\\test";
        File f = new File(path);
        try {
            if (!f.exists()) {
                f.mkdir();
                System.out.println("success.");
            }
            else{
                System.out.println(path +" exist...");
            }
        }
        catch (Exception e) {
            System.out.println("error: "+e.getMessage());
            e.printStackTrace();
        }
        // 2. 创建文件
        path = "d:/test/test.txt";
        f = new File(path);
        try {
            if (!f.exists()) {
                f.createNewFile();
            }
            System.out.println("success.");
        } catch (Exception e) {
            System.out.println("error.");
            e.printStackTrace();
        }
    }
}
```

程序首先调用 f.exists()方法判断目录 D:\\test 是否存在。如果不存在，则调用 f.mkdir() 方法创建该目录。需要注意的是，在路径字符串中需要使用 "\\" 代替字符 "\"，因为 "\" 是转义字符的首字符，可能造成歧义。如果程序需要在 Linux、UNIX、macOS 等平台上运行，建议使用字符 "/" 作为路径字符串的分隔符。

然后程序调用 f.exists()方法判断文件 d:/test/test.txt 是否存在。如果不存在，则调用 f.createNewFile()方法创建该文件。这里使用字符 "/" 作为路径字符串的分隔符。

【例 5-6】 演示使用 java.io.File 类遍历目录中所有子目录和文件的方法。在 IDEA 中创建 Java 项目 sample0506，其 Main 类的代码如下：

```java
import java.io.File;
public class Main {
    public static void main(String[] args) {
        File f = new File("C:/windows");
        File[] files = f.listFiles();
        for (File file: files){
            System.out.println(file.getName()+" "+(file.isFile()?"file":"directory"));
        }
    }
}
```

其中 isFile()方法用于判断一个 File 对象是文件还是目录。如果 isFile()方法返回 true，

则该 File 对象是文件；否则该 File 对象是目录。类似地，isDirectory()
方法用于判断一个 File 对象是否是目录。如果 isDirectory()方法返回
true，则该 File 对象是目录；否则该 File 对象是文件。getName()
方法返回 File 对象中存储的文件或目录的名称。

运行项目 sample0506 的结果如图 5-4 所示。因为 C:/windows
下的子目录和文件很多，图 5-4 中截取了部分输出数据。

```
twain_32.dll file
Vss directory
WaaS directory
Web directory
win.ini file
WindowsShell.Manifest file
WindowsUpdate.log file
winhlp32.exe file
WinSxS directory
WMSysPr9.prx file
write.exe file
zh-CN directory
```

图 5-4　运行项目
sample0506 的结果

### 2．java. nio. file. Files 类

java.nio.file.Files 是静态类，用于操作目录和文件，其常用方
法如表 5-4 所示。

表 5-4　java.nio.file.Files 类的常用方法

| 方法名 | 功能说明 |
| --- | --- |
| exists() | 判断指定的目录或文件是否存在。如果存在，则返回 true；否则返回 false |
| createDirectory() | 创建指定路径的目录 |
| delete() | 删除指定的文件或目录 |
| walkFileTree() | 遍历指定目录 |
| move() | 移动指定文件到新位置 |
| copy() | 复制文件 |

使用 walkFileTree()方法遍历指定目录的方法如下：

```
static Path walkFileTree(Path start, FileVisitor<? super Path> visitor) throws
IOException;
```

参数说明如下。

① Path start：指定待遍历的路径。

② FileVisitor<? super Path> visitor：接口 FileVisitor 的对象，用于对遍历指定路径得
到的子目录和文件进行处理。在调用 walkFileTree()方法时需要实现 FileVisitor 接口，方
法如下：

```
try {
    Files.walkFileTree(start, new SimpleFileVisitor<Path>() {
        @Override
        public FileVisitResult preVisitDirectory(Path dir, BasicFileAttributes
        attrs) throws IOException {
            System.out.println("pre visit dir:" + dir);
            return FileVisitResult.CONTINUE;
        }
        @Override
        public FileVisitResult visitFile(Path file, BasicFileAttributes attrs)
        throws IOException {
            System.out.println("visit file:" + file);
            return FileVisitResult.CONTINUE;
        }
        @Override
        public FileVisitResult visitFileFailed(Path file, IOException exc) throws
        IOException {

            System.out.println("visit file failed:" + file);
            return FileVisitResult.CONTINUE;
        }
```

```
            @Override
        public FileVisitResult postVisitDirectory(Path dir, IOException exc)
        throws IOException {

                System.out.println("post visit dir:" + dir);
                return FileVisitResult.CONTINUE;
            }
        });
    } catch (IOException e) {
        e.printStackTrace();
    }
```

SimpleFileVisitor 是接口 FileVisitor 的实现类。在实现接口 FileVisitor 时需要重写下面 4 个方法。

- ➢ preVisitDirectory ()：在访问任意子目录前调用。
- ➢ visitFile()：在访问每个文件时调用。
- ➢ visitFileFailed()：在访问文件失败时调用。
- ➢ postVisitDirectory()：在访问任意子目录完成后调用。

上面 4 个方法的返回值都是 FileVisitResult 枚举类型的示例，用于指定执行完当前操作后下一个操作如何执行。FileVisitResult 枚举类型中包含下面 4 个值。

- ➢ CONTINUE：继续遍历。
- ➢ TERMINATE：立即终止遍历。
- ➢ SKIP_SIBLINGS：跳过当前目录下的同级别文件，然后继续遍历。
- ➢ SKIP_SUBTREE：跳过当前目录继续遍历。只能在 preVisitDirectory()方法中返回该值，在其他方法中使用该值和使用 CONTINUE 的效果是一样的。

walkFileTree()方法的经典应用是实现文件检索和删除非空目录等功能。

【例 5-7】 演示使用 walkFileTree()方法实现文件检索功能。在 IDEA 中创建 Java 项目 sample0507，其主类 Main 的代码如下：

```
import java.io.IOException;
import java.nio.file.*;
import java.nio.file.attribute.BasicFileAttributes;
import java.util.Scanner;

public class Main {
    public static void main(String[] args) throws IOException {
        Path start = Paths.get("C:/Windows");
        try {
            Files.walkFileTree(start, new SimpleFileVisitor<Path>(){
                @Override
                public FileVisitResult visitFile(Path file, BasicFileAttributes
                attrs) throws IOException {
                    String filePath = file.toAbsolutePath().toString();
                    if(filePath.endsWith(".exe")){
                        System.out.println("file found at path:" + filePath);
                        return FileVisitResult.CONTINUE;
                    }
                    return super.visitFile(file, attrs);
                }
            });
        } catch (IOException e) {
            e.printStackTrace();
        }
    }
}
```

　　　　　　　　　　　　I/O 编程　第 5 章

程序实现接口 FileVisitor，遍历 C:/Windows 下的子目录和文件。在示例化 SimpleFileVisitor 对象时，程序重写了 visitFile()方法，并在 visitFile()方法中对每个遍历的文件进行判断。如果文件的扩展名为.exe，则输出该文件的绝对路径。

运行项目 sample0507 的结果如图 5-5 所示。

```
file found at path:C:\Windows\assembly\GAC_MSIL\HyperV-UX-UI-VMImport\10.0.19041.1__31bf3856ad364e35\VMImport.exe
file found at path:C:\Windows\bfsvc.exe
file found at path:C:\Windows\BitLockerDiscoveryVolumeContents\BitLockerToGo.exe
file found at path:C:\Windows\Boot\PCAT\memtest.exe
java.nio.file.AccessDeniedException Create breakpoint : C:\Windows\CSC
    at sun.nio.fs.WindowsException.translateToIOException(WindowsException.java:83)
    at sun.nio.fs.WindowsException.rethrowAsIOException(WindowsException.java:97)
    at sun.nio.fs.WindowsException.rethrowAsIOException(WindowsException.java:102)
    at sun.nio.fs.WindowsDirectoryStream.<init>(WindowsDirectoryStream.java:86)
    at sun.nio.fs.WindowsFileSystemProvider.newDirectoryStream(WindowsFileSystemProvider.java:518)
    at java.nio.file.Files.newDirectoryStream(Files.java:457)
    at java.nio.file.FileTreeWalker.visit(FileTreeWalker.java:300)
    at java.nio.file.FileTreeWalker.next(FileTreeWalker.java:372)
    at java.nio.file.Files.walkFileTree(Files.java:2706)
    at java.nio.file.Files.walkFileTree(Files.java:2742)
```

图 5-5 运行项目 sample0507 的结果

因为 C:/Windows 目录下有些系统目录是限制访问的，所以在遍历时会抛出 java.nio.file.AccessDeniedException 异常。

如果想要使用 walkFileTree()方法实现删除非空目录的功能，则要参照下面 2 个步骤编写程序。

① 重写 visitFile()方法，并在其中调用 Files.delete()方法删除遍历的每个文件。

② 重写 postVisitDirectory()方法，并在其中调用 Files.delete()方法删除遍历的每个目录。因为 postVisitDirectory()方法在访问目录完成后才被调用，所以此时该目录已经为空，因此删除目录的操作不会失败。

### 5.3.3 读/写文件

Java 程序可以通过流实现读/写文件的功能。读取文件数据的流是输入流，向文件中写入数据的流是输出流，如图 5-6 所示。

根据文件类型的不同，可以使用字节流和字符流 2 种方式读/写文件。使用字符流读/写文本文件，使用字节流读/写非文本文件。Java 程序所使用的输入/输出流体系结构如图 5-7 所示。

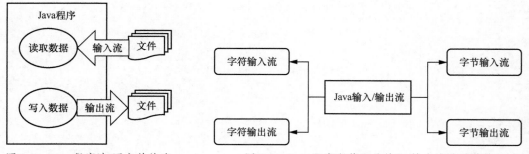

图 5-6 Java 程序读/写文件的流　　　　　　图 5-7 Java 程序所使用的输入/输出流体系结构

字符输入流的基类是 Reader，字符输出流的基类是 Writer；字节输入流的基类是 InputStream，字节输出流的基类是 OutputStream。本小节介绍的读/写文件的类都是这些基类的子类。

## 1．文件指针

在读取文件数据的过程中需要用到文件指针的概念。文件指针指向文件中的一个位置，用于指定读/写文件的位置。在 Java 程序中并不需要手动操作文件指针。刚打开文件的时候，文件指针指向文件的头部；当读取文件数据时，文件指针会自动移至读取数据结束的位置。每次执行文件读取操作时，都会从当前文件指针的位置开始执行。

## 2．读取文本文件数据

可以通过 BufferedReader 类和 FileReader 类读取文本文件数据。相比而言，BufferedReader 类中集成了一个字节缓冲区，因此它的效率比 FileReader 类更高。

BufferedReader 类和 FileReader 类的层次结构如图 5-8 所示。它们都继承自抽象类 Reader，因此有很多共性。

在 Java 程序中读取文本文件数据的过程如图 5-9 所示。

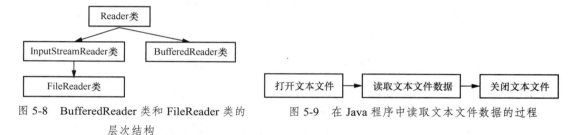

图 5-8　BufferedReader 类和 FileReader 类的　　　图 5-9　在 Java 程序中读取文本文件数据的过程
　　　　　层次结构

（1）打开文本文件

示例化 FileReader 对象或 BufferedReader 对象即可打开文本文件。

示例化 FileReader 对象的方法如下：

```
FileReader 对象 = new FileReader(File 对象);
```

也可以使用文件路径字符串作为参数，方法如下：

```
FileReader 对象 = new FileReader(文件路径字符串);
```

示例化 BufferedReader 对象时，可以使用类 FileReader 作为参数，方法如下：

```
BufferedReader 对象 = new BufferedReader(new FileReader (文件路径字符串)) ;
```

（2）读取文本文件数据

使用 FileReader 对象读取文本文件数据的方法如表 5-5 所示。

**表 5-5　使用 FileReader 对象读取文本文件数据的方法**

| 方法名 | 功能说明 |
| --- | --- |
| public int read() throws IOException | 读取单个字符，返回一个 int 型变量，代表读取到的字符 |
| public int read(char [] c, int offset, int len) | 读取指定数量的字符到数组 c 中，返回读取到的字符的数量 |

BufferedReader 类有一个 readLine()方法，用于从文本文件中读取一行数据，方法如下：

```
String s = BufferedReader 对象.readLine();
```

（3）关闭文本文件

调用 FileReader 对象和 BufferedReader 对象的 close()方法可以关闭它们打开的文本文件。

### 3．向文本文件中写入数据

可以通过 BufferedWriter 类和 FileWriter 类向文本文件中写入数据。相比而言，BufferedWriter 类中集成了一个字节缓冲区，因此它的效率比 FileWriter 类更高。

BufferedWriter 类和 FileWriter 类的层次结构如图 5-10 所示。它们都继承自抽象类 Writer，因此有很多共性。

（1）使用 FileWriter 类向文本文件中写入数据

使用 FileWriter 类向文本文件中写入数据的过程如图 5-11 所示。

图 5-10　BufferedWriter 类和 FileWriter 类的　　图 5-11　使用 FileWriter 类向文本文件中写入数据的过程
　　　　　　层次结构

① 打开文本文件。示例化 FileWriter 对象即可打开指定的文本文件，方法如下：

```
FileWriter 对象 = new FileWriter(File 对象,append);
```

也可以使用文件路径字符串作为参数，方法如下：

```
FileWriter 对象 = new FileWriter(文件路径字符串,append);
```

上面 2 种方法中，参数 append 的数据类型为 boolean，用于标识是否可以追加写入数据。当参数 append 为 true 时，可以利用 FileWriter 对象在文本文件的尾部追加写入数据；否则在利用 FileWriter 对象向文本文件中写入数据时只能覆盖文件的数据。

当覆盖文件的数据时，也可以通过下面 2 种方法示例化 FileWriter 对象：

```
FileWriter 对象 = new FileWriter(File 对象);
FileWriter 对象 = new FileWriter(文件路径字符串);
```

② 向文本文件中写入数据。使用 FileWriter 对象向文本文件中写入数据的方法如表 5-6 所示。

**表 5-6　使用 FileWriter 对象向文本文件中写入数据的方法**

| 方法名 | 功能说明 |
| --- | --- |
| append(char c) | 向文本文件中追加写入一个字符 c |
| append(CharSequence csq, int start, int end) | 向文本文件中追加写入一个字符序列 csq 的子序列，其中参数 start 指定子序列的起始索引，参数 end 指定子序列的终止索引 |
| void write(int c) | 向文本文件中写入一个字符 c |
| void write(char[] cbuf,int off,int len) | 向文本文件中写入一个字符数组 cbuf 的子数组，其中参数 off 指定写入子数组的起始索引，参数 len 指定写入子数组的长度 |
| void write(String str,int off,int len) | 向文本文件中写入一个字符串 str 的子字符串，其中参数 off 指定写入子字符串的起始索引，参数 len 指定写入子字符串的长度 |
| void write(String str) | 向文本文件中写入字符串 str |

FileWriter 类并不支持缓冲区，每次调用 append()方法或 write()方法时都会直接向文本文件中写入数据，因此使用 FileWriter 类频繁调用这些方法时效率并不高。

③ 关闭文本文件。调用 FileWriter 对象的 close()方法可以关闭它打开的文本文件。

【例 5-8】 演示使用 FileReader 类和 FileWriter 类读/写文本文件数据的方法。在 IDEA 中创建 Java 项目 sample0508，其 Main 类的代码如下：

```java
import java.io.*;
import java.util.Scanner;

public class Main {
    public static void main(String[] args) throws IOException {
        String filePath = "D:/test.txt";
        FileWriter fileWriter = null;
        try {
            fileWriter = new FileWriter(filePath);
            fileWriter.write('静');
            fileWriter.write('夜');
            fileWriter.write('思');
            fileWriter.write('\n');
            fileWriter.write("床前明月光");
            fileWriter.write('\n');
            fileWriter.write("疑是地上霜");
            fileWriter.write('\n');
            fileWriter.write("举头望明月");
            fileWriter.write('\n');
            fileWriter.write("低头思故乡");
        } catch (IOException e) {
            e.printStackTrace();
        } finally {
            try {
                fileWriter.flush();
                fileWriter.close();
            } catch (IOException e) {
                e.printStackTrace();
            }
        }
        System.out.println("写入文本文件结束");
        System.out.println("按 Enter 键后开始读取文本文件数据");
        Scanner input = new Scanner(System.in);
        input.nextLine();
        input.close();
        // 创建 FileReader 对象
        File file = new File(filePath);
        FileReader fr = new FileReader(file);
        char[] a = new char[50];
        fr.read(a);                    // 读取数组中的内容
        for (char c : a) {
            if (c == 0) {
                break;
            }
            System.out.print(c);       // 一个一个地输出字符
        }
        fr.close();
    }
}
```

程序首先调用 fileWriter.write()方法向文本文件 D:/test.txt 中写入数据，其中包含写入单个字符和写入字符串 2 种。此时可以打开文本文件 D:/test.txt 查看其数据。按 Enter 键后，程序会调用 FileReader 对象 fr 的 read() 方法读取文本文件数据到数组 a 中，然后在控制台中输出数组 a 的每个字符。运行项目 sample0508 的结果如图 5-12 所示。

（2）使用 BufferedWriter 类向文本文件中写入数据

使用 BufferedWriter 类向文本文件中写入数据的过程如图 5-13 所示。

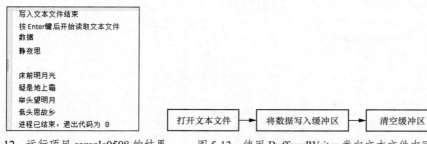

图 5-12　运行项目 sample0508 的结果　　　图 5-13　使用 BufferedWriter 类向文本文件中写入数据的过程

① 打开文本文件。可以使用 FileWriter 对象作为参数示例化 BufferedWriter 对象，同时打开指定的文本文件，方法如下：

```
BufferedWriter 对象 = new BufferedWriter(new FileWriter(文件路径字符串);
```

② 将数据写入缓冲区。使用 BufferedWriter 对象向缓冲区中写入数据的方法如表 5-7 所示。

表 5-7　使用 BufferedWriter 对象向缓冲区中写入数据的方法

| 方法名 | 功能说明 |
| --- | --- |
| void write(int c) | 向缓冲区中写入一个字符 c |
| void write(char cbuf[], int off, int len) | 向缓冲区中写入一个字符数组 cbuf 的子数组，其中参数 off 指定写入子数组的起始索引，参数 len 指定写入子数组的长度 |
| void write(String s, int off, int len) | 向缓冲区中写入一个字符串 s 的子字符串，其中参数 off 指定写入子字符串的起始索引，参数 len 指定写入子字符串的长度 |
| void write(String str) | 向缓冲区中写入字符串 str |
| void newLine() | 向缓冲区中写入换行符 |

③ 清空缓冲区。调用 BufferedWriter 对象的 flush() 方法可以清空缓冲区中的数据，并将这些数据写入文本文件中。

④ 关闭文本文件。调用 BufferedWriter 对象的 close() 方法可以关闭它打开的文本文件。

【例 5-9】　演示使用 BufferedReader 类和 BufferedWriter 类读/写文本文件数据的方法。在 IDEA 中创建 Java 项目 sample0509，其主类 Main 的代码如下：

```java
import java.io.*;
import java.util.Scanner;

public class Main {
    public static void main(String[] args) throws IOException {
        BufferedWriter bw = null;
        FileWriter fw = null;
        fw = new FileWriter("D:/test.java");
        bw = new BufferedWriter(fw);
        bw.write('早');
```

```
        bw.write('发');
        bw.write('白');
        bw.write('帝');
        bw.write('城');
        bw.newLine();
        bw.write("朝辞白帝彩云间");
        bw.newLine();
        bw.write("千里江陵一日还");
        bw.newLine();
        bw.write("两岸猿声啼不住");
        bw.newLine();
        bw.write("轻舟已过万重山");
        bw.newLine();
        bw.flush();
        fw.close();
        bw.close();
        System.out.println("写入文本文件结束");
        System.out.println("按 Enter 键后开始读取文本文件数据");
        Scanner input = new Scanner(System.in);
        input.nextLine();
        // 读取文件数据
        FileReader fr = new FileReader("D:/test.java");
        BufferedReader br = new BufferedReader(fr);
        String str = "";
        while ((str = br.readLine()) != null) {
            System.out.println(str);
        }
        fr.close();
        br.close();
    }
}
```

  程序首先调用 BufferedWriter.write()方法向缓冲区中写入数据，其中包含写入单个字符和写入字符串 2 种。当调用 flush()方法时，程序会将缓冲区中的数据写入文本文件 D:/test.java 中。此时可以打开文本文件 D:/test.java 查看其数据。按 Enter 键后，程序会调用 BufferedReader 对象 br 的 readLine()方法读取文本文件中的一行数据到字符串 str 中，然后在控制台中输出字符串 str。运行项目 sample0509 的结果如图 5-14 所示。

### 4．读取非文本文件数据

  可以通过 FileInputStream 类和 BufferedInputStream 类读取非文本文件数据。

  FileInputStream 类和 BufferedInputStream 类的层次结构如图 5-15 所示。它们都继承自抽象类 InputStream，因此有很多共性。

图 5-14　运行项目 sample0509 的结果　　　图 5-15　FileInputStream 类和 BufferedInputStream 类的层次结构

（1）FileInputStream 类

FileInputStream 类以字节流的方式读取文件中的数据。无论文件是否是文本文件，都

I/O 编程　第 5 章

可以通过 FileInputStream 类读取其中的数据。

FileInputStream 类的常用构造方法如表 5-8 所示。

表 5-8　FileInputStream 类的常用构造方法

| 构造方法 | 功能说明 |
|---|---|
| FileInputStream(File file) | 通过 File 对象 file 指定要打开的非文本文件 |
| FileInputStream(String name) | 通过路径字符串 name 指定要打开的非文本文件 |

可以通过 FileInputStream 类的 read()方法读取非文本文件中的数据，其使用方法如表 5-9 所示。

表 5-9　FileInputStream 类的 read()方法

| read()方法的各种定义 | 功能说明 |
|---|---|
| int read() | 从输入流中读取 1 字节的数据 |
| int read(byte[] b) | 从输入流中读取最多 b.length 字节的数据到字节数组 b 中。如果文件指针已经指向非文本文件（输入流）的尾部，则返回−1；否则返回读取的数据 |
| int read(byte[] b,int off, int len) | 从输入流中读取最多 len 字节的数据到字节数组 b 中，读取数据的偏移量为 off。在读取大文件数据时可以调用该方法多次读取数据，每次调用该方法时通过参数 off 设置开始读取数据的位置。如果文件指针已经指向文件的尾部，则返回−1；否则返回实际读取数据的字节数 |

（2）BufferedInputStream 类

BufferedInputStream 类也能够以字节流的方式读取非文本文件中的数据。在创建 BufferedInputStream 对象时会自动创建一个大小为 8192 字节的内部缓冲区数组。从流中读取数据实际上是从缓冲区中读取数据。因此 BufferedInputStream 类的效率高于 FileInputStream 类的效率。每次读取数据时，程序会自动从输入流中重新填充数据。内部缓冲区将根据需要从对应的输入流中重新填充缓冲区。这个过程对于开发者而言是透明的。

BufferedInputStream 类的构造方法如表 5-10 所示。

表 5-10　BufferedInputStream 类的构造方法

| 构造方法 | 功能说明 |
|---|---|
| BufferedInputStream (InputStream in) | 创建以参数 in 为输入流的 BufferedInputStream 对象。当使用 BufferedInputStream 类读取非文本文件数据时，通常会使用 FileInputStream 对象作为参数，提供输入流 |
| BufferedInputStream (InputStream in, int size) | 创建以参数 in 为输入流的 BufferedInputStream 对象，参数 size 用于指定缓冲区的大小 |

可以通过 BufferedInputStream 类的 read()方法读取非文本文件中的数据，使用方法如表 5-11 所示。

表 5-11　BufferedInputStream 类的 read()方法

| read()方法的定义 | 功能说明 |
|---|---|
| int read() | 从输入流中读取 1 字节的数据。如果文件指针已经指向文件（输入流）的尾部，则返回−1；否则返回读取的数据 |
| int read(byte[] b,int off, int len) | 从输入流中读取最多 len 字节的数据到字节数组 b 中，读取数据的偏移量为 off。在读取大文件数据时可以调用该方法多次读取数据，每次调用该方法时通过参数 off 设置开始读取数据的位置。如果文件指针已经指向文件的尾部，则返回−1；否则返回实际读取数据的字节数 |

### 5．向非文本文件中写入数据

可以通过 FileOutputStream 类和 BufferedOutputStream 类向非文本文件中写入数据。BufferedOutputStream 类中集成了一个缓冲区，其作用就是为另一个输出流提供缓冲功能。

FileOutputStream 类和 BufferedOutputStream 类的层次结构如图 5-16 所示。它们都继承自抽象类 OutputStream，因此有很多共性。

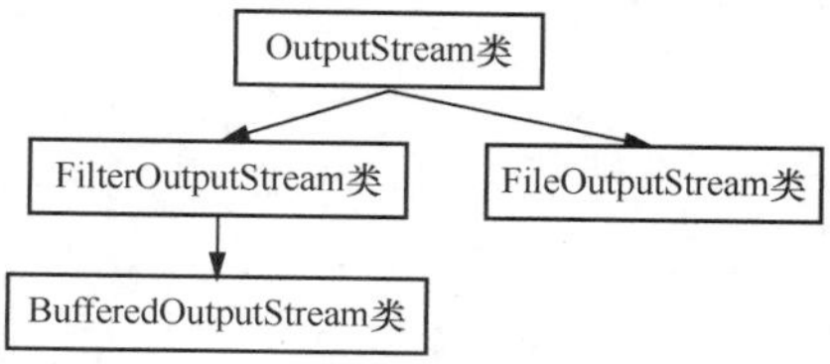

（1）FileOutputStream 类

FileOutputStream 类以字节流的方式向文件中写入数据。无论文件是否是文本文件，都可以通过 FileOutputStream 类向文件中写入数据。

FileOutputStream 类的常用构造方法如表 5-12 所示。

图 5-16　FileOutputStream 类和 BufferedOutputStream 类的层次结构

**表 5-12　FileOutputStream 类的常用构造方法**

| 构造方法 | 功能说明 |
| --- | --- |
| FileOutputStream(File file) | 通过 File 对象 file 指定要打开的非文本文件 |
| FileOutputStream(File file, boolean append) | 通过 File 对象 file 指定要打开的非文本文件，参数 append 用于标识是否可以追加写入数据。当参数 append 为 true 时，写入的数据会被追加到文件的尾部；否则写入的数据会覆盖文件的数据 |
| FileOutputStream(String name) | 通过路径字符串 name 指定要打开的非文本文件 |
| FileOutputStream(String name, boolean append) | 通过路径字符串 name 指定要打开的非文本文件，参数 append 用于标识是否可以追加写入数据。当参数 append 为 true 时，写入的数据会被追加到文件的尾部；否则写入的数据会覆盖文件的数据 |

可以通过 FileOutputStream 类的 write()方法向非文本文件中写入数据，使用方法如表 5-13 所示。

**表 5-13　FileOutputStream 类的 write()方法**

| write()方法的定义 | 功能说明 |
| --- | --- |
| int write(byte[] b) | 将字节数组 b 中的全部数据写入非文本文件中 |
| int write(byte[] b,int off, int len) | 将字节数组 b 中的偏移量为 off、长度为 len 的数据写入非文本文件中 |
| int write(int b) | 将变量 b 中的数据写入非文本文件中 |

【例 5-10】　演示使用 FileInputStream 类和 FileOutputStream 类实现复制文件功能的方法。在 IDEA 中创建 Java 项目 sample0510，其 Main 类的代码如下：

```java
import java.io.*;
public class Main {
    public static void fileCopy(File file){
        FileInputStream fis = null;
        FileOutputStream fos = null;
        // 为复制得到的文件准备新名称
        String[] names = file.getPath().split("\\.");
        String name = names[0]+"_Copy."+names[1];    // 新名称
        try {
            // 文件字节输入/输出流
            fis = new FileInputStream(file);
            fos = new FileOutputStream(name);
            // 读取数据
            int len=0;
            byte[] bytes = new byte[1024];
```

```
            while ((len=fis.read(bytes))!=-1){
                fos.write(bytes,0, len);
            }
        } catch (FileNotFoundException e) {
            e.printStackTrace();
        } catch (IOException e) {
            e.printStackTrace();
        }finally {
            // 释放资源
            try {
                fis.close();
                fos.close();
            } catch (IOException e) {
                e.printStackTrace();
            }
        }
    }
    public static void main(String[] args) {
        File f = new File("D:/1.png");
        fileCopy(f);
    }
}
```

程序中定义了一个 fileCopy()方法，用于实现复制文件的功能。fileCopy()方法有一个参数，即 File 对象 file，用于指定待复制的文件。程序使用 FileInputStream 对象读取非文本文件中的数据，一次读取 1024 字节的数据，然后使用 FileOutputStream 对象将读取到的数据写入输出流中。输出文件名在源文件名的基础上追加_Copy 并保持扩展名不变。

在 main()方法中使用 File 对象 f 打开图片文件 D:/1.png，并以 f 为参数调用 fileCopy()方法。运行项目 sample0510，如果 D:/1.png 存在，则程序会将其复制为 D:/1_Copy.png。

（2）BufferedOutputStream 类

BufferedOutputStream 类也能够以字节流的方式向非文本文件中写入数据。在创建 BufferedOutputStream 对象时会自动创建一个大小为 8192 字节的内部缓冲区数组。调用 BufferedOutputStream 对象的 write()方法可以向缓冲区中写入数据。因此，当需要频繁向文件中写入数据时，使用 BufferedOutputStream 类的效率高于使用 FileOutputStream 类的效率。执行 flush()方法可以清空缓冲区中的数据，并将数据写入输出流中。BufferedOutputStream 类的构造方法如表 5-14 所示。

**表 5-14　BufferedOutputStream 类的构造方法**

| 构造方法 | 功能说明 |
| --- | --- |
| BufferedOutputStream (OutputStream out) | 创建以参数 out 为输出流的 BufferedOutputStream 对象。当使用 BufferedOutputStream 类读取非文本文件数据时，通常会使用 FileOutputStream 对象作为参数，提供输入流 |
| public BufferedOutputStream (OutputStream out, int size) | 创建以参数 out 为输入流的 BufferedOutputStream 对象，参数 size 用于指定缓冲区的大小 |

可以通过 BufferedOutputStream 类的 write()方法向非文本文件中写入数据，使用方法如表 5-15 所示。

**表 5-15　BufferedOutputStream 类的 write()方法**

| write()方法的定义 | 功能说明 |
| --- | --- |
| void write(int b) | 向输出缓冲区中写入变量 b 的数据。如果缓冲区已满，则清空其中的数据，并将数据写入输出流中 |
| void write(byte b[], int off, int len) | 将字节数组 b 中的偏移量为 off、长度为 len 的数据写入此文件缓冲区中。如果缓冲区已满，则清空其中的数据，并将数据写入输出流中 |

**【例 5-11】** 演示使用 BufferedInputStream 类和 BufferedOutputStream 类实现复制文件功能的方法。在 IDEA 中创建 Java 项目 sample0511，其主类 Main 的代码如下：

```java
import java.io.*;
public class Main {
    public static void fileCopy(File file){
        BufferedOutputStream bos = null;
        BufferedInputStream bis = null;
        // 为复制得到的文件准备新名称
        String[] names = file.getPath().split("\\.");
        String name = names[0]+"_Copy."+names[1];    // 新名称
        try {
            // 文件字节输入/输出流
            bis = new BufferedInputStream(new FileInputStream(file));
            bos = new BufferedOutputStream(new FileOutputStream(name));
            // 读取数据
            int len=0;
            byte[] bytes = new byte[1024];
            while ((len=bis.read(bytes))!=-1){
                bos.write(bytes,0, len);
            }
        } catch (FileNotFoundException e) {
            e.printStackTrace();
        } catch (IOException e) {
            e.printStackTrace();
        }finally {
            // 释放资源
            try {
                bis.close();
                bos.flush();
                bos.close();
            } catch (IOException e) {
                e.printStackTrace();
            }
        }
    }
    public static void main(String[] args) {
        File f = new File("D:/1.png");
        fileCopy(f);
    }
}
```

程序中定义了一个 fileCopy()方法，用于实现复制文件的功能。fileCopy()方法有一个参数，即 File 对象 file，用于指定待复制的文件。程序使用 BufferedInputStream 对象读取非文本文件中的数据，一次读取 1024 字节的数据。BufferedInputStream 对象操作的输入流实际上是 FileInputStream 对象。

然后程序使用 BufferedOutputStream 对象将读取到的数据写入输出缓冲区中，并调用 flush()方法将缓冲区中的数据写入输出文件中。BufferedOutputStream 对象操作的输出流实际上是 FileOutputStream 对象。输出文件名在源文件名的基础上追加_Copy 并保持扩展名不变。

在 main()方法中使用 File 对象 f 打开图片文件 D:/1.png，并以 f 为参数调用 fileCopy()方法。运行项目 sample0511，如果 D:/1.png 存在，则会将其复制为 D:/1_Copy.png。例 5-11 与例 5-10 的功能是一样的。

### 5.3.4　配置文件编程

配置文件是 Java 项目中一种特殊的文件，用于存储应用程序的配置参数，使用户无须修改代码就可以对程序的部分功能进行配置，例如配置连接数据库的参数。

### 1. 常见的配置文件类型

在 Java 项目中，常见的配置文件类型包括以下几种。

➢ properties 文件。properties 文件以键值对的形式存储配置参数。Java 提供了专门的 Properties 类读取 properties 文件中的配置参数。

➢ XML 文件。经典的 Java Web 开发框架 SSM（Spring+Spring MVC+MyBatis）就是使用 XML 文件作为配置文件的。

➢ YAML 文件。YAML（Yet Another Markup Language，仍是一种标记语言）是一种易于阅读的数据序列化格式。所谓序列化，是指将对象的状态信息转换为可存储和传输形式的信息的过程。非常流行的 Java 开发框架 Spring Boot 就是使用 YAML 文件作为配置文件的。

➢ JSON（JavaScript object notation，JavaScript 对象简谱）文件。JSON 是一种轻量级的数据交换格式，移动端应用程序经常使用 JSON 文件作为配置文件。

本小节以 properties 文件为例介绍在 Java 项目中使用配置文件的方法。

### 2. properties 文件的格式

properties 文件中包含若干个键值对，键和值之间用 "=" 连接。键是配置项名，值是配置项值，例如：

```
item1 = value1
item2 = value2
item3 = value3
item4 = value4
```

### 3. 读取 properties 文件的配置项

在 Java 中，可以通过 Properties 类加载 properties 文件，并读取其中的配置项。加载 properties 文件的方法如下：

```
Properties 对象.load(new BufferedInputStream(new FileInputStream(properties 文件
路径字符串)));
```

也可以使用 FileReader 对象为参数加载 properties 文件，方法如下：

```
Properties 对象.load(new FileReader(properties 文件路径字符串));
```

Properties 类可实现接口 Map。加载 properties 文件后，其中包含配置文件中的配置项。可以调用 Properties 类的 getProperty()方法读取指定配置项的值，方法如下：

```
String value = Properties 对象. getProperty(配置项名);
```

也可以通过 setProperty()方法设置指定配置项的值，方法如下：

```
Properties 对象.setProperty(配置项名, 配置项值);
```

不过，多数情况下手动编辑配置文件的配置项即可。properties 文件就是文本文件，很容易就可以编辑其配置项。

【例 5-12】 演示读取 properties 文件中配置项的方法。在 IDEA 中创建 Java 项目

sample0512，方法为：在 IDEA 的左侧窗格中右击项目 sample0512，在弹出的快捷菜单中依次选择"新建"/"文件"，添加一个 conf.properties，其内容如下：

```
username=admin
password=123456
```

Main 类代码如下：

```java
import java.io.*;
import java.util.Properties;
public class Main {
    public static void main(String[] args) throws IOException {
        Properties properties = new Properties();
        String currentFolder = System.getProperty("user.dir");// 当前的工作目录
        properties.load(new BufferedInputStream(new FileInputStream(currentFolder +
        File.separator + "conf.properties")));
        System.out.println(properties.getProperty("username"));
        System.out.println(properties.getProperty("password"));
    }
}
```

程序中使用 System.getProperty("user.dir")获取当前的工作目录。在 IDEA 中运行项目时，工作目录就是项目的根目录。

程序首先加载配置文件 conf.properties，然后调用 properties.getProperty()方法获取并输出配置项 username 和 password 的值。

运行项目 sample0512 的结果如下：

```
admin
123456
```

### 5.3.5 记录日志

当程序运行出现 bug 时，开发者需要定位 bug、分析 bug，并最终解决 bug。这就需要了解程序的运行过程。在开发过程中可以借助 IDE 提供的调试工具单步运行程序，并查看程序中变量的值，这对于定位 bug、分析 bug、解决 bug 来说是非常重要的。

#### 1．为什么要记录日志

当应用程序被部署到生产环境中后，就不能再通过调试工具运行程序了。由于生产环境中软硬件配置造成的程序 bug 不容易在本地环境中被复现，因此，开发者需要了解程序在生产环境中运行的更多信息。前面介绍的代码中都通过 System.out.println()方法输出程序运行过程中的信息。但是，这种方式同样不适合在生产环境中记录程序的运行信息，原因如下。

➤ 输出语句不能动态配置。如果需要取消记录日志的功能，只能修改程序再重新部署。

➤ 输出语句只能在控制台中输出信息，不能保存信息。开发者只能通过控制台了解信息。如果程序是长期运行的服务程序（比如 Web 应用程序），开发者很难长期关注控制台上的信息。而且当输出信息非常多时，控制台上的信息可能是稍纵即逝的。

➤ 当输出信息比较多时，输出语句会影响业务代码的性能。

在实际应用中，通常使用日志记录生产环境中程序的运行信息。日志用于记录程序运行过程中的信息，并且可以永久存储在文件或数据库中。

### 2．常用的第三方 Java 日志组件

可以借助第三方日志组件实现记录日志的功能。常用的第三方 Java 日志组件包括如下几种。

- ➢ commons-logging：Apache 提供的一个通用的日志接口。
- ➢ SLF4J（simple logging facade for Java，Java 简单日志门面）：可以提供对不同日志框架的一个门面封装。
- ➢ LOG4J：Apache 的开源项目，可以将日志信息传送至不同的目的地，包括控制台、文件、GUI（graphical user interface，图形用户界面）组件、Windows 事件记录器、UNIX Syslog 守护进程等。该组件可以通过配置文件灵活配置日志的输出格式、级别和位置等。
- ➢ LogBack：由 LOG4J 的创始人设计的一个开源日志组件。它对 LOG4J 的功能做了升级，并提供了通过 HTTP 访问日志的功能。

### 3．借助 LogBack 组件记录日志

本小节以 LogBack 组件为例介绍在 Java 程序中记录日志的方法。LogBack 组件由下面3 个模块组成。

- ➢ logback-core：LogBack 组件的核心模块。
- ➢ logback-classic：LOG4J 的一个改良版本。
- ➢ logback-access：LogBack 组件的访问模块，负责与 Servlet 容器进行交互。Servlet（也称为 Server Applet）是使用 Java 编写的服务器端程序，用于提供交互式浏览和生成数据的功能。Servlet 可以响应任何类型的请求，但绝大多数情况下 Servlet 只用来扩展基于 HTTP 的 Web 服务器。Servlet 容器是用于部署 Servlet 程序的，比较常用的 Servlet 容器包括 Tomcat 和 Jetty 等。Servlet 程序设计的具体方法将在第 9 章介绍。

LogBack 组件的日志级别如表 5-16 所示，日志级别决定输出日志信息的类别。

**表 5-16　LogBack 组件的日志级别**

| 日志级别 | 具体说明 |
| --- | --- |
| TRACE | 最低的日志级别，用于输出非常详细的日志信息，也用于记录程序执行的细节和内部状态 |
| DEBUG | 用于输出调试信息，比如方法调用情况和变量值等信息 |
| INFO | 用于输出程序的运行状态信息，例如启动程序、完成操作的百分比等信息 |
| WARN | 用于输出警告信息，其中包含一些轻微错误或异常的信息。遇到这类错误或异常时，程序还可以继续运行，不会造成特别严重的后果 |
| ERROR | 用于输出错误信息，其中包含一些错误或异常的信息。遇到这类错误或异常时，程序还可以继续运行，但是需要及时处理，以避免造成特别严重的后果 |
| FATAL | 用于输出严重的错误信息，其中包含一些严重错误或异常的信息。遇到这类错误或异常时，程序已经无法继续运行，需要立即处理 |
| OFF | 关闭日志输出，不输出任何日志信息 |

LogBack 是第三方组件，可以通过下面 2 种方法在项目中使用 LogBack 组件。

① 手动下载相关.jar 包，并在项目中导入。这种方法的操作比较烦琐。

② 在 Maven 项目的 pom.xml 文件中添加相关依赖的代码。下面结合示例介绍通过这种方法使用 LogBack 组件的流程。

【例 5-13】 演示在 Maven 项目中使用 LogBack 组件的方法。在 IDEA 中创建 Maven 项目 sample0513，参照如下步骤进行操作。

① 在 pom.xml 文件中添加 LogBack 组件所需要的依赖，代码如下：

```
<dependencies>
    <dependency>
        <groupId>ch.qos.logback</groupId>
        <artifactId>logback-core</artifactId>
        <version>1.2.3</version>
    </dependency>
    <dependency>
        <groupId>ch.qos.logback</groupId>
        <artifactId>logback-classic</artifactId>
        <version>1.2.3</version>
    </dependency>
    <dependency>
        <groupId>org.slf4j</groupId>
        <artifactId>slf4j-api</artifactId>
        <version>1.7.30</version>
    </dependency>
</dependencies>
```

其中包含 LogBack 组件 3 个模块的依赖。

② 在 IDEA 窗口的左侧窗格中右击 src/main/resources 文件夹，在弹出的快捷菜单中依次选中"新建"/"文件"，添加一个名为 logback.xml 的文件，其内容很多，下面分段进行介绍。

a. 使用 property 配置项定义属性。属性类似于全局变量。在 logback.xml 文件中，定义属性的代码如下：

```
<?xml version="1.0" encoding="UTF-8"?>
<configuration scan="true"
               scanPeriod="60 seconds"
               debug="false">

    <!-- 应用名称：和统一配置中的项目代码保持一致（小写） -->
    <property name="APP_NAME" value="app"/>
    <contextName>${APP_NAME}</contextName>
    <!--日志文件保留天数 -->
    <property name="LOG_MAX_HISTORY" value="30"/>
    <!--定义日志文件的存储路径，勿在 LogBack 组件的配置中使用相对路径 -->

    <!--应用日志文件的存储路径 -->
    <!--在没有定义${LOG_HOME}系统变量的时候，可以设置此本地变量。 -->
    <property name="LOG_HOME" value="logs"/>
    <property name="INFO_PATH" value="${LOG_HOME}/info"/>
    <property name="DEBUG_PATH" value="${LOG_HOME}/debug"/>
    <property name="ERROR_PATH" value="${LOG_HOME}/error"/>
    …
</configuration>
```

logback.xml 文件中定义的属性如表 5-17 所示，这些属性可以在后面的 appender 配置项中使用。

表 5-17　logback.xml 文件中定义的属性

| 属性名 | 功能说明 |
| --- | --- |
| APP_NAME | 应用名称 |
| LOG_MAX_HISTORY | 日志文件的保留天数。日志文件每天都会记录很多信息，久而久之，日志文件会占用大量的内存空间，因此应该设置日志文件的保留天数。过期的日志文件会被自动删除 |
| LOG_HOME | 指定存储所有日志文件的目录 |
| INFO_PATH | 指定存储 INFO 级别的日志文件的目录 |
| DEBUG_PATH | 指定存储 DEBUG 级别的日志文件的目录 |
| ERROR_PATH | 指定存储 ERROR 级别的日志文件的目录 |

b. 使用 appender 配置项定义追加器。追加器用于描述如何将日志写入文件中，包括文件的存储路径、日志的格式、文件的切分方式等。在 logback.xml 文件中，定义追加器的代码如下：

```xml
<?xml version="1.0" encoding="UTF-8"?>
<configuration scan="true" scanPeriod="60 seconds" debug="false">
    …
    <!-- 控制台输出 -->
    <appender name="console" class="ch.qos.logback.core.ConsoleAppender">
        <encoder class="ch.qos.logback.classic.encoder.PatternLayoutEncoder">
            <!--格式化输出：%d 表示日期，%c 表示类名，%t 表示线程名，%L 表示行，%p 表示日志级别，
            %msg 表示日志信息，%n 是换行符   -->
            <pattern>%black(%contextName - %d{yyyy-MM-dd HH:mm:ss}) %green([%c]
            [%t][%L]) %highlight(%-5level) - %gray(%msg%n)</pattern>
        </encoder>
    </appender>
    <!--记录 DEBUG 级别的日志 -->
    <appender name="APP_DEBUG" class="ch.qos.logback.core.rolling.RollingFileAppender">
        <rollingPolicy class="ch.qos.logback.core.rolling.TimeBasedRollingPolicy">
            <!--日志文件输出的文件名 -->
            <FileNamePattern>${DEBUG_PATH}/debug-%d{yyyy-MM-dd}.log</FileNamePattern>
            <!--日志文件的保留天数 -->
            <MaxHistory>${LOG_MAX_HISTORY}</MaxHistory>
        </rollingPolicy>
        <encoder class="ch.qos.logback.classic.encoder.PatternLayoutEncoder">
            <!--格式化输出：%d 表示日期，%c 表示类名，%t 表示线程名，%L 表示行，%p 表示日志级别，
            %msg 表示日志信息，%n 是换行符   -->
            <pattern>%d{yyyy-MM-dd HH:mm:ss.SSS} [%c][%t][%L][%p] - %msg%n</pattern>
            <charset>UTF-8</charset>
        </encoder>
        <!-- 此日志文件只记录 DEBUG 级别的日志 -->
        <filter class="ch.qos.logback.classic.filter.LevelFilter">
            <level>debug</level>
            <onMatch>ACCEPT</onMatch>
            <onMismatch>DENY</onMismatch>
        </filter>
    </appender>
    <!-- 记录 INFO 级别的日志 -->
    <appender name="APP_INFO" class="ch.qos.logback.core.rolling.RollingFileAppender">
        <rollingPolicy class="ch.qos.logback.core.rolling.TimeBasedRollingPolicy">
            <!--日志文件输出的文件名 -->
            <FileNamePattern>${INFO_PATH}/info-%d{yyyy-MM-dd}.log</FileNamePattern>
            <!--日志文件的保留天数 -->
            <MaxHistory>${LOG_MAX_HISTORY}</MaxHistory>
        </rollingPolicy>
        <encoder class="ch.qos.logback.classic.encoder.PatternLayoutEncoder">
```

```
            <!--格式化输出：%d 表示日期，%c 表示类名，%t 表示线程名，%L 表示行，%p 表示日志级别，
            %msg 表示日志信息，%n 是换行符  -->
            <pattern>%d{yyyy-MM-dd HH:mm:ss.SSS} [%c][%t][%L][%p] - %msg%n</pattern>
            <charset>UTF-8</charset>
        </encoder>
        <!--此日志文件只记录 INFO 级别的日志 -->
        <filter class="ch.qos.logback.classic.filter.LevelFilter">
            <level>info</level>
            <onMatch>ACCEPT</onMatch>
            <onMismatch>DENY</onMismatch>
        </filter>
    </appender>
    <!--记录 ERROR 级别的日志 -->
    <appender name="APP_ERROR" class="ch.qos.logback.core.rolling.RollingFileAppender">
        <rollingPolicy class="ch.qos.logback.core.rolling.TimeBasedRollingPolicy">
            <!--日志文件输出的文件名 -->
            <FileNamePattern>${ERROR_PATH}/error-%d{yyyy-MM-dd}.log</FileNamePattern>
            <!--日志文件的保留天数 -->
            <MaxHistory>${LOG_MAX_HISTORY}</MaxHistory>
        </rollingPolicy>
        <encoder class="ch.qos.logback.classic.encoder.PatternLayoutEncoder">
            <!--格式化输出：%d 表示日期，%c 表示类名，%t 表示线程名，%L 表示行，%p 表示日志级别，
            %msg 表示日志信息，%n 是换行符  -->
            <pattern>%d{yyyy-MM-dd HH:mm:ss.SSS} [%c][%t][%L][%p] - %msg%n</pattern>
            <charset>UTF-8</charset>
        </encoder>
        <!--此日志文件只记录 ERROR 级别的日志 -->
        <filter class="ch.qos.logback.classic.filter.LevelFilter">
            <level>error</level>
            <onMatch>ACCEPT</onMatch>
            <onMismatch>DENY</onMismatch>
        </filter>
    </appender>
    …
</configuration>
```

上面的代码中定义了 console、APP_DEBUG、APP_INFO、APP_ERROR 这 4 个追加器，每个追加器对应一个类。常用的追加器类如表 5-18 所示。

表 5-18　常用的追加器类

| 本地变量 | 功能说明 |
| --- | --- |
| ch.qos.logback.core.ConsoleAppender | 定义在控制台中输出日志的格式 |
| ch.qos.logback.core.rolling.RollingFileAppender | 配置如何将日志输出到文件 |

在 appender 内部可以使用表 5-19 所示的配置项对日志进行配置。

表 5-19　在 appender 内部可以使用的配置项

| 配置项 | 具体说明 |
| --- | --- |
| encoder | 对日志进行格式化 |
| rollingPolicy | 在 RollingFileAppender 中使用，用于定义日志回滚策略。日志数据的日积月累会导致日志文件越来越大，因此需要根据一定的规则对日志文件进行拆分，这个规则就是日志回滚策略 |
| fileNamePattern | 定义日志文件输出的文件名 |

由于内容较多，请参照注释理解配置项的具体功能。

c.　使用 logger 配置项定义包或类的日志策略。其中可以通过 appender-ref 选择应用的追加器，使用 level 定义日志级别。在 logback.xml 文件中，定义包的日志策略的代码如下：

127

```
<logger name="org.example" level="WARN"/>
```

上面的代码使用 logger 配置项定义包 org.example 采用 WARN 级别的日志策略。设置日志级别后，日志中只包含级别高于或等于设置级别的日志。

d. 使用 root 配置项定义根级别的日志策略。除非使用 logger 配置项定义了包的日志策略，否则包中的类采用根级别的日志策略。在 root 配置项中可以通过 appender-ref 选择应用的追加器，使用 level 定义日志级别。在 logback.xml 文件中，定义根级别日志策略的代码如下：

```
<!--定义根级别的日志策略 -->
    <root level="info">
        <appender-ref ref="APP_DEBUG"/>
        <appender-ref ref="APP_INFO"/>
        <appender-ref ref="APP_ERROR"/>
        <appender-ref ref="console"/>
    </root>
```

上面的代码定义全局日志级别为 INFO，并且使用追加器 APP_DEBUG、APP_INFO、APP_ERROR 和 console 中定义的日志策略。

③ 创建一个 org.example1 包，并在其下面创建一个 demo 类，代码如下：

```
package org.example1;
import org.slf4j.Logger;
import org.slf4j.LoggerFactory;
public class demo {
    Logger logger = LoggerFactory.getLogger(demo.class);
    public  void test(){
        logger.trace("在 demo 类中记录 TRACE 级别的日志");
        logger.debug("在 demo 类中记录 DEBUG 级别的日志");
        logger.info("在 demo 类中记录 INFO 级别的日志");
        logger.warn("在 demo 类中记录 WARN 级别的日志");
        logger.error("在 demo 类中记录 ERROR 级别的日志");
    }
}
```

程序中定义了一个 org.slf4j.Logger 对象 logger，并通过 LoggerFactory.getLogger()方法示例化该对象。LoggerFactory.getLogger()方法有一个参数，用于指定采用日志策略的类，LogBack 组件会根据该类匹配日志策略。

上面的程序分别调用 logger.trace()方法、logger.debug()方法、logger.info()方法、logger.warn()和 logger.error()方法记录 TRACE 级别的日志、DEBUG 级别的日志、INFO 级别的日志、WARN 级别的日志和 ERROR 级别的日志。因为 demo 类不在 org.example 包下，所以 demo 类采用根级别的日志策略，只记录级别为 INFO、WARN、ERROR 和 FATAL 的日志。也就是说，调用 logger.trace()方法和 logger.debug()方法并不会记录日志。

④ Main 类的代码如下：

```
package org.example;
import org.slf4j.Logger;
import org.slf4j.LoggerFactory;
public class Main {
    public static void main(String[] args) {
        Logger logger = LoggerFactory.getLogger(demo.class);
        logger.trace("在 Main 类中记录 TRACE 级别的日志");
        logger.debug("在 Main 类中记录 DEBUG 级别的日志");
        logger.info("记录 INFO 级别的日志");
        logger.warn("记录 WARN 级别的日志");
```

```
            logger.error("记录 ERROR 级别的日志");
            demo d = new demo();
            d.test();
        }
    }
```

因为在 logback.xml 文件中定义了 org.example 包下所有类的日志级别为 WARN，而且类 Main 在 org.example 包下，所以类 Main 中只记录级别为 WARN、ERROR 和 FATAL 的日志。也就是说，调用 logger.trace()方法、logger.debug()方法和 logger.info()方法并不会记录日志。运行项目 sample0513，在控制台中输出日志信息，如图 5-17 所示。

```
app - 2023-08-15 20:02:45 [org.example.Main][main][14] WARN  - 在Main类中记录WARN级别的日志
app - 2023-08-15 20:02:45 [org.example.Main][main][15] ERROR - 在Main类中记录ERROR级别的日志
app - 2023-08-15 20:02:45 [org.example1.demo][main][11] INFO  - 在demo类中记录INFO级别的日志
app - 2023-08-15 20:02:45 [org.example1.demo][main][12] WARN  - 在demo类中记录WARN级别的日志
app - 2023-08-15 20:02:45 [org.example1.demo][main][13] ERROR - 在demo类中记录ERROR级别的日志
```

图 5-17　项目 sample0513 在控制台中输出的日志信息

程序会在项目目录下创建一个 logs 文件夹，并在其下面创建如下 3 个文件夹。

➢ debug：用于存储 DEBUG 级别的日志。

➢ error：用于存储 ERROR 级别的日志。

➢ info：用于存储 INFO 级别的日志。

这些都是在 logback.xml 文件中配置的。

趣味实践：使用配置
文件和记录日志

## 5.4　趣味实践：使用配置文件和记录日志

本节介绍的五子棋游戏项目为 gobang1.4。此项目在 gobang1.3 项目的基础上新增了使用配置文件和记录日志的功能。

### 5.4.1　在 gobang1.4 项目中使用配置文件

gobang1.4 项目的根目录下有一个配置文件 conf.properties，项目中使用该配置文件设置棋盘的相关参数。utils 包下面包含一个读取配置项的工具类 ConfUtils，在 ChessBoard 类中会通过 ConfUtils 类配置项值，具体实现方法可以参照附录 A。

### 5.4.2　在 gobang1.4 项目中记录日志

在 gobang1.4 项目中通过日志记录黑白双方每一步落子的时间和点位以及游戏的开始时间和结束时间。

gobang1.4 项目是 Maven 项目，参照 5.3.5 小节在 pom.xml 文件中添加 LogBack 组件的相关依赖；在 src/main/resources 文件夹下添加 LogBack 组件的配置文件 logback.xml，其内容与 5.3.5 小节介绍的类似；在 ChessBoard 类中定义一个 Logger 对象 logger，用于记录日志。具体实现方法可以参照附录 A。

## 5.5　本章小结

大多数应用程序都需要与外界进行交互，这种交互是通过 I/O 编程实现的。本章介绍

Java 中 I/O 编程的基本方法，包括标准输入/输出编程和文件系统编程。

本章的趣味实践部分介绍了五子棋游戏 gobang1.4 项目的实现过程。1.4 版的程序可以通过配置文件设置棋盘的边距、间距等参数，并在日志中记录落子信息和输赢信息。

# 习题

## 一、选择题

1. 在 Java 程序中可以通过（　　　）对象获取从键盘输入的数据。
   A. Input　　　　　　　　　　　　B. Keyboard
   C. System　　　　　　　　　　　D. Scanner

2. 在 System.out.printf()方法中，控制符（　　　）用于指定在对应位置上输出一个字符。
   A. %c　　　　　　　　　　　　　B. %f
   C. %s　　　　　　　　　　　　　D. %d

3. 使用（　　　）类可以获取指定路径的各种信息。
   A. java.io.Directory　　　　　　　B. java.io.File
   C. java.io.Path　　　　　　　　　D. java.nio.file.Paths

4. 可以读取文本文件数据的类为（　　　）。
   A. BufferedReader　　　　　　　B. java.io.File
   C. Scanner　　　　　　　　　　D. java.nio.file.Files

## 二、填空题

1. 按照数据的流向分类，流可以细分为_____与_____。
2. 按照传输数据的最小单位分类，流可以细分为_____和_____。
3. 可以通过_____类加载 properties 文件，并读取其中的配置项。

## 三、简答题

1. 简述 Java 项目中常见的配置文件类型。
2. 简述常用的第三方 Java 日志组件。

# 第6章 网络编程

随着互联网技术的应用和普及，不联网的计算机或终端设备越来越少，大多数应用程序都是运行在网络环境下的。本章介绍 Java 网络编程的方法。

## 6.1 IP 地址编程

IP（Internet protocol，互联网协议）是实现网络之间互联的基础协议。在不同国家和地区，不同操作系统的计算机接入互联网后要实现相互通信，就要遵守共同的通信准则（协议），也就是 IP。

寻址是 IP 的基本功能。就好像必须拥有电话号码才能拨打或接听电话一样，接入互联网的每个主机都至少有一个 IP 地址，从而将其与网络上的其他主机区分开。源主机必须知道目的主机的 IP 地址才能向其发送数据。源主机可以向已知 IP 地址的目的主机发送数据包，借助网络中的网络设备（路由器、交换机等）寻找到达目的主机的路径。这个过程即寻址，最终将数据包发送给目的主机。

IP 地址的结构

### 6.1.1 IP 地址的结构

互联网中的 IP 地址是唯一的，不存在两个 IP 地址相同的网络设备或计算机。在局域网中也是一样，如果两个网络设备或计算机设置了相同的 IP 地址，则会出现 IP 地址冲突。在互相不连通的两个局域网中可以存在相同的 IP 地址，由于它们在物理上不连通，因此不会直接通信，也不会出现 IP 地址冲突。但如果它们同时访问互联网，就会被分配一个唯一的、不冲突的公网 IP 地址。

#### 1．IP 地址的点分十进制表示法

目前应用最广泛的 IP 地址是基于 IPv4（Internet protocol version 4，互联网协议第 4 版）的。在 IPv4 中，每个 IP 地址的长度为 32 位，即 4 字节。通常把 IP 地址中的每个字节使用一个十进制数表示，数之间使用小数点"."分隔，因此 IPv4 中 IP 地址的格式如下：

```
×××.×××.×××.×××
```

这种 IP 地址表示法被称为点分十进制表示法。

因为 8 位二进制数的最大值为 $2^8 - 1 = 255$，所以 IP 地址中的 ××× 表示 0～255 之间的十进制数，例如 192.168.0.1、127.0.0.1 等。

图 6-1 IP 地址 192.168.0.1 的二进制表示形式。

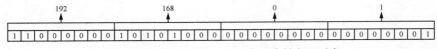

图 6-1　IP 地址 192.168.0.1 的二进制表示形式

## 2．IP 地址的分类

根据应用范围的不同，可以将 IP 地址划分为公有地址和私有地址。公有地址由 InterNIC（Internet network information center，国际网络信息中心）负责管理，这些公有地址被分配给向 InterNIC 提出申请的组织或机构。公有地址可以用来直接访问互联网，因此它属于广域网范畴。私有地址属于非注册地址，专门用于组织或机构内部，因此它属于局域网范畴。目前预留的主要私有地址包括如下 3 种。

➢　A 类地址：10.0.0.0～10.255.255.255。

➢　B 类地址：172.16.0.0～172.31.255.255。

➢　C 类地址：192.168.0.0～192.168.255.255。

如果需要在使用私有地址的局域网中访问互联网，则需要将私有地址转换为公有地址，这个转换过程被称为网络地址转换（network address translation，NAT）。NAT 通常由路由器执行。

## 3．特殊的 IP 地址

除了用于局域网的私有地址外，还有一些特殊的 IP 地址。这些 IP 地址通常具有特殊含义，不应作为普通的 IP 地址分配给用户使用。

（1）127.0.0.1

127.0.0.1 表示本地计算机的 IP 地址。通常使用该地址测试网络应用程序与本地计算机之间的通信。可以使用 localhost 表示 127.0.0.1。当应用程序向该地址发送数据时，数据不进行任何网络传输。

（2）0.0.0.0

0.0.0.0 并不是真正意义上的 IP 地址，它代表一个集合，包含所有在本机路由表中没有确定路由的目的 IP 地址。换言之，当本地计算机不知道到达一个目的 IP 地址的路由信息时，该目的 IP 地址就包含在 0.0.0.0 集合中。

如果在本地计算机上配置了默认网关,则操作系统会自动生成一个目的 IP 地址为 0.0.0.0的缺省路由，即在访问所有不具有确定路由的目的 IP 地址时，都可以使用该缺省路由。

路由表是路由器或者其他网络设备上存储的表,该表中存有到达特定网络终端的路径。在某些情况下，表中还存有一些与这些路径相关的度量，帮助路由器选择到达目的 IP 地址的最佳路径。

（3）255.255.255.255

255.255.255.255 是受限制的广播地址。对本机而言，该地址表示本网段内的所有主机。路由器在任何情况下都不会转发目的 IP 地址为 255.255.255.255 的数据包,因此这样的数据包仅会出现在本地网络中。

（4）169.254.×××.×××

如果计算机使用 DHCP（dynamic host configuration protocol，动态主机配置协议）功能

自动获取 IP 地址，则当 DHCP 服务器发生故障或响应时间过长时，系统会为计算机分配一个这样的 IP 地址。

### 6.1.2　InetAddress 类

Java 程序与网络中某个终端进行通信的前提是知道对方的 IP 地址。相反，一个 Java 程序如果希望参与网络通信，就应该把自己的 IP 地址暴露给特定的对方或者公众。

InetAddress 类用于封装 IP 地址和域名信息。Java 程序可以通过 InetAddress 类获取本地主机的网络信息。InetAddress 类的常用方法如表 6-1 所示。

表 6-1　InetAddress 类的常用方法

| 方法名 | 功能说明 |
| --- | --- |
| static InetAddress getLocalHost() | 获取本地主机对应的 InetAddress 对象。InetAddress 类并没有构造方法，因此不能使用 new 关键字创建 InetAddress 示例，只能通过调用静态方法 getLocalHost()获取本地主机对应的 InetAddress 对象 |
| static InetAddress getByName(String host) | 根据主机的 IP 地址或域名获得对应的 InetAddress 对象 |
| static InetAddress[] getAllByName(String host) | 获取指定 IP 地址对应的、由所有 IP 地址组成的数组 |
| String getCanonicalHostName() | 获取当前 InetAddress 对象对应的全限定域名。全限定域名指同时带有主机名和域名的名称，例如 host01.mycompany.com |
| bytes[] getHostAddress() | 获取当前 InetAddress 对象对应的、字节数组格式的 IP 地址 |
| String getHostName() | 获取当前 InetAddress 对象对应的主机名 |
| boolean isReachable(int timeout) | 判断本地主机是否可以到达当前 InetAddress 对象 |

【例 6-1】　演示使用 InetAddress 类获取本地网络信息的方法。假定本例对应的 Java 项目为 sample0601，其 Main 类的代码如下：

```java
import java.net.InetAddress;
import java.net.UnknownHostException;
public class Main {
    public static void main(String[] args) {
        try {
            // 获取本地主机的网络信息
            InetAddress localIp = InetAddress.getLocalHost();
            System.out.println("localIp.getCanonicalHostName()="
                    + localIp.getCanonicalHostName());
            System.out.println("localIp.getHostAddress()="
                    + localIp.getHostAddress());
            System.out.println("localIp.getHostName()="
                    + localIp.getHostName());
            System.out.println("localIp.toString()=" + localIp.toString());
            System.out.println("localIp.isReachable(5000)=" + localIp.
            isReachable(5000));
            System.out.println("=================================");
            // 获取指定域名的网络信息
            InetAddress baiduIp = InetAddress.getByName("www.baidu.com");
            System.out.println("baiduIp.getCanonicalHostName()=" + baiduIp.
            getCanonicalHostName());
            System.out.println("baiduIp.getHostAddress()="
                    + baiduIp.getHostAddress());
            System.out.println("baiduIp.getHostName()="
                    + baiduIp.getHostName());
            System.out.println("baiduIp.toString()=" + baiduIp.toString());
            System.out.println("baiduIp.isReachable(5000)=" + baiduIp.
            isReachable(5000));
```

```
            System.out.println("=====================================");
            // 获取指定原始 IP 的网络信息
            InetAddress ip = InetAddress.getByAddress(new byte[]{127, 0, 0, 1});
                    System.out.println("ip.getCanonicalHostName()="
                    + ip.getCanonicalHostName());
            System.out.println("ip.getHostAddress()= " + ip.getHostAddress());
            System.out.println("ip.getHostName()=" + ip.getHostName());
            System.out.println("ip.toString()=" + ip.toString());
            System.out.println("ip.isReachable(5000)=" + ip.isReachable(5000));
        } catch (UnknownHostException e) {
            e.printStackTrace();
        } catch (Exception e) {
            e.printStackTrace();
        }
    }
}
```

程序中定义了下面 3 个 InetAddress 对象。

➢ localIp：通过调用 InetAddress.getLocalHost()方法获得，其中包含本地主机的网络信息。

➢ baiduIp：通过调用 InetAddress.getByName()方法获得，其中包含 www.baidu.com 的网络信息。

➢ ip：通过调用 InetAddress.getByAddress()方法获得，其中包含 127.0.0.1 的网络信息。

程序分别输出了这 3 个 InetAddress 对象的全限定域名、IP 地址、域名、是否可以到达等信息。

运行项目 sample0601 的结果如图 6-2 所示。

```
localIp.getCanonicalHostName()=DESKTOP-DEVI2R8
localIp.getHostAddress()=192.168.56.1
localIp.getHostName()=DESKTOP-DEVI2R8
localIp.toString()=DESKTOP-DEVI2R8/192.168.56.1
localIp.isReachable(5000)=true
=====================================
baiduIp.getCanonicalHostName()=182.61.200.7
baiduIp.getHostAddress()=182.61.200.7
baiduIp.getHostName()=www.baidu.com
baiduIp.toString()=www.baidu.com/182.61.200.7
baiduIp.isReachable(5000)=true
=====================================
ip.getCanonicalHostName()=activate.navicat.com
ip.getHostAddress()= 127.0.0.1
ip.getHostName()=activate.navicat.com
ip.toString()=activate.navicat.com/127.0.0.1
ip.isReachable(5000)=true
```

图 6-2　运行项目 sample0601 的结果

## 6.2　URL 编程

URL 也称为网络地址，用于定位计算机网络上的资源。可以通过 URL 编程判定指定的网站或资源是否在线，也可以使用 URL 定位资源、再借助流获取资源。因此，URL 编程是比较常用的 Java 网络编程技术。

### 6.2.1　URL 的格式

URL 是一种特殊类型的 URI。URI 和 URL 很容易被混淆，但是它们并不完全相同。URI 用于标识资源，URL 则用于定位资源。它们中都包含路径，在 URI 中，路径用于区别当前资源与其他资源；在 URL 中，路径用于描述资源的位置和访问方式。可以将 URI 比喻为身份证，其中虽然有地址，但是根据地址不一定能找到本人；将 URL 比喻为收货地址信息，其中虽然有姓名和手机号码，但是这些信息不能唯一标识一个人，只能描述用户的位置和联系方式。

每个 URL 的格式都符合通用的 URI 语法，具体如下：

```
URI = scheme : [// authority] path [? query] [# fragment]
```

URI 语法中包含下面 5 个部分。

➢ scheme：用于定义资源的类型或访问资源所需要的网络协议。常用的 scheme 如表 6-2 所示。

表 6-2　URI 语法中常用的 scheme

| scheme | 具体说明 |
|---|---|
| http | 在互联网上进行数据交换的基础网络协议，格式为 http:// |
| https | 超文本传输安全协议（hypertext transfer protocol secure），格式为 https:// |
| mailto | 用于定义电子邮件地址，通过 SMTP（simple mail transfer protocol，简单邮件传送协议）访问电子邮件，格式为 mailto：×××@example.com |
| file | 用于定义本地计算机上的文件资源，格式为 file:///。注意：这里使用了 3 个斜杠 |
| ftp | 文件传输协议（file transfer protocol，FTP），是在网络上进行文件传输的标准协议，格式为 ftp:// |

➢ authority：用于指定资源所在主机的域名或 IP 地址。如果访问资源需要权限，则在 authority 中包含用户的身份认证信息。authority 部分的格式如下：

```
username:password@host:port
```

username 是有资源访问权限的用户名，password 是用户 username 的密码，host 是主机的域名或 IP 地址，port 是访问资源所需要连接的端口号，其中 host 是必需的。如果资源是所有人都可以访问的，则可以省略 username 和 password；如果资源使用默认的端口号（当 scheme 为 http 时，默认的端口号为 80；当 scheme 为 https 时，默认的端口号为 443），则可以省略 port。

➢ path：用于指定资源的路径，即资源在主机上的位置，以"/"开头。

➢ query：查询字符串，用于向主机传递参数。如果包含多个参数，则以"&"进行分隔。

➢ fragment：用于指定锚点。锚点用于标记文档内的某个位置，浏览器会自动将文档滚动到这个位置。

例如，下面是一个比较经典的 URL：

```
http:// www.example.com/news/details/?id=100
```

## 6.2.2　URL 类

Java 提供了 URL 类，用于实现 URL 编程。示例化 URL 对象的方法如下：

```
try{
    URL u=new URL(url);
}catch(MalformedURLException ex){
    System.out.println("示例化 URL 对象时出现异常，"+e.getMessage());
}
```

参数 url 是 URL 字符串。需保证参数 url 的格式符合 6.2.1 小节介绍的 URI 语法，否则 URL 类可能会抛出 MalformedURLException 异常，因此在示例化 URL 类时需要对 MalformedURLException 异常进行处理。

URL 类的常用方法如表 6-3 所示。

表 6-3　URL 类的常用方法

| 方法定义 | 具体说明 |
|---|---|
| public String getProtocol() | 返回当前 URL 对象使用的协议 |
| ublic InputStream openStream() throws IOException | 连接到当前 URL 对象所指定的网络资源，并返回一个 InputStream 对象，用于从网络资源读取数据 |

| 方法定义 | 具体说明 |
|---|---|
| public URLconnection openConnection() throws IOException | 建立到当前 URL 对象的 Socket 连接，并返回一个 URLConnetcion 对象。URLConnetcion 对象表示到一个网络资源的连接，可以通过 URLConnetcion 对象的 getInputStream()方法获取来自该网络资源的 InputStream 对象（输入流），然后使用 InputStream 对象从该网络资源读取数据 |
| public Object getContent() throws IOException | 获取当前 URL 对象所指定网络资源的数据 |

使用 openStream()方法、openConnection()方法和 getContent()方法都可以从指定网络资源读取数据。这里仅以 openStream()方法为例介绍使用 URL 类获取指定网络资源数据的方法。

【例 6-2】 演示通过 URL 类获取指定网络资源数据的方法。假定本例对应的 Java 项目为 sample0602，其 Main 类的代码如下：

```java
import java.io.*;
import java.net.MalformedURLException;
import java.net.URL;
public class Main {
    public static void main(String[] args) {
        InputStream in=null;
        try{
            // 访问 URL 对象进行读取
            URL u=new URL("http://www.baidu.com");
            in=u.openStream();
            // 使用缓冲输入方式，以提高性能
            in=new BufferedInputStream(in);
            // 将 InputStream 对象 in 转换为 Reader 对象 r
            Reader r=new InputStreamReader(in);
            int c;
            while((c=in.read())!=-1) System.out.print((char)c);
        }catch(IOException e){
            e.printStackTrace();
        } finally{
            if(in!=null){
                try{
                    in.close();
                }catch(IOException e){
                    throw e;
                }
            }
        }
    }
}
```

程序使用 URL 对象的 openStream()方法从 http://www.baidu.com 获取输入流对象 in，并通过 in.read()方法获取指定网络资源的数据。运行项目 sample0602 的结果如图 6-3 所示。

```
<!DOCTYPE html>
<!--STATUS OK--><html> <head><meta http-equiv=content-type content=text/html;charset=utf-8><meta http-equiv=X-UA-Compatible content=IE=Edge><meta content=alw
```

图 6-3 运行项目 sample0602 的结果

程序在控制台中输出百度首页的 HTML 代码。因为获取到的数据中并不包含换行符，所以默认情况下并不能显示完整数据，可以拖动水平滚动条查看完整数据。

## 6.3 Socket 编程

在 TCP（transmission control protocol，传输控制协议）/IP 网络环境中，可以使用 Socket 接口建立网络连接，实现主机之间的数据传输。

### 6.3.1 Socket 的基本概念和工作原理

#### 1．Socket 简介

Socket 翻译为中文是套接字，其字面意思是凹槽、插座和插孔。这让人联想到网线插座等基础通信设施。Socket 是 TCP/IP 网络环境中应用程序与底层通信驱动程序之间的开发接口，它可以将应用程序与底层网络协议（TCP/IP）隔离，使得应用程序不需要了解复杂的 TCP/IP 细节，就能够实现数据传输。

TCP/IP 是互联网的基础网络通信协议，它规范了所有网络设备之间数据的传输格式和方式。TCP/IP 不是一个网络协议，TCP 和 IP 是两个独立的网络协议。除此之外，其中还包含一些其他网络协议。因此 TCP/IP 被称为协议簇。TCP/IP 中的网络协议是分层的，不同的网络协议位于 OSI（open system interconnection，开放系统互联）参考模型的不同层。为了理解 Socket 的工作原理，有必要简单介绍 OSI 参考模型的概况。

OSI 参考模型分为 7 层，由低到高分别为物理层（physical layer）、数据链路层（data link layer）、网络层（network layer）、传输层（transport layer）、会话层（session layer）、表示层（presentation layer）和应用层（application layer），如图 6-4 所示。

物理层、数据链路层和网络层属于 OSI 参考模型中的低 3 层，负责创建网络通信连接的链路；其他 4 层负责端到端的数据通信。每一层都完成特定的功能，除应用层外，其他层都为其上层提供服务。TCP 位于传输层，IP 则位于网络层。

Socket 并不是网络协议，而是位于应用层和传输层之间的一组开发接口。这些开发接口的作用在于组织数据，以传输层协议为规则进行数据的传输。Socket 开发接口在 TCP/IP 协议簇网络层次中的位置如图 6-5 所示。

图 6-4　OSI 参考模型

图 6-5　Socket 开发接口在 TCP/IP 协议簇网络层次中的位置

Socket 开发接口是跨平台的，网络中基于不同平台的应用程序都可以调用这些开发接口实现网络通信。

#### 2．基于 Socket 开发接口进行网络通信的过程

在 OSI 参考模型中，传输层位于第 4 层，它负责在应用程序之间实现端到端的通信。

传输层中定义了下面两种协议。

> TCP：是一种可靠的、面向连接的协议，它允许将一台主机的字节流无差错地传输给目的主机。TCP 还可以实现流量控制功能，协调发收双方的发送与接收速度，达到正确传输的目的。

> UDP（user datagram protocol，用户数据报协议）：是一种不可靠的无连接协议。与 TCP 相比，UDP 更加简单，数据传输速率也更高。当通信网络的可靠性较高时，UDP 具有更高的优越性。

根据底层协议的不同，Socket 开发接口可以提供下面 2 种服务方式。

> 面向连接：基于 TCP 进行通信。通信中的两台主机之间需要建立稳定的连接，并在该连接上实现可靠的数据传输。

> 无连接：基于 UDP 进行通信。数据传输前并不需要建立连接，就好像发电报或者发短信，即使对方不在线，也可以发送数据，但并不能保证对方一定会收到数据。UDP 提供了操作超时和重试机制，如果发送数据后在指定的时间内没有得到对方的响应，则视为操作超时，而且应用程序可以指定在操作超时后重新发送数据的次数。

在网络程序中，基于 TCP 的网络通信与现实生活中的打电话有很多相似之处。如果两个人希望通过电话进行沟通，则必须满足下面的条件。

> 拨打电话的一方需要知道对方的电话号码。如果对方使用的是内部电话，则还需要知道分机号码。接听电话的一方则不需要知道对方的电话号码。

> 被拨打的电话号码必须已经启用。拨打电话时，如果使用固定电话，则需要将电话线连接到电话机上；如果使用移动电话，则需要连接到网络。

> 接听电话的一方有空闲时间可以接听电话。如果长期无人接听，则会自动挂断电话。

> 双方必须使用互相可以理解的语言进行通话。这个条件看似有些多余，但如果双方语言不通，就没有办法正常沟通。

> 在通话过程中，物理线路必须保持通畅，否则电话将会被挂断。

> 在通话过程中，任何一方都可以主动挂断电话。

基于 Socket 开发接口进行通信的网络程序采用 C/S（client/server，客户端/服务器端）架构。采用 C/S 架构的网络程序由服务器端程序和客户端程序组成，它们的职责如下。

> 服务器端程序负责监听和接收客户端程序的请求。一个主机上可以运行多个服务器端程序，它们在指定的 IP 地址和端口号上进行监听。因此服务器端程序应先于客户端程序启动。

> 客户端程序负责连接到指定的服务器端程序。这类似于拨打电话的一方，客户端程序需要了解服务器端程序监听的 IP 地址（类似于电话号码）和端口号（类似于分机号码）。

基于 Socket 开发接口进行网络通信和打电话的过程很类似，具体如下。

> 启动服务器端程序，在指定的 IP 地址和端口号上执行监听操作。这就好像申请好电话号码、准备好电话机并将电话线连接到电话机上。

> 客户端程序根据给定的 IP 地址和端口号连接到服务器端程序，这就好像拨打电话。

> 服务器端程序必须有足够的时间响应才能进行正常通信。通常服务器端程序需要具备同时处理多个客户端程序请求的能力。如果程序设计不合理或者客户端程序的并发访问量过大，都有可能导致服务器端程序无法及时响应，影响正常通信。

可以将服务器端程序理解为一个呼叫中心，可以同时接听很多客户的电话，为客户提供服务。

➤ 基于 Socket 开发接口进行通信的双方必须使用相同的底层通信协议。在通信过程中，双方还必须采用相同的字符编码格式，而且按照双方约定的规则进行通信，比如都将数据序列化为 JSON 字符串。这就好像在通话的时候双方都采用对方能理解的语言进行沟通。

➤ 建立连接后，通信的双方都可以向对方发送数据，也都可以接收到来自对方的数据。

➤ 在通信过程中，物理网络必须保持畅通，否则通信将会中断。

➤ 通信结束前，服务器端程序和客户端程序都可以中断它们之间的连接。任意一方中断连接，通信都会结束。

基于 TCP 的 Socket 通信与基于 UDP 的 Socket 通信的具体流程并完全不一致，本小节只介绍其中具有共性的基本工作原理，其具体通信流程将在 6.3.2 小节和 6.3.3 小节介绍。

### 6.3.2 基于 TCP 的 Socket 编程

TCP 是面向连接的可靠传输协议，因此基于 TCP 的 Socket 通信流程比较复杂。

#### 1. 基于 TCP 的 Socket 通信流程

在基于 TCP 的 Socket 通信流程中，服务器端程序和客户端程序的工作流程如图 6-6 所示，图中演示了一次通信的标准流程。实际应用中的流程会更复杂，具体如下。

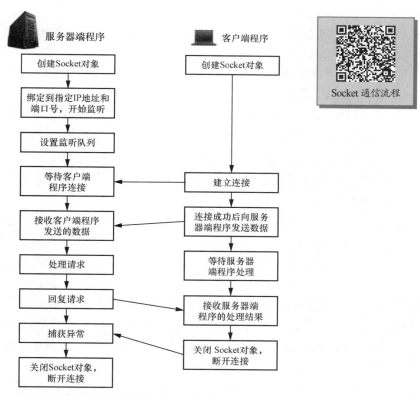

图 6-6　服务器端程序和客户端程序的工作流程

- 通常服务器端程序可以同时建立与多个客户端程序的连接。每当收到客户端程序的连接请求时，服务器端程序都会启动一个线程与其建立连接并进行通信。多线程的概念和编程方法将在第 7 章介绍。
- 服务器端程序通常会循环接收客户端程序的数据并做出响应。
- 如果需要，服务器端程序可以主动断开连接。客户端程序会捕获服务器端程序已经断开连接的异常信息，随后也会关闭 Socket 对象，断开连接。
- 无论是服务器端程序还是客户端程序，在整个通信过程中的任一环节都可能会接收到对方已经断开连接的异常信息。

## 2. ServerSocket 类

Java 提供了 ServerSocket 类，用于封装基于 TCP 的服务器端程序的 Socket 类。服务器端程序的 Socket 的主要职责是监听来自网络的连接请求。ServerSocket 类有很多构造方法，其中常用的构造方法定义如下：

```
public ServerSocket(int port, int backlog, InetAddress bindAddr) throws IOException;
```

参数说明如下。
- port：指定服务器端程序监听的端口号，端口号为 0～65 535 之间的整数。如果设置为 0，则会自动分配一个随机的端口号。
- backlog：指定接入连接请求队列的最大长度。
- bindAddr：指定服务器端程序监听的 IP 地址。如果设置为 null，则在所有本地 IP 地址上监听。

上面的构造方法可以完成图 6-6 所示步骤中的下面 3 个步骤。
① 创建 Socket 对象。
② 绑定到指定 IP 地址和端口号，开始监听。
③ 设置监听队列。

也可以使用下面的构造方法在本地主机的所有 IP 地址上监听连接请求：

```
public ServerSocket(int port) throws IOException
```

调用 ServerSocket 对象的 accept()方法可以接收此 Socket 接收到的连接请求。调用此方法会使程序保持阻塞状态，直至接收到一个客户端程序的连接请求后才会继续执行程序。accept()方法的定义如下：

```
public Socket accept() throws IOException;
```

accept()方法返回一个 Socket 对象，用于与客户端程序进行通信。也就是说，ServerSocket 类只负责监听和接收来自客户端程序的连接请求，Socket 类则负责与客户端程序进行通信。

在调用 accept()方法等待连接请求的过程中，如果发生 I/O 错误，则会抛出 IOException 异常。本章所介绍的方法中，很多方法都可能抛出 IOException 异常。在调用这些方法时应该使用 try…catch…语句捕获并处理 IOException 异常或将异常添加到方法签名上。

调用 ServerSocket 对象的 close()方法可以关闭 Socket 对象，断开连接。close()方法的定义如下：

```
public void close() throws IOException;
```

在调用 close()方法关闭 Socket 对象、断开连接的过程中，如果发生 I/O 错误，则会抛出 IOException 异常。

可以看到，在图 6-6 所示的服务器端程序的 Socket 通信流程中，ServerSocket 类负责实现开始和结束部分的功能。

### 3．Socket 类

在服务器端程序调用 ServerSocket 对象的 accept()方法接收客户端程序的连接请求后，accept()方法会返回一个 Socket 对象。Socket 类负责实现服务器端程序和客户端程序之间的通信。服务器端程序和客户端程序都会使用 Socket 类。

（1）构造方法

在客户端程序中使用下面的构造方法连接服务器端程序，并得到一个 Socket 对象（使用这个 Socket 对象可以与服务器端程序进行通信）：

```
public Socket(String host, int port)
  throws UnknownHostException, IOException;
```

参数说明如下。

➢ host：指定要连接的服务器端程序所在的主机名或 IP 地址。

➢ port：指定要连接的服务器端程序监听的端口号。

如果参数 host 指定的主机名或 IP 地址无法识别，则会抛出 UnknownHostException 异常。如果在创建 Socket 对象的过程中发生 I/O 错误，则会抛出 IOException 异常。

（2）读取数据

在 Java 程序中通过 Socket 进行通信实质上也是 I/O 编程的一种形式，只不过输入数据的来源和输出数据的目的地都是网络中的主机。因此，在 Socket 通信中可以使用输入流读取数据，使用输出流发送数据。

调用 Socket 对象的 getInputStream()方法可以获取与该 Socket 对象相关联的输入流对象。getInputStream()方法的定义如下：

```
public InputStream getInputStream() throws IOException;
```

该方法返回一个 InputStream 对象。使用 InputStream 对象从网络中读取数据的过程如下。

① 定义一个缓冲区，用于存储数据。当读取字符串时，通常使用字节数组作为缓冲区，例如：

```
byte[] buffer = new byte[1024];
```

② 调用 InputStream 对象的 read()方法读取对方发送的数据到缓冲区中。read()方法的定义如下：

```
public int read(byte b[]) throws IOException;
```

参数 b 指定用于接收数据的缓冲区。该方法返回读取到缓冲区中数据的长度，单位为字节。

③ 将缓冲区中的数据转换为 String 型，方法如下：

```
String message = new String(byte 数组, 0, 读取到的数据长度);
```

也可以使用 BufferedReader 对象从输入流中读取数据，方法如下：

```
BufferedReader br = new BufferedReader(new InputStreamReader(<InputStream 对象>));
String message = br.readLine();
```

调用 readLine()方法读取数据的好处是可以不关注输入数据的长度，直接读取一行数据。

（3）发送数据

调用 Socket 对象的 getOutputStream ()方法可以获取与该 Socket 对象相关联的输出流对象。getOutputStream ()方法的定义如下：

```
public OutputStream getOutputStream() throws IOException;
```

该方法返回一个 OutputStream 对象。调用 OutputStream 对象的 write()方法可以向网络中发送数据，其定义如下：

```
public void write(byte b[]) throws IOException;
```

参数 b 指定要发送的数据，可以调用 String 对象的 getBytes()方法将其转化为字节数组。也可以使用 PrintStream 对象在 Socket 上发送数据。示例化 PrintStream 对象的方法如下：

```
PrintStream ps = new PrintStream(socket.getOutputStream());
```

然后调用 PrintStream 对象的 print()方法或 println()方法向输出流中写入数据。print()方法和 println()方法的参数可以是 char、int、long、float、double 等类型的数据，也可以是 String 型数据或 char[]数组。不同的是 println()方法会在写入的数据后面追加一个换行符。

调用 PrintStream 对象的 flush()方法可以刷新缓冲区，将缓冲区中的数据写入输出流。

【例 6-3】 演示基于 TCP 进行 Socket 通信的方法。假定本例对应的 Java 项目为 sample0603，在项目中创建如下 2 个模块。

① Server：服务器端程序。

② Client：客户端程序。

Server 模块中主类 Main 的代码如下：

```
import java.io.*;
import java.net.InetAddress;
import java.net.ServerSocket;
import java.net.Socket;
import java.net.UnknownHostException;

public class Main {
    public static void main(String[] args) throws IOException {
        ServerSocket serverSocket =  new ServerSocket(9999);
        System.out.println("Server started, waiting for client...");
        Socket socket = null;
        try {
            if (serverSocket == null) {
                System.out.println("Fail to create ServerSocket object.");
                return;
            }
            socket = serverSocket.accept();
            System.out.println("Client connected: " + socket.getInetAddress().
            getHostAddress());
            BufferedReader br = new BufferedReader(new InputStreamReader(socket.
            getInputStream()));
            OutputStream os = socket.getOutputStream();
            while (true) {
                String message =br.readLine();
                System.out.println("Received message from client: " + message);
                // 处理请求
                String response = "Server: " + message.toUpperCase();
                PrintStream ps = new PrintStream(os);
                ps.println(response);
                ps.flush();
                System.out.println("Sent response to client: " + response);
                br.close();
```

```
                    ps.close();
                    Thread.sleep(300);
                }
            } catch (IOException e) {
                // 关闭 Socket 对象，断开连接
                socket.close();
                System.out.println("Connection closed");
            } catch (InterruptedException e) {
                throw new RuntimeException(e);
            }
        }
    }
}
```

程序的运行过程如下。

➤ 创建 ServerSocket 对象，在所有本地 IP 地址的端口 9999 上进行监听。

➤ 调用 ServerSocket 对象的 accept()方法，接收来自客户端程序的连接请求。在接收到一个连接请求前，程序会阻塞在此处等待请求。

➤ 在接收一个连接请求后，accept()方法返回一个 Socket 对象。后面的程序会使用该 Socket 对象与客户端程序进行通信。

➤ 获取 Socket 对象输入流对应的 BufferedReader 对象 br，用于读取客户端程序发送的数据；获取 Socket 对象输出流对应的 OutputStream 对象 os，并以 os 对象为参数创建 PrintStream 对象 ps，用于向客户端程序发送数据。

➤ Server 模块只能接收一个客户端程序的连接请求，这是因为现在还没有使用多线程编程，所以服务器端程序无法启动多个线程同时为多个客户端程序服务。因此，本例中并没有使用 while 语句循环调用 accept()方法接收来自客户端程序的连接请求。

➤ 本例中 Server 模块会循环读取来自客户端程序的数据，经过处理后发送响应数据给客户端程序。接下来的 5 个步骤是在 while 语句中循环执行的，因此客户端程序可以发送多条数据给服务器端程序，请求处理。

➤ 调用 br.readLine()方法读取客户端程序发送的数据，然后输出读取到的数据。

➤ 模拟对请求进行处理。这里只将接收到的字符串中的字母全部转换为大写。

➤ 调用 ps. println()方法将处理后的数据发送给客户端程序。

➤ 关闭 BufferedReader 对象 br 和 PrintStream 对象 ps。

➤ 调用 Thread.sleep(300)方法休息 300ms。否则由于使用了 while 语句，程序会陷入死锁状态，无法捕获到客户端程序断开连接的异常。Thread 是 Java 的线程类。至此结束 while 语句。

➤ 服务器端程序不会主动退出。当捕获到 IOException 异常后，程序会关闭 Socket 对象，断开连接。

Client 模块中主类 Main 的代码如下：

```
import java.io.*;
import java.net.Socket;
public class Main {
    public static void main(String[] args){
        try {
            Socket socket = new Socket("localhost", 9999);
            System.out.println("Connected to server");
            BufferedReader br = new BufferedReader(new InputStreamReader
            (socket.getInputStream()));
            OutputStream os = socket.getOutputStream();
            PrintStream ps = new PrintStream(os);
```

```
                        String message = "Hello from client";
                        ps.println(message);
                        System.out.println("Sent message to server: " + message);
                        String response = br.readLine();
                        System.out.println("Received response from server: " + response);
                        // 关闭 Socket 对象，断开连接
                        br.close();
                        ps.close();
                        socket.close();
                        System.out.println("Connection closed");
                } catch (IOException e) {
                        e.printStackTrace();
                }
        }
}
```

程序的运行过程如下。

➢ 创建 Socket 对象，连接到本地 IP 地址的端口 9999。因为服务器端程序和客户端程序在同一台主机上运行，所以可以使用 localhost 连接到服务器端程序。

➢ 连接成功后，会返回一个 Socket 对象 socket。客户端程序可以使用该对象与服务器端程序进行通信。

➢ 获取与 Socket 对象输入流对应的 BufferedReader 对象 br，用于读取服务器端程序发送的数据；获取 Socket 对象输出流对应的 OutputStream 对象 os，并以 os 对象为参数创建 PrintStream 对象 ps，用于向服务器端程序发送数据。

➢ 调用 ps.println()方法向服务器端程序发送字符串"Hello from client"。

➢ 调用 br.readLine()方法读取服务器端程序发送的处理结果数据，然后输出读取的数据。如果没有收到服务器端程序发送的数据，程序会阻塞在这里。

➢ 关闭 BufferedReader 对象 br 和 PrintStream 对象 ps。

➢ 关闭 Socket 对象，断开连接。

在 IDEA 中首先打开 Server 模块的 Main.cs，单击"运行"按钮；然后打开 Client 模块的 Main.cs，单击"运行"按钮。服务器端程序的运行结果如下：

```
Server started, waiting for client...
Client connected: 127.0.0.1
Received message from client: Hello from Client
Sent response to client: Server: HELLO FROM CLIENT
Connection closed
```

可以看到，在客户端程序关闭 Socket 对象、断开连接后，服务器端程序捕获到异常，也关闭了 Socket（Connection closed）对象并结束运行。

客户端程序的运行结果如下：

```
Connected to server
Sent message to server: Hello from client
Received response from server: Server: HELLO FROM CLIENT
Connection closed
```

### 6.3.3    基于 UDP 的 Socket 编程

UDP 可以提供一种基本的、低延时的数据报传输服务，它的主要作用是将网络数据流量压缩成数据报的形式进行传输。UDP 是一种不可靠的协议，在使用 UDP 传输数据时，源主机和目的主机之间不建立连接。

## 1．基于 UDP 的 Socket 通信流程

在基于 UDP 的 Socket 通信流程中，服务器端程序和客户端程序的工作流程如图 6-7 所示。

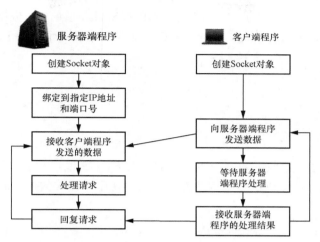

图 6-7　服务器端程序和客户端程序的工作流程

与图 6-6 相比，图 6-7 中并没有建立连接的步骤，因此基于 UDP 的 Socket 通信又称为面向非连接的 Socket 通信。服务器端程序不需要等待客户端程序的连接请求；客户端程序也不需要与服务器端程序建立连接，而是直接向服务器端程序发送数据。

## 2．DatagramSocket 类

Java 提供了 DatagramSocket 类，用于封装基于 UDP 的 Socket 类。可以基于该 Socket 对象实现通信双方之间发送和接收数据的功能。DatagramSocket 类有很多构造方法，服务器端程序常用的构造方法定义如下：

```
public DatagramSocket(int port) throws SocketException;
```

参数 port 指定 Socket 对象绑定的端口号，端口号为 0～65 535 之间的整数。如果设置为 0，则会自动分配一个随机的端口号。如果指定端口号操作不被系统的安全策略所允许（比如该端口已经被占用或者防火墙不允许开放该端口），则会抛出 SocketException 异常。

客户端程序常用的 DatagramSocket 类构造方法如下：

```
public DatagramSocket() throws SocketException;
```

构造方法没有参数，因此没有指定要绑定的端口。程序会绑定到一个随机端口。此方法并没有连接到特定的服务器端程序。可以在发送数据时指定服务器端程序所在的 IP 地址和监听的端口号。

（1）send()方法

调用 DatagramSocket 类的 send()方法可以向对方发送数据，其定义如下：

```
public void send(DatagramPacket p) throws IOException;
```

（2）receive()方法

调用 receive()方法可以接收来自外界的数据包，其定义如下：

网络编程　第6章

```
public synchronized void receive(DatagramPacket p) throws IOException;
```

### 3. DatagramPacket 类

在 DatagramSocket 类的 send()方法和 receive()方法中都以 DatagramPacket 对象为参数。DatagramPacket 类用于封装数据包。在基于 UDP 的 Socket 通信中，数据以 DatagramPacket 数据包的形式在双方主机间传递。DatagramPacket 类中定义的字段如下：

```
byte[] buf;              // 存储数据的缓冲区
int offset;             // 从缓冲区中读取数据的偏移量
int length;             // 发送或接收数据的长度
int bufLength;          // 缓冲区的长度
InetAddress address;   // 通信对方的 IP 地址
int port;               // 通信对方使用的端口号
```

其中既包含发送或接收的数据，也包含通信对方的 IP 地址和端口号信息。

DatagramPacket 类提供了多个构造方法，该类在用于接收数据时通常可以使用下面的构造方法：

```
public DatagramPacket(byte buf[], int length);
```

参数说明如下。

➢ buf：指定用于接收数据的缓冲区对象。

➢ length：指定接收数据的长度，length 应小于 buf.length。

该类在用于发送数据时通常可以使用下面的构造方法：

```
public DatagramPacket(byte buf[], int length, SocketAddress address);
```

参数 address 指定发送数据的目的 IP 地址。SocketAddress 是一个抽象类。在实际应用中，可以使用 SocketAddress 的子类 InetSocketAddress 传递参数 adddress 的值。

【例 6-4】 演示基于 UDP 进行 Socket 通信的方法。本例对应的 Java 项目为 sample0604，项目中包含如下 2 个模块。

① Server：服务器端程序。

② Client：客户端程序。

Server 模块中主类 Main 的代码如下：

```java
import java.net.DatagramPacket;
import java.net.DatagramSocket;
import java.util.Scanner;
public class Main {
    public static void main(String[] args) {
        try {
            DatagramSocket server = new DatagramSocket(10000);
            int len = 1024;
            byte[] dataIn = new byte[len];
            DatagramPacket dataPackageIn = new DatagramPacket(dataIn, len);
            DatagramSocket client;
            System.out.println("server 127.0.0.1 Ready to receive data...");
            server.receive(dataPackageIn);// 接收来自客户端程序的数据
            System.out.println("msg from client:" + new String(dataIn, 0,
            dataPackageIn.getLength()));
            Scanner sc = new Scanner(System.in);
            byte[] dataOut = null;
```

```
            DatagramPacket dataPackageOut = null;
            System.out.println("Please input message reply to client:");
            dataOut = sc.nextLine().getBytes();// 获取从键盘输入的数据
            dataPackageOut = new DatagramPacket(dataOut, dataOut.length,
            dataPackageIn.getSocketAddress());
            server.send(dataPackageOut);// 发送数据给客户端程序
        } catch (Exception e) {
            e.printStackTrace();
        }
    }
}
```

具体说明如下。

➤ 创建 DatagramSocket 对象 server，绑定到本地 IP 地址的端口 10000 上。

➤ 调用 server 对象的 receive()方法，接收来自客户端程序的数据。在接收到数据前，
程序会阻塞以等待数据。

➤ 接收到来自客户端程序的数据后，在控制台中输出接收到的数据。DatagramPacket
对象 dataPackageIn 中存储接收到的数据和客户端程序的 IP 地址及端口号。

➤ 在控制台中要求用户输入回复客户端程序的数据。

➤ 构造 DatagramPacket 对象 dataPackageOut，其中包含服务器端程序用户输入的回复
数据和客户端程序地址 dataPackageIn.getSocketAddress()。注意：dataPackageIn.
getSocketAddress()中既包含客户端程序的 IP 地址，也包含客户端程序使用的端
口号。

➤ 调用 server.send()方法将回复数据发送至客户端程序。

Client 模块中主类 Main 的代码如下：

```
import java.io.IOException;
import java.net.DatagramPacket;
import java.net.DatagramSocket;
import java.net.InetSocketAddress;
import java.net.SocketException;
import java.util.Scanner;
public class Main {
    public static void main(String[] args) {
        InetSocketAddress address = new InetSocketAddress("127.0.0.1", 10000);
        byte[] dataOut = null;
        DatagramPacket dataPackageOut = new DatagramPacket(new byte[0], 0,
        address);// 发送数据需要 address
        DatagramSocket client = null;
        System.out.println("Please input message send to server:");
        try {
            client = new DatagramSocket();
            Scanner sc = new Scanner(System.in);
            dataOut = sc.nextLine().getBytes();
            dataPackageOut.setData(dataOut);// 获取从键盘输入的数据
            client.send(dataPackageOut);
        } catch (SocketException ex) {
            throw new RuntimeException(ex);
        } catch (IOException ex) {
            throw new RuntimeException(ex);
        }
        int len = 1024;
        byte[] dataIn = new byte[len];
        DatagramPacket dataPackageIn = new DatagramPacket(dataIn, len);// 接收数据
        try {
            client.receive(dataPackageIn);
```

```
                System.out.println("msg from server:" + new String(dataIn, 0,
                        dataPackageIn.getLength()));
            } catch (IOException e) {
                e.printStackTrace();
            }
        }
    }
```

具体说明如下。

➢ 创建 DatagramPacket 对象 dataPackageOut，作为发送至服务器端程序的数据包，其中指定服务器端程序所在的 IP 地址为 127.0.0.1，监听的端口号为 10000。因此本例只能在本地运行。

➢ 创建 DatagramSocket 对象 client，作为与服务器端程序通信的 Socket 对象。

➢ 要求用户在控制台中输入发送至服务器端程序的数据，这些数据存储在变量 dataOut 中。

➢ 将变量 dataOut 设置到 DatagramPacket 对象 dataPackageOut 中，以便将其发送至服务器端程序。

➢ 以 dataPackageOut 对象为参数调用 Client.send()方法将数据发送至服务器端程序。

➢ 创建 DatagramPacket 对象 dataPackageIn，用于接收来自服务器端程序的数据。接收到的数据存储在缓冲区 dataIn 中。

➢ 调用 client.receive()方法接收来自服务器端程序的数据。

➢ 在控制台中输出接收到的数据。

本例的运行过程如下。

① 在 IDEA 中首先打开 Server 模块的 Main.cs，单击"运行"按钮，程序会在控制台中输出"server 127.0.0.1 Ready to receive data..."；然后阻塞在这里，等待接收来自客户端程序的数据。

② 打开 Client 模块的 Main.cs，单击"运行"按钮，在客户端程序的控制台中根据提示输入发送至服务器端程序的数据；按 Enter 键后客户端程序等待服务器端程序的回复数据。

③ 切换至服务器端程序的控制台。可以看到程序会在控制台中输出收到的数据。

④ 在服务器端程序的控制台中根据提示输入回复客户端程序的数据。

⑤ 切换至客户端程序的控制台，可以看到程序会在控制台中输出收到的数据。

服务器端程序的运行过程如图 6-8 所示，客户端程序的运行过程如图 6-9 所示。

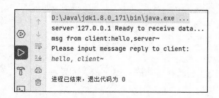

图 6-8  例 6-4 中服务器端程序的运行过程          图 6-9  例 6-4 中客户端程序的运行过程

## 6.4  趣味实践：开发网络版五子棋游戏

本节介绍的五子棋游戏项目为 gobang2.0。它与 gobang1.x 项目最大的区别在于：gobang2.0 项目通过网络编程实现了两位玩家的对弈功能。

### 6.4.1 gobang2.0 项目的程序架构

gobang2.0 项目基于 Socket 编程实现对弈双方的通信，其中包含 3 个模块，即服务器端程序模块 GobangServer、客户端程序模块 GobangClient 和公共模块 GobangCommon。gobang2.0 项目的程序架构如图 6-10 所示。

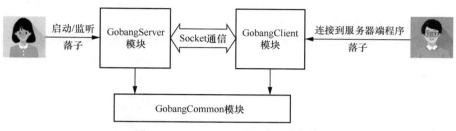

图 6-10 gobang2.0 项目的程序架构

在 gobang2.0 项目的 pom.xml 文件中定义了项目的分组（groupId）、唯一标识（artifactId）、版本（version）和其中包含的模块（modules），代码如下：

```
<groupId>org.example</groupId>
<artifactId>gobang2.0</artifactId>
<version>1.0-SNAPSHOT</version>
<packaging>pom</packaging>
<modules>
    <module>GobangServer</module>
    <module>GobangClient</module>
    <module>GobangCommon</module>
</modules>
```

gobang2.0 项目只支持两位玩家一对一对弈，一位玩家使用服务器端程序，另一位玩家则使用客户端程序。因此，模块 GobangServer 只能接收一个客户端程序的连接请求。gobang2.0 项目的工作流程如下。

➤ 服务器端玩家运行服务器端程序；准备好后，手动启动监听；程序会提示当前主机的 IP 地址，此时棋盘背景色为浅灰色，不能落子；玩家将本机 IP 地址通知对方玩家。

➤ 客户端玩家运行客户端程序，使用对方玩家提供的 IP 地址手动连接到服务器端程序；连接成功后，棋盘背景色为浅灰色，不能落子。

➤ 服务器端程序接收到客户端程序的连接请求后，棋盘背景色切换为橙色，此时服务器端玩家可以落子。

➤ 服务器端玩家落子后，程序会将整个棋盘的数据发送至客户端程序。这是因为如果双方程序各自维护一份棋盘数据，那么网络或程序逻辑等因素的影响有可能造成双方的棋盘数据不一致。所以本项目中只维护一份棋盘数据，该数据由服务器端程序维护。客户端程序只接收服务器端程序发送的棋盘数据，自己不维护棋盘数据。服务器端玩家落子后，棋盘背景色切换为浅灰色，等待对方落子，此时服务器端玩家不能落子。

➤ 客户端程序接收到服务器端程序发送的棋盘数据后，将其显示在棋盘上；然后将棋盘背景色切换为橙色，此时客户端玩家可以落子。

➤ 客户端玩家落子后，程序将落子坐标发送至服务器端程序；然后棋盘背景色切换为浅灰色，等待对方落子，此时客户端玩家不能落子。

➤ 服务器端程序收到客户端程序发送的落子坐标后，会将其添加到自己维护的棋盘数据中；然后重绘棋盘，将棋盘背景色切换为橙色，此时服务器端玩家可以落子。

➤ 重复上面的步骤，双方实现对弈。

由于流程比较复杂，上面的步骤中没有提及判断输赢（包括平局）的逻辑。gobang2.0项目中判断输赢的方法如下。

➤ 服务器端玩家落子后，程序会判断输赢，并将输赢结果与棋盘数据一起发送至客户端程序；客户端程序接收到数据后，不做输赢判断，以服务器端程序发送的结果为准。

➤ 客户端玩家落子后，程序会判断输赢，然后只将落子坐标发送至服务器端程序；服务器端程序接收到落子坐标后，将其添加至自己维护的棋盘数据中，然后判断输赢。

客户端玩家落子时，并不是由服务器端程序单方面判断输赢的，而是双方各自判断，这样可以减少一次数据发送。因为如果客户端玩家获胜，则服务器端玩家无须再落子，也就没有机会发送棋盘数据了。此时如果由服务器端程序单方面判断输赢，则会多出一次单独发送输赢结果的逻辑。

## 6.4.2　GobangCommon 模块的程序设计

GobangCommon 模块是本项目中的公共模块，其中包含 GobangServer 模块和 GobangClient 模块都会使用的类和枚举类型，具体如下。

➤ 共用组件类：包括棋盘类、棋子类和点位类。

➤ 用于数据传输的 DTO（data transfer object，数据传输对象）类：包括棋盘 DTO 类、棋子 DTO 类、点位 DTO 类和颜色 DTO 类。

➤ 共用工具类，包括 JSON 工具类和规则类。

➤ 枚举类型：包括当前落子一方的棋子颜色和棋盘上的方向。

这些类在 GobangServer 模块和 GobangClient 模块中都会被用到。如果分别在 GobangServer 模块和 GobangClient 模块中定义它们，则会造成代码的冗余。因此本项目将它们定义在 GobangCommon 模块中。

### 1．pom.xml 文件

GobangCommon 模块的 pom.xml 文件中定义了其自身的分组（groupId）、唯一标识（artifactId）、名称（name）、版本（version）和父项目（parent），代码如下：

```xml
<parent>
<groupId>org.example</groupId>
<artifactId>gobang2.0</artifactId>
<version>1.0-SNAPSHOT</version>
</parent>
<groupId>org.example</groupId>
<artifactId>GobangCommon</artifactId>
<version>0.0.1-SNAPSHOT</version>
<name>GobangCommon</name>
<description>GobangCommon</description>
```

可以看到其父项目为 gobang2.0，这与项目 gobang2.0 的 pom.xml 文件中定义的模块结构是对应的。

## 2．共用组件类

GobangCommon 模块中的共用组件类包含在 org.example.components 包下，包括棋子类 Piece、点位类 Point 和棋盘类 abstractChessBoard。其中 Piece 类、Point 类与项目 gobang1.x 中的相应类是一样的，这里不展开介绍。棋盘类 abstractChessBoard 是一个抽象类。之所以要定义一个抽象棋盘类，是基于以下考虑。

➢ 服务器端程序和客户端程序中都有棋盘。

➢ 服务器端程序的棋盘类和客户端程序的棋盘类中有部分共用的属性，比如棋盘的背景色、棋盘中横线和竖线的数量、棋盘上的棋子、最后落子的索引、获胜棋子的信息等。

➢ 服务器端程序的棋盘类和客户端程序的棋盘类中有部分共用的方法，比如绘制棋盘和落子时对本地棋盘的处理方法。

➢ 服务器端程序的棋盘类和客户端程序的棋盘类中有部分不同的方法，比如表示开始游戏时要做怎样准备的方法、表示落子后将怎样的数据发送至对方的方法、表示接收到对方的数据后如何处理的方法。

概括上述内容，服务器端程序的棋盘类与客户端程序的棋盘类既有相同的部分，又有不同的部分。相同的部分很好理解，不同的部分是由于服务器端程序发送到客户端程序的数据是整个棋盘，而客户端程序发送到服务器端程序的数据只是本次落子的坐标。因此，双方对发送和接收数据的处理都不相同。

这种情况比较适合使用抽象类，把双方相同的属性定义在抽象类中，把双方相同的方法在抽象类中实现，把双方不同的方法在抽象类中定义为抽象方法。然后在服务器端程序和客户端程序中分别定义抽象棋盘类的子类，子类既继承了抽象棋盘类中的相同部分，又需要各自实现不同部分；既避免了代码的冗余，又使程序的结构更加清晰。

## 3．常量类

gobang2.0 项目中定义了常量类 Constants，其中封装了项目中使用的 4 个常量，其代码如下：

```java
public class Constants {
    public static final int MARGIN = 30;       // 边距
    public static final int GRID_SPAN = 35;    // 间距
    public static final int ROWS = 15;         // 棋盘行数
    public static final int COLS = 15;         // 棋盘列数
}
```

## 4．DTO 类

为了在服务器端程序和客户端程序之间传输数据，项目 gobang2.0 在 org.example.pojo 包下定义了如下 DTO 类。

➢ ChessBoardDTO：棋盘类 ChessBoard 对应的 DTO 类。

➢ PieceDTO：棋子类 Piece 对应的 DTO 类。

➢ PointDTO：点位类 Point 对应的 DTO 类。

由于篇幅所限，这里不展开介绍这些 DTO 类的代码，请参照源代码。

### 5．共用工具类

gobang2.0 项目在 org.example.utils 包下定义了 JSONUtils 和 RuleUtils 这两个共用工具类。

JSONUtils 是使用 JSON 库 com.alibaba.fastjson2 对棋盘的 DTO 对象进行序列化和反序列化操作的共用工具类。

### 6．枚举类型

gobang2.0 项目在 org.example.enums 包下定义了 ColorEnum 和 Direction 这 2 个枚举类型，它们的代码与 gobang1.x 项目中的相应代码是一致的。

### 6.4.3　GobangServer 模块的程序设计

在 GobangServer 模块中，MainFrame 是主窗体类。

### 1．主窗体中的 Socket 对象

MainFrame 类中定义了一个 serverSocket 对象，用于监听客户端程序的连接，其定义代码如下：

```
public ServerSocket serverSocket = null;
```

Socket 对象 client 用于与客户端程序进行通信，其定义代码如下：

```
public Socket client = null;
```

### 2．主窗体中的组件对象

在 MainFrame 类中，棋盘对象的定义如下：

```
public ChessBoard chessBoard;
```

"开始游戏"按钮的定义如下：

```
public Button button_start;
```

"退出"按钮的定义如下：

```
public Button button_exit;
```

MainFrame 类中还需要定义一个标签组件，用于显示当前的状态信息，其定义如下：

```
JLabel label1=new JLabel("请单击"开始游戏"按钮启动服务器端程序监听连接");
```

运行 GobangServer 模块，其主窗体界面如图 6-11 所示。

初始时棋盘的背景色为浅灰色，此时不能落子，因为 isReady 的值为 false。

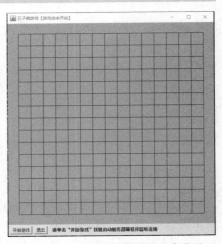

图 6-11　GobangServer 模块的主窗体界面

### 3. 开始游戏

单击"开始游戏"按钮会调用 ChessBoard 对象的 startGame() 方法。由于篇幅所限，这里不展开介绍具体代码，该方法的主要逻辑如下。

➤ 如果已经开始游戏（isReady 的值为 true），则不做任何处理。
➤ 获取本地 IP 地址，并将其显示在主窗体的 label1 标签中，提示玩家通知客户端玩家连接此 IP 地址。
➤ 示例化主窗体的 serverSocket 对象，在本地的 1234 端口上监听。
➤ 调用 mainFrame.serverSocket.accept() 方法接收客户端程序的连接请求。如果没有接收到客户端程序的连接请求，则程序会阻塞在这里。
➤ 接收到客户端程序的连接请求后，将返回的 Socket 对象赋值到 mainFrame.client 中，以备后面使用它与客户端程序通信。然后将棋盘的背景色设置为橙色（Color(255, 128, 0)），此时服务器端玩家可以落子了，因为程序将变量 isReady 的值为 true。向客户端程序发送字符串"10000:10000"，表示已经建立了连接。

### 4. 落子

org.example.components.ChessBoard 是服务器端程序的棋盘类，其中重写了 sendtopeer() 方法，负责将落子后的棋盘数据发送至客户端程序。由于篇幅所限，这里不展开介绍具体代码。该方法的主要逻辑如下。

➤ 将棋盘对象中的数据赋值到对应的 DTO 对象 cb 中，为传输数据做好准备。
➤ 将 cb 对象序列化为 JSON 字符串 json。
➤ 获取 Socket 对象 mainFrame.client 的输出流 os。
➤ 调用 os.write() 方法将 JSON 字符串 json 发送至客户端程序。

### 6.4.4 GobangClient 模块的程序设计

在 GobangClient 模块中，MainFrame 是客户端程序的主窗体类。

### 1. 主窗体中的组件对象

在 MainFrame 类中，棋盘对象的定义如下：

```
public ChessBoard chessBoard;
```

"开始游戏"按钮的定义如下：

```
public Button button_start;
```

"退出"按钮的定义如下：

```
public Button button_exit;
```

运行 GobangClient 模块，其主窗体界面如图 6-12 所示。

初始时棋盘的背景色为浅灰色，此时不能落子，因为变量 isReady 的值为 false。

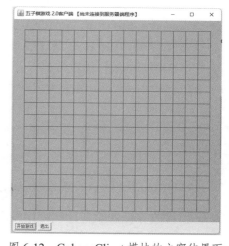

图 6-12 GobangClient 模块的主窗体界面

## 2．开始游戏

单击"开始游戏"按钮会调用 ChessBoard 对象的 startGame()方法，代码如下：

```
@Override
public void startGame() {
    ipFrame = new IPFrame(mainFrame);
    ipFrame.setVisible(true);
}
```

程序会打开 IPFrame 窗体，要求玩家输入服务器端程序所在的 IP 地址。

## 3．IPFrame 窗体

IPFrame 窗体中定义了 4 个 JTextField 对象，用于输入 IP 地址的 4 组数字，代码如下：

```
public JTextField txtip1, txtip2, txtip3, txtip4;
```

定义了 4 个 JLabel 对象，分别用于显示标题和 IP 地址中的 3 个小数点，代码如下：

```
private JLabel label1, label2,label3, label4;
```

还定义了一个"确定"按钮和一个"取消"按钮，代码如下：

```
public Button button_ok;        // "确定"按钮
public Button button_cancel;    // "取消"按钮
```

IPFrame 窗体的运行界面如图 6-13 所示。

IPFrame 窗体的事件监听器类为 IPListener，其中包含单击按钮的处理方法。

图 6-13　IPFrame 窗体的运行界面

## 4．ChessBoard 类

ChessBoard 是客户端程序的棋盘类，其中定义的方法实现了客户端程序的大部分功能，具体如下。

➢ connect2server()：连接到服务器端程序。
➢ listen()：重写的抽象方法，接收并处理来自服务器端程序的数据。
➢ sendtopeer()：重写的抽象方法，将客户端程序的落子数据发送至服务器端程序。
➢ setFrameTitle()：设置主窗体的标题。
➢ startGame()：开始游戏。

ChessBoard 类中定义了一个 Socket 对象 serverSocket，用于与服务器端程序进行通信，其定义代码如下：

```
private Socket serverSocket = null;
```

## 5．连接到服务器端程序

ChessBoard 类的 connect2server()方法实现连接到服务器端程序的功能。

## 6．接收并处理服务器端程序发送的数据

ChessBoard 类的 listen ()方法实现接收并处理服务器端程序发送的数据的功能。

### 7．落子

ChessBoard 类的 sendtopeer()方法负责将落子数据发送至服务器端程序。由于篇幅所限这里不展开介绍其代码。

## 6.5 本章小结

本章介绍 Java 网络编程，包括 IP 地址编程、URL 编程和 Socket 编程的基本方法。IP 是实现网络之间互联的基础协议，因此了解 IP 地址的概念和结构是进行网络编程的基础。在 Java 程序中，可以通过 InetAddress 类实现 IP 地址编程。

URL 用于定位计算机网络上的资源，是访问互联网资源的基本方法。在 Java 程序中，可以通过 URL 类实现 URL 编程。

Socket 是支持网络中主机间通信的开发接口，Java 将 Socket 开发接口封装为 ServerSocket 类和 Socket 类。客户端程序和服务器端程序可以通过 ServerSocket 类和 Socket 类基于 TCP/IP 进行通信。本章分别介绍了基于 TCP 和 UDP 进行 Socket 编程的方法，并通过编写五子棋游戏 2.0 版程序实践了 Java 网络编程的基本方法。

## 习题

### 一、选择题

1. 在不同国家和地区，不同操作系统的计算机接入互联网后要实现相互通信，就要遵守共同的通信协议，也就是（　　　　）。
   A．IP                                    B．TCP
   C．UDP                                   D．Socket
2. 下面的 IP 地址属于 B 类地址的是（　　　　）。
   A．10.0.0.1                              B．172.16.0.1
   C．192.168.0.1                           D．127.0.0.1
3. 面向连接的 Socket 编程是基于（　　　　）的。
   A．TCP                                   B．UDP
   C．TCP/IP                                D．IP
4. 无连接的 Socket 编程是基于（　　　　）的。
   A．TCP                                   B．UDP
   C．TCP/IP                                D．IP
5. 阿里巴巴公司推出的高性能 JSON 库为（　　　　）。
   A．AlibabaJSON                           B．QuickJSON
   C．FASTJSON                              D．Gson

### 二、填空题

1. 每个 URL 的格式都符合通用的＿＿＿＿＿＿语法。

2. 调用 URL 类的_____方法可以连接到当前 URL 对象所指定的网络资源，并返回一个 InputStream 对象，用于从网络资源读取数据。

3. _____类用于封装基于 TCP 的服务器端程序的 Socket。

4. _____类用于封装基于 UDP 的 Socket。

5. 在基于 UDP 的 Socket 通信中，_____类用于封装数据包。

6. 将对象转换为 JSON 字符串的过程被称为_____。

7. 将 JSON 字符串转换为对象的过程叫作_____。

## 三、简答题

1. 试绘制在基于 TCP 的 Socket 通信流程中，服务器端程序和客户端程序的工作流程图。

2. 试绘制在基于 UDP 的 Socket 通信流程中，服务器端程序和客户端程序的工作流程图。

# 第7章 多线程编程

前面介绍的程序都是串行执行的，即从主函数开始，一条语句、一条语句地执行，同一时间只能运行一个任务。在很多情况下，为了提高程序的运行效率，需要实现并发编程，即一个程序中的多个任务可以同时运行。并发编程可以充分利用系统资源，提高程序的运行效率。对并发编程的支持能力是衡量一个高级编程语言质量的重要指标。在 Java 中通过多线程实现并发编程。

## 7.1 线程概述

线程概述

线程是实现并发编程的重要概念。本节介绍线程的概念、工作原理和状态。

### 7.1.1 线程的概念

当运行一个程序时，操作系统首先会将该程序的代码从磁盘加载到内存中。程序在内存中的一个运行示例就是一个进程。

线程是进程内部的一个指令流。默认情况下，一个进程只包含一个主线程。在并发编程中，可以在一个进程中创建多个线程，每个线程轮流使用 CPU。操作系统中有一个叫作任务调度器的组件，用于将 CPU 的时间片分配给不同的线程。因此，从微观上看，在单核 CPU 下线程实质上也是串行的。但是，由于时间片的时间很短，线程给人的感觉是并行的。而在多核 CPU 下，多线程编程可以实现真正的并发编程，从而提高应用程序的性能。

### 7.1.2 线程的工作原理

不同的操作系统实现线程管理的方式也不同。概括地说，根据管理方式的不同，线程可以分为如下 3 种。

➢ 内核级线程（kernel-level thread，KLT）：由操作系统管理的线程。很多操作系统都支持内核级线程。管理该线程也就是在系统的内核中维护一个线程表，用于记录系统中所有的线程。当需要创建一个新线程的时候，就需要执行一次系统调用，由操作系统更新内核中的线程表。使用内核级线程的优点是线程不会引起其所在进程的阻塞。内核级线程的工作原理如图 7-1 所示。

➢ 用户级线程（user-level thread，ULT）：由用户程序进行管理，不依赖系统内核。用户程序提供管理线程的函数库，用于实现线程的创建、同步、调度和管理。系统内核无法感知用户级线程。用户级线程如果发生阻塞，则会导致其所在进程的阻塞。用户级线程的调度不会占用系统内核资源，也不需要在用户空间和内核空间之间频繁切换，因此用户级线程的创建、调度和同步等操作比较快。用户级线程的工作原理如图 7-2 所示。

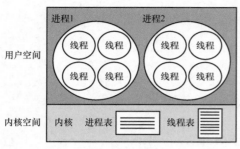

图 7-1 内核级线程的工作原理

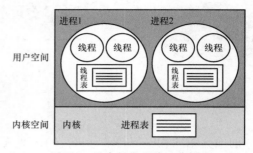

图 7-2 用户级线程的工作原理

➤ 混合型线程（hybrid thread）：有的操作系统使用混合方式实现线程管理。线程的创建完全在用户空间中完成，线程的调度和同步也由应用程序完成。一个应用程序中的多个用户级线程被映射到一些内核级线程上。在混合型线程中，内核级线程的数目小于或等于用户级线程的数目。混合型线程的工作原理如图 7-3 所示。用户级线程及内核级线程间的映射由用户空间中的线程库调度器完成。

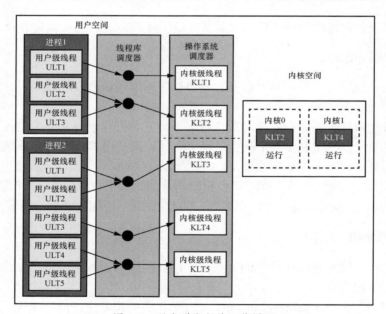

图 7-3 混合型线程的工作原理

### 7.1.3 线程的状态

在 Java 中，线程包括新建、运行、阻塞、等待、限时等待和终止 6 种状态，具体说明如下。

➤ 新建（NEW）状态：一个刚被创建的线程处于 NEW 状态。

➤ 运行（RUNNABLE）状态：该状态包含操作系统线程状态中的就绪（READY）状

态和运行中（RUNNING）状态。启动处于 NEW 状态的线程会使该线程处于 READY 状态，表示线程已经准备就绪，等待分配 CPU 资源；当线程被系统分配了 CPU 资源后，它就进入了 RUNNING 状态。

➢ 阻塞（BLOCKED）状态：线程由于某种原因（比如无法获得某个资源的使用权）而放弃对 CPU 的使用，导致线程暂时停止运行。此时线程处于 BLOCKED 状态。BLOCKED 状态主要是线程间的资源争用造成的。

➢ 等待（WAITING）状态：当一个线程无限期地等待另外一个线程执行一个特定的操作时，该线程处于 WAITING 状态。

➢ 限时等待（TIMED_WAITING）状态：当一个线程限时等待另外一个线程执行一个特定的操作时，该线程处于 TIMED_WAITING 状态。超过指定时限后，线程将切换至 RUNNABLE 状态。

➢ 终止（TERMINATED）状态：当一个线程运行结束、被中断或由于某种原因导致异常退出时，它就会切换至 TERMINATED 状态。

上述状态在枚举类型 Thread.State 中定义，本书后面将以这些枚举值描述线程的状态。Java 线程状态的切换如图 7-4 所示，具体的切换方法将在本章后续内容中介绍。

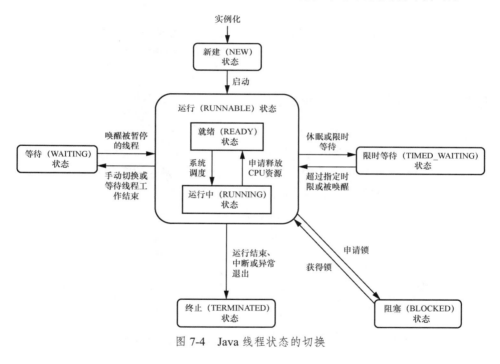

图 7-4　Java 线程状态的切换

## 7.2　基础线程编程

线程编程是从创建单个线程并对其进行管理和操作开始的，本节介绍基础的 Java 线程编程方法。虽然在本节的程序示例中也会出现多个线程，但是它们都是由操作系统调度执行的，本节介绍的程序代码只关注对单个线程的管理和操作。多线程间同步运行的方法将在 7.3 节介绍。

在 Java 程序中可以通过下面 2 种方式实现线程编程。

➢ 基于 Thread 类创建、管理和操作线程。

➢ 基于线程池创建、管理和操作线程。

## 7.2.1 基于 Thread 类创建和启动线程

Java 提供线程基类 Thread，通过调用 Thread 类的各种方法可以实现线程状态间的切换。

在 Java 程序中可以通过下面 3 种方法基于 Thread 类创建和启动线程。

① 通过继承 Thread 类创建和启动线程。

② 通过实现 Runnable 接口创建和启动线程。

③ 通过实现 Callable 接口和 Future 接口创建和启动线程

这 3 种方法最大的区别在于指定线程需要完成任务的方法不同，具体说明如下。

① 可以在继承 Thread 类的派生类中重写 run()方法，并在其中指定线程需要完成的任务。

② 因为 Thread 是 Java 提供的类，所以无法在其中指定线程需要完成的任务。可以定义一个实现 Runnable 接口的类，并重写其 run()方法，定义线程需要完成的任务。以该类的对象为参数直接使用 Thread 类创建和启动线程。

③ 通过实现 Runnable 接口创建和启动线程有一个缺陷，就是无法获取线程的返回结果。如果需要获取线程的返回结果，则可以通过实现 Callable 接口和 Future 接口创建和启动线程。

### 1．通过继承 Thread 类创建和启动线程

通过继承 Thread 类创建和启动线程的步骤如下。

① 自定义一个线程类，继承自 Thread 类。

② 在自定义线程类中重写 run()方法，定义线程需要完成的任务。

③ 示例化 Thread 类的对象，并调用该对象的 start()方法。

自定义线程类 MyThread 最简单的方法如下：

```java
public class MyThread extends Thread {
    @Override
    public void run() {
    // 线程需要完成的任务
    }
}
```

MyThread 类继承自 Thread 类，在 MyThread 类中需要重写 run()方法，用于定义线程需要完成的任务。

通过 MyThread 类创建和启动线程的方法如下：

```java
Thread thread = new MyThread();
thread.start();
```

注意：调用 MyThread 类的 start()方法可以启动线程，并在线程中运行 run()方法，启动后线程处于 RUNNABLE 状态；直接调用 MyThread 类的 run()方法则只是普通的方法调用，不会启动线程。

在 Thread 类的构造方法中可以通过参数指定线程名，方法如下：

```
Thread t = new Thread(threadname);
```

参数 threadname 用于指定线程名。在自定义线程类中也可以利用 Thread 类的构造方法传递参数、指定线程名。

**【例 7-1】** 演示通过自定义线程类创建和启动线程的方法。本例对应的 Java 项目为 sample0701，其中包含一个自定义线程类 MyThread，代码如下：

```
public class MyThread extends Thread {
    public MyThread(String name) {
        super(name);
    }
    @Override
    public void run() {
        System.out.println(Thread.currentThread().getName() + " is running");
    }
}
```

MyThread 类的构造方法有一个参数 name，用于指定当前运行程序的线程名。在构造方法中通过调用 super()方法调用其父类 Thread 的构造方法。在 run()方法中，程序通过 Thread.currentThread().getName()方法获取当前运行程序的线程名，从而了解线程 MyThread 是否已经启动。

Main 类的代码如下：

```
public class Main {
    public static void main(String[] args) {
        Thread mythread = new MyThread("MyThread");
        System.out.println(Thread.currentThread().getName()+"call mythread.run()");
        mythread.run();
        System.out.println(Thread.currentThread().getName()+"call mythread.start()");
        mythread.start();
    }
}
```

程序分别调用 MyThread 类的 start()方法和 run()方法，并输出当前运行程序的线程名。运行 sample0701 项目的结果如下：

```
main call mythread.run()
main is running
main call mythread.start()
MyThread is running
```

可以看到，当调用 MyThread 类的 run()方法时，当前运行程序的线程是 main，这说明线程 MyThread 还没有启动；而调用 MyThread 类的 start()方法时，当前运行程序的线程是 MyThread，这说明线程 MyThread 已经启动。

### 2．通过实现 Runnable 接口创建和启动线程

通过实现 Runnable 接口创建和启动线程的步骤如下。

① 定义一个实现 Runnable 接口的类。

② 在该类中重写 run()方法，定义线程需要完成的任务。

③ 示例化该类的对象，并以此对象为参数示例化 Thread 对象。

④ 调用 Thread 对象的 start()方法创建和启动线程。

实现 Runnable 接口的方法如下：

```
class MyRunnable implements Runnable{
```

```
        @Override
        public void run() {
            // 具体的操作
        }
}
```

利用 MyRunnable 类创建和启动线程的方法如下：

```
Thread thread = new Thread(new MyRunnable());
thread.start();
```

**【例 7-2】** 演示通过实现 Runnable 接口创建和启动线程的方法。本例对应的 Java 项目为 sample0702，其中包含一个实现 Runnable 接口的类 MyRunnable，代码如下：

```
public class MyRunnable  implements Runnable{
    @Override
    public void run() {
        System.out.println(Thread.currentThread().getName() + " is running");
    }
}
```

在 run()方法中输出当前运行程序的线程名。

主类 Main 的代码如下：

```
public class Main {
    public static void main(String[] args) {
        for(int i=0;i<5;i++){
            Thread t = new Thread(new MyRunnable());
            t.setName("Thread"+i);
            t.start();
        }
    }
}
```

程序分别创建了 5 个线程，线程名分别为 Thread0、Thread1、Thread2、Thread3 和 Thread4。程序会依次启动这 5 个线程。运行 sample0702 项目的结果如下：

```
Thread0 is running
Thread2 is running
Thread3 is running
Thread1 is running
Thread4 is running
```

每次运行的结果是随机的。从上面的结果可以看到，这 5 个线程并不是按启动顺序输出信息的。因为它们是同时运行的，而不是按启动顺序执行的，这就是线程的并发性。

### 3．通过实现 Callable 接口和 Future 接口创建和启动线程

通过实现 Callable 接口和 Future 接口创建和启动线程的步骤如下。

① 定义 Callable 接口的实现类，在其中重写 call()方法。call()方法是有返回值的。

② 以 Callable 对象为参数创建 FutureTask 对象，用于在稍后获取线程的返回结果。FutureTask 是 Future 接口的实现类。调用 FutureTask 对象的 get()方法可以获取 call()方法的返回值。

③ 以 FutureTask 对象为参数创建线程（Thread 对象），然后启动线程。

④ 调用 FutureTask 对象的 get()方法获取线程的返回结果。

实现 Callable 接口的方法如下：

```
class MyCallable implements Callable{
    @Override
    public Object call() throws Exception
{
        // 定义线程需要完成的任务
        // …
        // 返回值
        // return×××;
    }
}
```

FutureTask 类的构造方法如下:

```
public FutureTask(Callable<V> callable);
```

可以将第①步中定义的 Callable 对象作为参数示例化 FutureTask 对象,这样就可以在 Callable 对象和 FutureTask 对象之间建立关联了。

第③、④步的实现方法比较简单,下面结合示例进行介绍。

【例 7-3】 演示通过实现 Callable 接口和 Future 接口创建和启动线程的方法。本例对应的 Java 项目为 sample0703,创建一个实现 Callable 接口的类 MyCallable,代码如下:

```
public class MyCallable implements Callable {
    @Override
    public Object call() throws Exception {
        Random generator = new Random();
        Integer randomNumber = generator.nextInt(5);
        Thread.sleep(randomNumber * 1000);
        return randomNumber;
    }
}
```

在 call()方法中使用 Random 对象生成 1～5 的随机数。如果生成的随机数是 $n$,则程序会休眠 $n$s。最后,call()方法返回生成的随机数。

主类 Main 的代码如下:

```
public static void main(String[] args) throws ExecutionException, InterruptedException {
    FutureTask[] randomNumberTasks = new FutureTask[5];
    // 启动 5 个线程,分别运行 5 个 Callable 对象。每个线程关联一个 FutureTask 对象
    for (int i = 0; i < 5; i++)
    {
        Callable callable = new MyCallable();
        // 以 Callable 对象为参数创建 FutureTask 对象
        randomNumberTasks[i] = new FutureTask(callable);
        // 以 FutureTask 对象为参数创建线程
        Thread t = new Thread(randomNumberTasks[i]);
        t.start();
    }
    // 调用 FutureTask 对象的 get()方法获取线程的返回结果
    for (int i = 0; i < 5; i++)
    {
        System.out.println(randomNumberTasks[i].get());
    }
}
```

程序的实现过程与前面介绍的步骤是一致的。调用 FutureTask 对象的 get()方法会导致程序阻塞,直至所有线程执行完成。这个过程中如果线程被中断,则会抛出异常。这就是将 ExecutionException 异常和 InterruptedException 异常添加到 main()方法签名中的原因。

运行 sample0703 项目的结果如下：

```
3
2
1
4
2
```

因为线程生成的是随机数，所以每次运行程序的结果都不同，而且 5 个线程生成的随机数可能会有重复。

### 7.2.2 操作线程

Thread 类提供了一些操作线程的方法，可以通过调用这些方法实现线程状态间的切换。7.2.1 小节已经介绍了通过 run()方法和 start()方法创建和启动线程的方法。本小节介绍 Thread 类中其他操作线程的常用方法。与锁和 BLOCKED 状态切换相关的方法将在 7.3 节介绍。

#### 1．暂停线程

Java 线程的 RUNNABLE 状态包含 READY 和 RUNNING 两种状态。启动线程后，线程处于 READY 状态，等待操作系统调度。操作系统会定期从处于 READY 状态的线程中选择优先级高的线程，将其切换为 RUNNING 状态。这个过程是无须开发者干预的。

如果不希望当前线程占用过多的 CPU 资源，则可以在线程的运行代码中调用 Thread.yield()方法。执行 Thread.yield()方法时，线程会让出自己占用的 CPU 资源，将自身切换为 READY 状态。READY 状态与 WAITING 或 TIMED_WAITING 状态不同，因为处于 READY 状态的线程随时都可以被操作系统调度为 RUNNING 状态。处于 WAITING 或 TIMED_WAITING 状态的线程则需要被唤醒（切换为 READY 状态）才有可能被调度为 RUNNING 状态。因此，少量调用 Thread.yield()方法并不会明显地影响线程的执行效率。只有大量调用 Thread.yield()方法（比如，在线程的运行代码中使用 while 语句循环调用 Thread.yield()方法）才能看到显著的效果。

#### 2．将线程切换至 WAITING 或 TIMED_WAITING 状态

WAITING 或 TIMED_WAITING 状态与 READY 状态最大的不同在于：处于 WAITING 或 TIMED_WAITING 状态的线程没有机会被立即调度为 RUNNING 状态。因此可以将 WAITING 或 TIMED_WAITING 状态理解为线程的休眠态，处于 WAITING 或 TIMED_WAITING 状态的线程在相对比较长的时间内不会获得 CPU 资源。

Java 线程有 2 种表示等待的状态，即 WAITING 和 TIMED_WAITING，它们的最大区别如下。

> ➢ 处于 WAITING 状态的线程进行的等待是无限期等待，必须等待其他线程的通知（唤醒）才能切换至 READY 状态。
> ➢ 处于 TIMED_WAITING 状态的线程进行的等待是在约定时间内的等待，在约定时间结束时会自动恢复至 READY 状态，或者在接收到其他线程的通知（唤醒）后切换至 READY 状态。

在线程的运行代码中调用表 7-1 所示的方法可以将线程切换至 WAITING 状态。

表 7-1　将线程切换至 WAITING 状态的方法

| 类 | 方法的定义 | 功能说明 |
|---|---|---|
| Object | public final void wait() throws InterruptedException; | 在线程中调用一个对象的 wait()方法，会将当前线程切换至 WAITING 状态，直至其他线程调用该对象的 notify()方法或 notifyAll()方法才会将该线程切换至 READY 状态。<br>在下面 2 种情况下，wait()方法会抛出 InterruptedException 异常。<br>➤ 在调用 wait()方法前，如果线程已经被中断，则会抛出 InterruptedException 异常。<br>➤ 在调用 wait()方法使线程处于 WAITING 状态时，如果中断该线程，则会抛出 InterruptedException 异常 |
| Thread | public final void join() throws InterruptedException; | 系统会优先执行调用 join()方法的线程。当前正在执行的线程会被切换为 WAITING 状态，直至调用 join()方法的线程执行完毕或被中断。如果调用 join()方法的线程被中断，则会抛出 InterruptedException 异常。换言之，正在执行的线程会让位于调用 join()方法的线程 |
| LockSupport | public static void park(); | 在线程中调用 LockSupport.park()方法会将当前线程切换至 WAITING 状态，直至其他线程以该线程为参数调用了 LockSupport.unpark()方法，该线程才会切换回 READY 状态 |

【例 7-4】　演示通过 Thread.join()方法使线程优先执行的方法。本例对应的 Java 项目为 sample0704，其中包含一个 JoinThread 类，用于定义线程需要完成的任务，代码如下：

```java
public class JoinThread implements Runnable {
    public void run() {
        for (int i = 0; i < 5; i++) {
            System.out.println(Thread.currentThread().getName() + "---i:" + i);
        }
    }
}
```

程序循环 5 次输出当前线程名和序号。

项目主类 Main 的代码如下：

```java
public class Main {
    public static void main(String[] args) throws InterruptedException {
        JoinThread joinThread = new JoinThread();
        Thread t1 = new Thread(joinThread);
        Thread t2 = new Thread(joinThread);
        t1.start();
        try {
            // 其他线程切换为 WAITING 状态，t1 线程执行完成后才能执行其他线程
            t1.join();
        } catch (Exception e) {
        }
        t2.start();
        joinThread.run();
    }
}
```

程序中定义了 t1 和 t2 两个线程，这两个线程都执行 joinThread.run()方法。首先启动线程 t1，并调用 t1.join()方法，这说明会优先执行线程 t1；然后启动线程 t2，最后在 main()方法中调用 joinThread.run()方法。因为线程的运行由系统调度，所以每次运行项目的结果不完全一致。其中一次的运行结果可能如下：

```
Thread-0---i:0
Thread-0---i:1
Thread-0---i:2
Thread-0---i:3
```

```
Thread-0---i:4
main---i:0
main---i:1
main---i:2
Thread-1---i:0
main---i:3
Thread-1---i:1
main---i:4
Thread-1---i:2
Thread-1---i:3
Thread-1---i:4
```

可以看到，线程 Thread-0（t1）首先执行完毕，输出了 5 次线程名和序号。然后主线程 main 和线程 Thread-1（t2）是并行执行的。因为启动线程 t2 需要时间，而主线程 main 已经提前启动了，所以主线程 main 会提前执行完毕。调用了 join()方法的线程 t1 被优先执行，这就是 join()方法的作用。

在线程的运行代码中调用表 7-2 所示的方法可以将线程切换至 TIMED_WAITING 状态。

表 7-2　将线程切换至 TIMED_WAITING 状态的方法

| 类 | 方法的定义 | 功能说明 |
|---|---|---|
| Thread | public static native void sleep(long millis) throws InterruptedException; | 调用 Thread.sleep()方法会使当前线程休眠指定的时长，即切换至 TIMED_WAITING 状态。参数 millis 用于指定休眠的时长，单位为 ms。在下面 2 种情况下，Thread.sleep ()方法会抛出异常。<br>➤ 如果参数 millis 为负值，则会抛出 IllegalArgumentException 异常。<br>➤ 在休眠期间，如果有其他线程中断该线程，则会抛出 InterruptedException 异常 |
| Object | public final native void wait(long timeout) throws InterruptedException; | 这个 wait()方法与表 7-1 中的 wait()方法的功能是类似的，只是这个 wait()方法多了一个参数 timeout，用于指定休眠的时长，单位为 ms。当下面的事件发生时，该线程会恢复至 READY 状态。<br>➤ 其他线程中调用该对象（object）的 notify()方法。<br>➤ 其他线程中调用该对象（object）的 notifyAll()方法。<br>➤ 参数 timeout 指定的时长已经达到了。<br>如果参数 timeout 为负值，则会抛出 IllegalArgumentException 异常；调用 wait ()方法可能会抛出 InterruptedException 异常，抛出该异常的情况与表 7-1 中 wait()方法抛出该异常的情况一致 |
| Thread | public final synchronized void join(long millis); | 这个 join ()方法与表 7-1 中的 join()方法的功能是类似的，只是这个 join()方法多了一个参数 millis，用于指定当前线程拥有特权的时长，单位为 ms。如果 millis 指定的时长达到后该线程仍然没有执行完成，则它会让出占用的 CPU 资源，由系统重新调度运行的线程 |
| LockSupport | public static void parkNanos(long nanos); | 禁用当前线程。参数 nanos 用于指定禁用的时长，单位为 ns |
| LockSupport | public static void parkUntil(Object blocker, long deadline); | 禁用当前线程，直至达到指定的时长。<br>参数 blocker 用于指定一个与该线程关联的对象。当线程被阻塞时，该对象会被记录，以便监视和诊断工具能够识别线程被阻塞的原因。参数 deadline 用于指定阻塞当前线程的时长，单位为 ms |

【例 7-5】 演示通过 Thread.sleep()方法使线程休眠的方法。本例对应的 Java 项目为 sample0705，主类 Main 的代码如下：

```
import java.text.SimpleDateFormat;
import java.util.Date;
public class Main {
```

```
public static void main(String[] args) throws InterruptedException {
    SimpleDateFormat formatter = new SimpleDateFormat("yyyy-MM-dd HH:mm:ss");
    while(true) {
        System.out.println(formatter.format(new Date()));
        Thread.sleep(1000);
    }
}
}
```

程序在 while 语句中输出当前的时间。每输出一次，程序会调用 Thread.sleep()方法休眠 1s。

### 3．唤醒线程

处于 WAITING 状态的线程需要开发者手动唤醒才能恢复至 READY 状态。对于以不同方法进入 WAITING 状态的线程，需要调用对应的方法才能将其唤醒。不同休眠线程的方法对应的唤醒线程的方法如表 7-3 所示。

表 7-3　不同休眠线程的方法对应的唤醒线程的方法

| 休眠线程的方法 | 唤醒线程的方法 |
| --- | --- |
| Object.wait() | Object.notify()或 Object.notifyAll() |
| LockSupport.park() | LockSupport.unpark() |

Object.notify()方法用于唤醒等待当前对象的单个线程，其定义如下：

```
public final native void notify();
```

Object.notifyAll()方法用于唤醒等待当前对象的所有线程，其定义如下：

```
public final native void notifyAll();
```

LockSupport.unpark()方法用于唤醒因调用 LockSupport.park()方法而休眠的线程，其定义如下：

```
public static void unpark(Thread thread);
```

### 4．终止线程

TERMINATED 是线程的最终状态，每个线程最终都会切换为 TERMINATED 状态。当线程执行完其 run()方法后，其状态会自动切换为 TERMINATED。也可以通过下面 3 种方法手动终止线程。终止线程就意味着线程没有完全执行完成，需要放弃还没有执行的操作，直接切换为 TERMINATED 状态。

（1）通过标志变量终止线程

此方法适用于在 run()方法中使用 while(true)语句进行无限循环的情况。在这种情况下，run()方法不会自然终止，可以定义一个标志变量。例如，在自定义线程类中定义一个 boolean型变量 exit，然后在 while 语句中根据变量 exit 的值决定是否终止线程，代码如下：

```
public class ServerThread extends Thread {
    public volatile boolean exit = false;
    @Override
    public void run() {
        ServerSocket serverSocket = new ServerSocket(8080);
        while(!exit){
            serverSocket.accept(); // 阻塞并等待客户端消息
            ...
```

```
        }
    }
```

在定义变量 exit 时使用了 volatile 修饰符，它的作用是保证其他线程读取的总是该变量的最新值。

在其他线程中可以通过设置变量 exit 的值终止线程 ServerThread，方法如下：

```
ServerThread t = new ServerThread();
t.start();
......
t.exit = true; // 设置标志变量的值，终止线程
```

（2）使用 stop()方法终止线程

Thread 类的 stop()方法可以终止一个正在运行的线程，但是 stop()方法是不安全的。因为它会立刻停止执行 run()方法中剩余的全部操作，包括必要的释放资源操作；stop()方法也不会考虑线程间的同步执行问题，它会立即释放该线程持有的所有锁，可能会导致线程间的数据不一致，这些都可能使程序的运行不稳定。因此，stop()方法已经被标记为 deprecated（过时的），不建议使用。

（3）使用 interrupt()方法终止线程

调用 Thread 类的 interrupt()方法可以安全地终止一个正在运行的线程。该方法并不会立即终止指定的线程，它只是给线程一个终止的标记，在适当的时候才会真正终止线程。

### 7.2.3　线程优先级

线程的优先级用于标识线程的重要程度。例如，当操作系统进行线程调度时，处于 READY 状态的线程中，优先级高的线程更有可能被切换至 RUNNING 状态；当唤醒线程时，在同时满足条件的线程中，优先级高的线程更有可能被唤醒。

如何利用线程优先级是取决于操作系统的，不同的操作系统对线程优先级的支持是不同的。因此，在编程时不应过度依赖线程的优先级。

在 Java 程序中，可以使用 1～10 这 10 个整数表示线程的优先级。1 表示最低的线程优先级，10 表示最高的线程优先级。在 Java 的线程类 Thread 中还定义了如下常量来表示线程优先级。

➤ MIN_PRIORITY：常量值为 1，表示最低的线程优先级。
➤ NORM_PRIORITY：常量值为 5，表示默认的线程优先级。
➤ MAX_PRIORITY：常量值为 10，表示最高的线程优先级。

调用 Thread 类的 getPriority()方法可以获取当前线程的优先级，其定义如下：

```
public final int getPriority();
```

调用 Thread 类的 setPriority()方法可以设置当前线程的优先级，其定义如下：

```
public final void setPriority(int newPriority);
```

参数 newPriority 用于指定当前线程的新优先级。

### 7.2.4　网络通信中的 I/O 模型

第 6 章中介绍的 Socket 编程是一对一的，即一个服务器端程序只与一个客户端程序建

立连接。之所以这样操作，是因为当时并没有讲解线程编程的方法。在实际应用中，一个服务器端程序需要为多个客户端程序提供服务。每当接收一个客户端程序的连接请求后，服务器端程序都会启动一个线程与其进行通信。一个服务器端程序如何与多个客户端程序同时通信，这取决于它采用的 I/O 模型。

I/O 模型是 Java 网络编程中很重要的概念，其作用是管理主机间发送和接收数据的方式。I/O 模型的选择可以很大程度上决定程序通信的性能。

在 Java 网络编程中，I/O 模型的定义取决于下面 2 个因素。

> 阻塞与非阻塞：即参与网络通信的线程是否会被阻塞。阻塞指当一个线程占用了资源时，其他需要该资源的线程都必须等待资源被释放，从而形成阻塞；非阻塞指线程之间互不影响，不会因为资源争用而互相等待。

> 同步和异步：用于定义访问数据的机制。同步指线程的所有操作都完成后，才将控制权返回给用户，这会导致用户长时间等待，造成卡顿的感觉。异步指线程将用户请求放入消息队列，稍后处理；然后直接将控制权返回给用户，用户感觉不到卡顿，但是程序的处理逻辑比较复杂。

Java 支持 BIO（blocking I/O，阻塞 I/O）、AIO（asynchronous I/O，异步 I/O）和 NIO（new I/O，新 I/O）这 3 种 I/O 模型。

### 1．BIO 模型

BIO 模型是同步、阻塞的模型，实际上就是传统的 Socket 编程加上多线程编程。每当客户端程序发送连接请求时，服务器端程序就会启动一个线程进行处理。如果发送连接请求的客户端程序比较多，则服务器端程序启动的线程也会比较多，占用的系统资源也比较多。通常可以利用线程池减少不必要的启动和销毁线程的开销。BIO 模型的工作原理如图 7-5 所示，它适用于连接数量较少的应用场景。

### 2．AIO 模型

AIO 是异步、非阻塞的模型。它的特点是先由操作系统完成数据准备，再通知服务器端程序启动线程进行处理。AIO 模型的工作原理如图 7-6 所示，它适用于连接数量较多且每次连接时间较长（重操作）的应用场景。

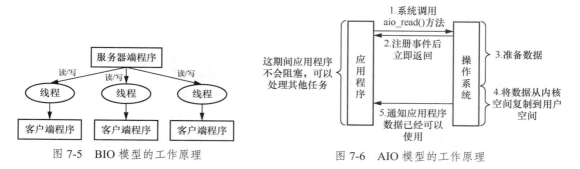

图 7-5　BIO 模型的工作原理　　　　图 7-6　AIO 模型的工作原理

### 3．NIO 模型

NIO 是同步、非阻塞模型。NIO 模型中使用一个叫作多路复用器（selector）的组件实现一个线程同时处理多个连接的功能。服务器端程序只需要启动一个线程负责轮询多路复用器，即可处理成千上万客户端程序的连接请求。NIO 模型的工作原理如图 7-7 所示，它适用于连接数量较多且每次连接时间较短（轻操作）的应用场景。

本章的趣味实践部分会实现基于 BIO 模型的游戏大厅。之所以选择 BIO 模型，是因为它比较简单，适合初学者学习，而且适用于游戏大厅这种连接数量较少的应用场景。

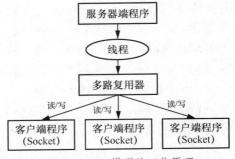

图 7-7　NIO 模型的工作原理

线程池编程

### 7.2.5　线程池编程

创建和销毁线程是由操作系统负责的。如果程序大量、频繁地创建和销毁线程，则会占用大量的系统资源，影响其运行效率。为了提高性能，Java 提供了 Executor 框架实现线程池。

线程池是一组预先创建的线程，它们可以被重复使用，以执行多个任务。使用线程池可以避免在创建和销毁线程时产生额外的开销。

#### 1．Java 线程池的工作流程

ThreadPoolExecutor 是 Java 的线程池类，其工作流程如图 7-8 所示。

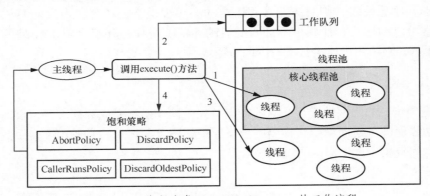

图 7-8　Java 线程池类 ThreadPoolExecutor 的工作流程

当主线程中调用 ThreadPoolExecutor 对象的 execute()方法时，可以向线程池提交一个任务。ThreadPoolExecutor 类会按如下步骤处理新提交的任务。

① 线程池中包含一个核心线程池，核心线程池是有线程数量上限的。ThreadPoolExecutor 类会首先选择一个空闲核心线程，用于处理任务；如果没有空闲核心线程且核心线程池的线程数量没有达到上限，即核心线程池未满，则创建一个新的核心线程，用于处理任务。如果核心线程池的线程数量已经达到上限，即核心线程池已经满了，则进行下面的步骤。

② 下面的步骤基于核心线程池已满的情况。此时，需要判断工作队列是否满了。工作队列用于存储待处理的任务。如果工作队列未满，则将新提交的任务存储在工作队列中；

如果工作队列已满，则进行下面的步骤。

③ 下面的步骤基于核心线程池和工作队列都已满的情况。此时，需要判断线程池是否已满，如果线程池未满，则创建一个线程用于执行任务。

④ 如果线程池已满，即所有的核心线程和非核心线程都在处理任务，并且核心线程数量和非核心线程数量都达到了线程池约定的上限，则将此任务交由饱和策略处理。饱和策略可以决定当线程池没有资源处理任务时应该如何操作，例如抛出异常或者阻塞任务的执行。

### 2．饱和策略

ThreadPoolExecutor 类中包含下面 4 种饱和策略。

- AbortPolicy：即中止策略。这是默认的饱和策略，用于抛出 RejectedExecutionException 异常，由调用者捕获此异常，并自己编程处理。
- DiscardPolicy：即抛弃策略。也就是在既没有空闲线程也不能将新任务存储在工作队列中时，将该任务抛弃。
- CallerRunsPolicy：即调用者运行策略。也就是在线程池没有资源处理任务时，由调用线程池的线程处理该任务。
- DiscardOldestPolicy：即抛弃最旧任务策略。也就是当工作队列已满时，需要抛弃最早添加到工作队列中的任务，然后将新任务添加到工作队列中。

### 3．工作队列的类型

工作队列用于存储核心线程池没有资源处理的任务，留待稍后处理。根据对任务管理策略的不同，可以将工作队列分为下面 4 种类型。

- 直接提交队列：使用 SynchronousQueue 类实现。这种队列没有容量，每执行一次添加操作就会阻塞，需要再执行一次删除操作才会被唤醒；反之，每执行一次删除操作也都需要等待下一次执行添加操作才会生效。
- 有界任务队列：使用 ArrayBlockingQueue 类实现。这种队列使用数组实现，是有容量的队列。
- 无界任务队列：使用 LinkedBlockingQueue 类实现。这种队列可以无限制地添加新的任务。此时，线程池相当于没有线程数量上限，因为任务可以源源不断地被添加到工作队列中，不会应用到饱和策略。
- 优先任务队列：使用 PriorityBlockingQueue 类实现。其他队列都按照先进先出的规则处理任务，优先任务队列则可以自定义规则，根据任务的优先级顺序处理任务。

### 4．ThreadPoolExecutor 类的构造方法

ThreadPoolExecutor 类构造方法的定义如下：

```
public ThreadPoolExecutor(int corePoolSize,
                          int maximumPoolSize,
                          long keepAliveTime,
                          TimeUnit unit,
                          BlockingQueue<Runnable> workQueue,
                          ThreadFactory threadFactory,
                          RejectedExecutionHandler handler)
```

参数说明如下。

➤ corePoolSize：指定核心线程池的线程数量上限。

➤ maximumPoolSize：指定线程池的线程数量上限。

➤ keepAliveTime：指定当线程池中空闲线程数量超过 corePoolSize 时，多余的线程会在多长时间内被销毁。

➤ unit：指定参数 keepAliveTime 的单位。

➤ workQueue：指定工作队列。

➤ threadFactory：指定线程工厂，用于创建线程。如果不传递参数，则使用默认的线程工厂。

➤ handler：指定饱和策略。如果不传递参数，则使用默认的饱和策略。

## 5．ThreadPoolExecutor 类的 execute()方法

调用 ThreadPoolExecutor 类的 execute()方法可以使线程池在未来的某个时间执行指定的操作，其定义如下：

```
void execute(Runnable command);
```

参数 command 用于指定线程池需要执行的操作。command 对象可实现 Runnable 接口，其中重写 run()方法，定义需要执行的操作。

## 6．应用示例

接下来通过示例演示 Java 线程池的使用方法。

【例 7-6】 演示使用 Java 线程池实现 BIO 模型的方法。本例对应的 Java 项目为 sample0706，其中包含下面 2 个模块。

➤ Server：服务器端程序，使用线程池实现 BIO 模型。接收客户端程序的连接请求，对请求进行处理后，将处理结果发送回客户端程序。

➤ Client：客户端程序，要求用户输入字符串，并将其发送至服务器端程序；然后接收服务器端程序发送回的处理结果。

（1）Server 模块

在 Server 模块中定义一个 Runnable 接口的实现类 ServerRunnableTarget，代码如下：

```
import java.io.BufferedReader;
import java.io.InputStream;
import java.io.InputStreamReader;
import java.io.PrintStream;
import java.net.Socket;
public class ServerRunnableTarget implements Runnable {
    private Socket socket;
    public ServerRunnableTarget(Socket socket){
        this.socket = socket;
    }
    @Override
    public void run() {
        // 处理接收到的 Socket 连接请求
        try {
            // 1.从 socket 对象中得到一个字节输入流对象
            InputStream is = socket.getInputStream();
            // 2.把字节输入流包装成一个缓存字符输入流
```

```
        BufferedReader br = new BufferedReader(new InputStreamReader(is));
        String msg;
        while((msg = br.readLine()) != null){
            System.out.println("服务器端程序收到: " + msg);
            PrintStream ps = new PrintStream(socket.getOutputStream());
            ps.println(msg.toUpperCase());
            ps.flush();
        }
    }catch (Exception e){
        e.printStackTrace();
    }
    }
}
```

run()方法中使用 BufferedReader 对象从给定的参数 socket 中读取数据，然后将收到的小写字符串转化为大写字符串，再使用 PrintStream 对象将其发送回客户端程序。

在 Server 模块中定义一个线程池类 HandlerSocketServerPool，代码如下：

```
import java.util.concurrent.*;
public class HandlerSocketServerPool {
    // 1. 创建一个线程池成员变量，用于存储一个线程池对象
    private ExecutorService executorService;
    // 2.初始化线程池对象
    public HandlerSocketServerPool(int maxThreadNum, int queueSize){
        executorService = new ThreadPoolExecutor(3,maxThreadNum,120, TimeUnit.
        SECONDS,new ArrayBlockingQueue<Runnable>(queueSize));
    }
    // 3.提供一个方法，用于提交任务给线程池，等待线程池处理任务
    public void execute(Runnable target){
        executorService.execute(target);
    }
}
```

程序使用 ThreadPoolExecutor 类创建线程池，线程池使用有界任务队列（ArrayBlockingQueue）、默认的线程工厂和饱和策略，其中定义了 execute()方法，用于在线程池中执行指定操作。

在 Server 模块中，Main 类的代码如下：

```
import java.net.ServerSocket;
import java.net.Socket;
public class Main {
    public static void main(String[] args) {
        try {
            // 1.注册端口
            ServerSocket ss = new ServerSocket(10000);
            // 2.定义一个死循环，负责不断地接收客户端程序的 Socket 连接请求
            // 初始化一个线程池对象
            HandlerSocketServerPool pool = new HandlerSocketServerPool(3,10);
            while(true){
                Socket socket = ss.accept();
                // 3.把 Socket 对象交给一个线程池进行处理
                Runnable target = new ServerRunnableTarget(socket);
                pool.execute(target);
            }
        } catch (Exception e) {
            e.printStackTrace();
        }
    }
}
```

程序在端口 10000 上监听，然后使用 HandlerSocketServerPool 对象构造线程池执行 ServerRunnableTarget 类定义的操作，即接收并处理客户端程序发送的字符串。

（2）Client 模块

本例的客户端程序是单线程的，Client 模块的所有代码都包含在主类 Main 中，代码如下：

```java
import java.io.*;
import java.net.Socket;
import java.net.UnknownHostException;
import java.util.Scanner;
public class Main {
    public static void main(String[] args) {
        try {
            // 1.请求与服务器端程序的 Socket 对象连接
            Socket socket = new Socket("127.0.0.1", 10000);
            // 2.得到一个输出流
            PrintStream ps = new PrintStream(socket.getOutputStream());
            // 3.使用循环不断地发送字符串给服务器端程序
            Scanner sc = new Scanner(System.in);
            while (true) {
                System.out.println("请输入发送至服务器端程序的字符串：");
                String msg = sc.nextLine();
                ps.println(msg);
                ps.flush();
                // 1.从 socket 对象中得到一个字节输入流对象
                InputStream is = socket.getInputStream();
                // 2.把字节输入流包装成一个缓存字符输入流
                BufferedReader br = new BufferedReader(new InputStreamReader(is));
                String message = br.readLine();
                System.out.println("服务器端程序的反馈：" + message);
            }
        } catch (UnknownHostException ex) {
            throw new RuntimeException(ex);
        } catch (IOException ex) {
            throw new RuntimeException(ex);
        } catch (Exception e) {
            e.printStackTrace();
        }
    }
}
```

客户端程序连接到本地的端口 10000，并通过 PrintStream 对象向服务器端程序发送信息，然后接收服务器端程序的反馈信息。

先后启动 Server 模块和 Client 模块后，在客户端程序的控制台中输入向服务器端程序发送的英文字符串；在服务器端程序的控制台中可以收到客户端程序发送的信息，如图 7-9 所示；在客户端程序的控制台中可以收到服务器端程序的反馈信息，如图 7-10 所示。

```
服务器程序收到：hello
服务器程序收到：hi
```

图 7-9　服务器端程序收到的信息

```
请输入发送至服务器端程序的字符串：
hello
服务器端程序的反馈：HELLO
请输入发送至服务器端程序的字符串：
hi
服务器端程序的反馈：HI
请输入发送至服务器端程序的字符串：
```

图 7-10　客户端程序收到的反馈信息

## 7.3 线程同步机制

在多线程应用中，如果多个线程中的程序同时操作同一个资源，则可能会导致共享资源竞争的问题，这称为线程安全问题。线程安全问题可能会导致程序的逻辑错误，也可能造成程序的死锁，从而影响线程的安全执行。可以通过多线程间的同步机制解决线程安全问题。

### 7.3.1 线程安全问题

#### 1．线程安全问题概述

多个线程中的程序同时操作同一个资源时，可能会因为共享资源的竞争而导致多次运行程序的结果不同，这些结果与在单线程中运行程序的结果也不同，这就是线程安全问题。下面通过一个示例演示线程安全问题。

【例 7-7】　演示存在线程安全问题的程序。本例对应的 Java 项目为 sample0707，其 Main 类的代码如下：

```java
public class Main {
    private static int n = 0;
    public static void main(String[] args) throws InterruptedException {
        Thread t1 = new Thread(new Runnable() {
            @Override
            public void run() {
                for (int i = 0; i < 1000; i++) {
                    n++;
                }
            }
        });
        Thread t2 = new Thread(new Runnable() {
            @Override
            public void run() {
                for (int i = 0; i < 1000; i++) {
                    n--;
                }
            }
        });
        t1.start();
        t2.start();
        t1.join();
        t2.join();
        System.out.println(n);
    }
}
```

程序中定义了一个静态变量 n，并启动了 2 个线程 t1 和 t2。在线程 t1 中，程序执行了 1000 次 n++；在线程 t2 中，程序执行了 1000 次 n--。如果程序在单线程中执行，程序运行结束时变量 n 的值应该为 0。尝试运行 3 次程序，会发现每次运行的结果都不相同。例如，编者运行 3 次程序的结果分别为-8、1 和 54。

如果一段程序在单线程中执行与在多线程中多次执行的结果是相同的，则称其为线程安全的程序；否则称其为线程不安全的程序。如果线程中不修改共享资源，则不会引起线程安全问题；反之就可能引起线程安全问题。

### 2．造成线程安全问题的原因

概括地说，造成各种线程安全问题的原因包括原子性问题、可见性问题和有序性问题。

（1）原子性问题

原子性问题是 CPU 时间片切换造成的。Java 程序中的一条语句会被编译成多条 CPU 指令。原子性指这条语句是不可被拆分的，一旦在多个线程间将这条语句拆分为多条 CPU 指令并执行这些 CPU 指令，就会导致运行结果与预期不一致。例如，例 7-7 中造成线程安全问题的语句之一是 n++，它可以被拆分为如下 3 条 CPU 指令。

➢ CPU 指令 1：将变量 n 的值从内存加载到 CPU 的寄存器中。

➢ CPU 指令 2：在 CPU 的寄存器中对变量 n 的值执行+1 操作。

➢ CPU 指令 3：将结果从 CPU 的缓存（CPU 将计算结果存储在 CPU 的缓存中）写入内存。

操作系统是通过分配时间片的机制调度线程的，每个处于 READY 状态的线程都会定期被分配时间片，得到 CPU 资源。时间片用完后，系统就要进行线程切换。线程切换是不可控的，很可能会破坏一条语句的原子性。图 7-11 演示了 2 个线程同时执行 n++语句时可能因为破坏了这条语句的原子性造成线程安全问题的过程。

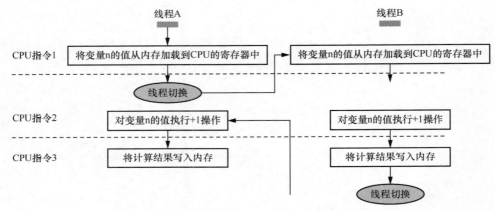

图 7-11　2 个线程同时执行 n++语句时造成线程安全问题的过程

在操作系统的调度下，线程 A 和线程 B 沿着箭头所示的路径执行。可以看到，虽然线程 A 和线程 B 先后对变量 n 的值执行+1 操作，但当它们先后将结果写入内存后，内存只保存了执行一次+1 操作的结果。

（2）可见性问题

每个线程都有自己的工作内存，而变量的值是存储在主内存中的。线程运行时会将要操作的变量值从主内存加载到自己的工作内存中。线程在运行期间只读取自己的工作内存，只有结束运行时才会将数据更新至主内存。不同线程的工作内存也是不同的，因此一个线程只能查看到自己对共享数据的修改，并不能及时查看到其他线程对共享数据的最新修改。直至一个线程运行结束，它对共享数据的修改才会被其他线程查看到。这会造成不同线程中同一个共享数据的值可能不一致。

（3）有序性问题

理论上，Java 程序中语句的顺序与程序最终在 CPU 上执行的 CPU 指令顺序是一致的。

但是编译器在对程序进行编译的过程中以及处理器在运行程序时，都会对 Java 程序进行优化，有可能会对 CPU 指令进行重排。这种重排对于单线程执行来说不会造成线程安全问题，但是在多线程执行时就会造成线程安全问题。这种情况比较复杂，这里不做深入讨论。

### 7.3.2 实现线程同步的方法

通过线程同步机制可以解决线程安全问题。线程同步指当多个线程同时访问共享资源时，通过锁机制保证同一时刻只有一个线程可以访问共享资源。锁机制保证了不同线程在访问共享资源时是互斥的。

Java 提供了 synchronized 关键字、同步锁、monitor 机制、volatile 关键字和原子类等多种实现线程同步的方法。

#### 1．synchronized 关键字

synchronized 关键字是基于 JVM 内置锁的一种简单、易用的实现线程同步的方法。可以通过下面 2 种方式使用 synchronized 关键字。

（1）使用 synchronized 关键字修饰方法

如果把操作共享资源的代码封装在一个方法中，则可以使用 synchronized 关键字修饰该方法，以实现线程对共享资源的互斥访问，代码如下：

```
public class SynchronizedTest {
    public synchronized void test1(){
        // 操作共享资源的代码
        …
    }
}
```

（2）使用 synchronized 关键字修饰代码块

如果没有把操作共享资源的代码封装在一个方法中（例 7-7 描述的就是这种情况），则可以使用 synchronized 关键字修饰操作共享资源的代码块，以实现线程对共享资源的互斥访问，代码如下：

```
synchronized (obj) {
    // 操作共享资源的代码
    …
}
```

obj 是需要同步的对象。锁是基于对象的 monitor 机制的，具体情况将在本小节后续内容中介绍。只有获取了 obj 对象的锁，才能执行被 synchronized 关键字修饰的代码块。如果在静态方法中，则可以使用类的 class 对象作为 synchronized 关键字的参数。

【例 7-8】 演示使用 synchronized 关键字解决例 7-7 中的线程安全问题。本例对应的 Java 项目为 sample0708，其主类 Main 的代码如下：

```
public class Main {
    private static int n = 0;
    public static  void main(String[] args) throws InterruptedException {
        Thread t1 = new Thread(new Runnable() {
            @Override
            public void run() {
                for (int i = 0; i < 1000; i++) {
                    synchronized (Main.class) {
```

```
                                        n++;
                    }
                }
        }
    });
    Thread t2 = new Thread(new Runnable() {
        @Override
        public void run() {
                for (int i = 0; i < 1000; i++) {
                    synchronized (Main.class) {
                        n--;
                    }
                }
        }
    });
    t1.start();
    t2.start();
    t1.join();
    t2.join();
    System.out.println(n);
    }
}
```

程序使用 synchronized 关键字修饰 n++和 n--，需要同步的对象为 Main.class。

使用 synchronized 关键字实现线程同步后，线程安全问题被解决了。多次运行程序，结果都是 0。

### 2. 同步锁

锁可以提供对共享资源的独占访问，每次只能有一个线程在一个共享资源上加锁。在 Java 程序中可以通过 Lock 接口实现同步锁。线程开始访问共享资源前应该申请获得 Lock 对象，这样其他线程再申请获得 Lock 对象时，就会被阻塞。当线程释放其拥有的 Lock 对象时，之前在该 Lock 对象上被阻塞的线程将会被唤醒。调用 Lock 对象的 lock()方法可以加锁，调用 Lock 对象的 unlock()方法可以释放锁。Lock 接口有下面 2 个实现类。

➤ ReentrantLock：可重入锁。顾名思义，线程可以对已经加锁的 ReentrantLock 对象再次加锁。ReentrantLock 对象会使用计数器追踪 lock()方法的嵌套调用，线程在每次调用 lock()方法加锁后，必须显式地调用 unlock()方法释放锁。

➤ ReentrantReadWriteLock：可重入读/写锁。其中包含 2 个内部静态类，一个类表示读操作锁，另一个类表示写操作锁。它适用于对共享资源既有读操作也有写操作、读操作量远大于写操作量的情形。线程加读操作锁的前提条件是没有其他线程的写操作锁；线程加写操作锁的前提条件是既没有其他线程的读操作锁，也没有其他线程的写操作锁。

【例 7-9】 演示使用 ReentrantLock 对象解决例 7-7 中的线程安全问题。本例对应的 Java 项目为 sample0709，其主类 Main 的代码如下：

```
import java.util.concurrent.locks.Lock;
import java.util.concurrent.locks.ReentrantLock;
public class Main {
    private static int n = 0;
    private static final Lock lock = new ReentrantLock();
    public static  void main(String[] args) throws InterruptedException {
        Thread t1 = new Thread(new Runnable() {
            @Override
            public void run() {
```

```
                    for (int i = 0; i < 1000; i++) {
                        lock.lock();
                        try {
                                n++;
                        }catch(Exception e){
                            throw  e;
                        }
                        finally {
                            lock.unlock();
                        }
                    }
            }
        });
        Thread t2 = new Thread(new Runnable() {
            @Override
            public void run() {
                    for (int i = 0; i < 1000; i++) {
                        lock.lock();
                        try {
                                n--;
                        }catch(Exception e){
                            throw  e;
                        }
                        finally {
                            lock.unlock();
                        }
                    }
            }
        });
        t1.start();
        t2.start();
        t1.join();
        t2.join();
        System.out.println(n);
    }
}
```

### 3. monitor 机制

synchronized 关键字和 Lock 接口都是通过锁实现线程同步的。线程在访问共享数据前要申请获得锁，如果得不到锁，则线程进入 BLOCKED 状态。直至拥有锁的线程将锁释放，其他线程才有可能拥有锁。

在 Java 程序中，锁是基于 monitor 机制的。monitor 即监视器，也称为管程，用于对操作系统级别的线程同步原语的复杂操作进行封装。在操作系统中，原语是一种具备原子性的基本操作。原语中的操作是不可分割的，要么全部执行成功，要么全部执行失败。

使用 monitor 可以框定一个临界区，它的作用是限制同一时刻只能有一个线程进入该临界区，从而实现线程互斥，保护临界区内资源的安全。

monitor 由下面 3 个部分组成。

➢ monitor 对象：monitor 机制的核心，其中保存了线程同步所需的信息，包括被阻塞线程的列表和一个锁。线程互斥就是基于这个锁实现的。

➢ 临界区：实现线程互斥的区域，其中包含操作共享数据的代码，例如使用 synchronized 关键字修饰的方法或代码块。

➢ 条件变量：当使用 Lock 对象实现线程同步时，会应用条件变量实现线程同步。系统会"挂起"某些线程，直至共享数据上的某些条件得到满足。线程之间可以通过条件变量实现对共享数据的互斥访问。当条件不满足时，线程会被"挂起"，等待条件得到满足；当前进入临界区的线程则获得了对共享数据的访问权。当该线程退出临界区时，会触发条件（即将条件变量的值设置为 true），此时处于 BLOCKED 状态的线程会被唤醒。

monitor 机制可以解决 7.3.1 小节介绍的原子性问题，从而避免相关线程安全问题。

### 4．volatile 关键字

volatile 是一种轻量级的同步机制，它并不使用任何锁。volatile 关键字用于修饰不同线程访问的共享数据，它可以使一个线程能够及时查看到其他线程对共享数据的修改，从而解决造成线程安全问题的可见性问题。

【例 7-10】 演示线程间共享数据的可见性问题。本例对应的 Java 项目为 sample0710，其主类 Main 的代码如下：

```
public class Main {
    static boolean flag = true;
    public static void main(String[] args) {
        new Thread(()->{
            System.out.println(Thread.currentThread().getName()+"\t ----- in");
            try {
                Thread.sleep(2000);
            } catch (InterruptedException e) {
                e.printStackTrace();
            }
            System.out.println(Thread.currentThread().getName()+"\t ----- out");
            flag = false;
        },"t1").start();
        new Thread(()->{
            System.out.println(Thread.currentThread().getName()+"\t ----- in");
            while (flag) {
            }
            System.out.println(Thread.currentThread().getName()+"\t ----- out");
        },"t2").start();
    }
}
```

程序中使用 Lambda 表达式定义了 t1 和 t2 这 2 个线程，还定义了一个共享变量 flag，其初始值为 true。线程 t1 首先休眠 2s，然后将变量 flag 的值设置为 false。线程 t2 循环判断变量 flag 的值，只有当变量 flag 的值为 false 时，线程 t2 才会结束运行。按照通常情况下的逻辑，线程 t1 先运行，然后线程 t2 运行；休眠 2s 后，线程 t1 结束运行；随后，由于变量 flag 的值被设置为 false，线程 t2 也会结束运行。

但是，实际的运行结果如下：

```
t1    ----- in
t2    ----- in
t1    ----- out
```

可见，线程 t2 并未查看到线程 t1 对共享变量 flag 的修改。volatile 关键字可以使其修饰的共享数据在不同线程的工作内存中及时同步。

例如，在例 7-10 中使用 volatile 关键字修饰变量 flag，代码如下：

```
static volatile boolean flag = true;
```

修改后的运行结果如下：

```
t1    ----- in
t2    ----- in
t1    ----- out
t2    ----- out
```

可以看到，线程 t2 已经可以查看到线程 t1 对变量 flag 的修改了，这就是 volatile 关键字的作用。

### 5．原子类

为了更便捷地解决 7.3.1 小节介绍的原子性问题，可以在程序中使用 java.util.concurrent. atomic 包中提供的一组原子类。比较简单、易用的原子类如下。

➢ AtomicInteger：整型原子类。

➢ AtomicLong：长整型原子类。

➢ AtomicBoolean：布尔型原子类。

➢ AtomicIntegerArray：整型数组原子类。

➢ AtomicLongArray：长整型数组原子类。

➢ AtomicReferenceArray：引用类型数组原子类。

【例 7-11】 使用 AtomicInteger 类解决例 7-7 演示的线程安全问题。本例对应的 Java 项目为 sample0711，其主类 Main 的代码如下：

```java
import java.util.concurrent.atomic.AtomicInteger;
public class Main {
    private static AtomicInteger n = new AtomicInteger(0);
    public static void main(String[] args) throws InterruptedException {
        Thread t1 = new Thread(new Runnable() {
            @Override
            public void run() {
                for (int i = 0; i < 1000; i++) {
                    n.incrementAndGet();
                }
            }
        });
        Thread t2 = new Thread(new Runnable() {
            @Override
            public void run() {
                for (int i = 0; i < 1000; i++) {
                    n.decrementAndGet();
                }
            }
        });
        t1.start();
        t2.start();
        t1.join();
        t2.join();
        System.out.println(n);
    }
}
```

程序中将共享变量 n 定义为 AtomicInteger 对象，并在构造方法中设置其初始值为 0。程序中调用 n.incrementAndGet()方法将对象 n 的值加 1，调用 n.decrementAndGet()方法将对象 n 的值减 1。多次运行项目 sample0711，可以发现每次运行的结果都为 0，可见已经解决了线程安全问题。

### 7.3.3 死锁

锁机制可以解决线程安全问题，但是锁机制也会带来新的问题，那就是死锁。死锁指2 个或多个线程在执行过程中彼此拥有对方需要的资源，线程由于无法获得对方的资源而无法完成执行，也就不能释放自己拥有的资源，因此造成一种僵持的局面。此时如果没有外界干预，存在死锁的程序将无法顺利运行。造成死锁的原因如图 7-12 所示。

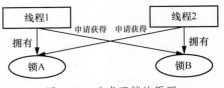

图 7-12　造成死锁的原因

【例 7-12】　演示存在死锁的程序。本例对应的 Java 项目为 sample0712，其主类 Main 的代码如下：

```java
package org.example;
import java.util.concurrent.TimeUnit;
public class Main {
    public static void main(String[] args) throws InterruptedException {
        Object lock1=new Object();
        Object lock2=new Object();
        Thread thread1=new Thread(()->{
            synchronized (lock1){
                System.out.println("Thread1 got lock1");
                try {
                    TimeUnit.SECONDS.sleep(3);
                } catch (InterruptedException e) {
                    e.printStackTrace();
                }
                synchronized (lock2){
                    System.out.println("\"Thread1 got lock2");
                }
            }
        });
        Thread thread2=new Thread(()->{
            synchronized (lock2){
                System.out.println("\"Thread2 got lock2");
                try {
                    Thread.sleep(3);
                } catch (InterruptedException e) {
                    e.printStackTrace();
                }
                synchronized (lock1){
                    System.out.println("\"Thread2 got lock1");
                }
            }
        });
        thread1.start();
        thread2.start();
        thread1.join();
        thread2.join();
    }
}
```

程序定义了 2 个线程 thread1 和 thread2。thread1 首先申请获得 lock1 锁，然后休眠 3s，再申请获得 lock2 锁；而 thread2 的操作流程与 thread1 相反，它首先申请获得 lock2 锁，然后休眠 3s，再申请获得 lock1 锁。这就造成 thread1 拥有 lock1 锁，又去申请获得 lock2 锁；thread2 拥有 lock2 锁，又去申请获得 lock1 锁。双方陷入僵持，造成死锁。

运行项目 sample0712 的结果如下：

```
Thread1 got lock1
Thread2 got lock2
```

程序阻塞在这里，不会继续执行。

解决死锁的方法是统一所有线程申请获得锁的顺序。比如，如果项目 sample0712 中 thread1 和 thread2 都先申请获得 lock1 锁，再申请获得 lock2 锁，那么所有线程如果得不到 lock1 锁，也就得不到 lock2 锁，这样就不会造成死锁了。在项目 sample0712 中，将定义线程 thread2 的代码进行如下修改即可解决死锁问题：

```
Thread thread2=new Thread(()->{
        synchronized (lock1){            // 先申请获得 lock1 锁
            System.out.println("\"Thread2 got lock2");
            try {
                Thread.sleep(3);
            } catch (InterruptedException e) {
                e.printStackTrace();
            }
            synchronized (lock2){    // 再申请获得 lock2 锁
                System.out.println("\"Thread2 got lock1");
            }
        }
    });
```

## 7.4 趣味实践：开发游戏大厅

趣味实践：开发
游戏大厅

本节介绍的五子棋游戏项目为 gobang2.1。本项目最大的特点是实现了游戏大厅的功能，可以同时进行多对玩家的游戏。

### 7.4.1 gobang2.1 项目的程序架构及运行流程

gobang2.1 项目中的所有玩家都是平等的，他们都通过服务器端程序进行通信。服务器端程序没有界面，负责协调对弈玩家的通信。它在客户端程序之间传递信息，基于 Socket 编程实现对弈玩家的通信。

### 1．gobang2.1 项目的程序架构

gobang2.1 项目中包含 3 个模块，即服务器端程序模块 GobangServer、客户端程序模块 GobangClient 和公共模块 GobangCommon。gobang2.1 项目的程序架构如图 7-13 所示。

gobang2.1 项目的 pom.xml 文件中定义了项目的分组（groupId）、唯一标识（artifactId）、版本（version）和其中包含的模块（modules），代码如下：

```
<groupId>org.example</groupId>
<artifactId>gobang2.1</artifactId>
<version>1.0-SNAPSHOT</version>
<packaging>pom</packaging>
<modules>
    <module>GobangServer</module>
    <module>GobangClient</module>
    <module>GobangCommon</module>
</modules>
```

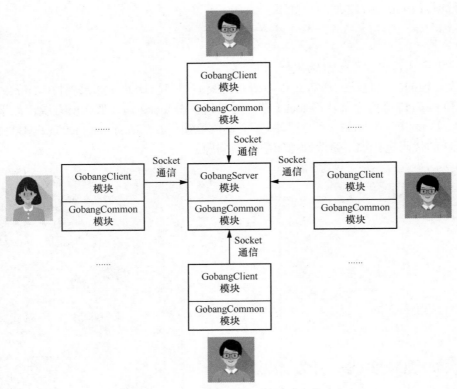

图 7-13　gobang2.1 项目的程序架构

## 2. gobang2.1 项目的运行流程

gobang2.1 项目的运行流程如下。

➢ 管理员首先启动服务器端程序。

➢ 玩家运行客户端程序。首先会弹出图 7-14 所示的窗口，要求玩家输入玩家昵称；输入玩家昵称后会进入游戏大厅窗口，如图 7-15 所示。

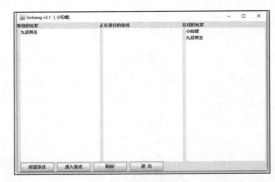

图 7-14　输入玩家昵称　　　　　图 7-15　游戏大厅窗口

➢ 玩家单击"新建游戏"按钮后，自己的昵称会出现在游戏大厅窗口中的在线用户列表中，同时隐藏主窗体并打开棋盘窗体，等待其他玩家进入游戏。此时棋盘背景是浅灰色的，玩家不能落子。

➢ 后面进入游戏大厅的玩家可以选择在线用户列表中的玩家昵称，然后单击"进入游戏"按钮，打开棋盘窗体；同时激活对方玩家的棋盘，双方的昵称出现在游戏列表中。

➢ 之后双方交互落子。自己落子后棋盘变成浅灰色，同时对方的棋盘被激活；直至一方获胜或平局。

客户端程序之间并不直接通信，所有信息通过服务器端程序进行转发。

### 3．服务器端程序和客户端程序的通信机制

在 gobang2.1 项目中，服务器端程序和客户端程序的通信机制如图 7-16 所示。服务器端程序创建 2 个线程池，分别处理 2 类与客户端程序的通信，一类是对客户端程序的请求做出响应的通信，一类是向客户端程序发送通知的通信。每当接收到一个客户端程序的连接请求时，线程池都会启动 2 个线程，分别负责上面提到的 2 类与客户端程序的通信。

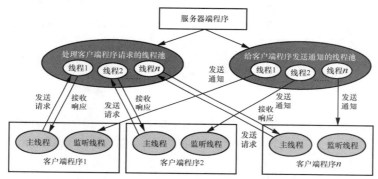

图 7-16　服务器端程序和客户端程序的通信机制

与服务器端程序的线程池对应，每个客户端程序都会启动 2 个线程，即主线程和监听线程。主线程负责提交请求信息，接收响应信息；监听线程负责监听来自服务器端程序的通知信息。

（1）主线程

主窗体通过主线程向服务器端程序发送请求，并接收和处理服务器端程序发回的响应信息。主线程负责下面的任务。

➢ 登录。客户端程序将登录请求发送至服务器端程序，登录请求中包含玩家昵称。服务器端程序会维护一个在线用户列表，如果玩家昵称不在在线用户列表中，则服务器端程序会返回登录成功的响应信息；否则返回登录失败的响应信息。

➢ 新建游戏。客户端程序将新建游戏请求发送至服务器端程序，新建游戏请求中包含玩家昵称。服务器端程序会维护一个游戏列表，如果玩家昵称不在游戏列表中，则服务器端程序会返回新建游戏成功的响应信息；否则返回新建游戏失败的响应信息，因为一个玩家不能同时参与 2 个及以上的游戏。

➢ 加入游戏。玩家 A 新建游戏后，会打开棋盘窗体等待其他玩家加入游戏。当玩家 B 选择玩家 A、然后单击"加入游戏"按钮时，客户端程序会将加入游戏请求发送至服务器端程序，加入游戏请求中包含玩家 A 的昵称和玩家 B 的昵称。接收到加入游戏请求后，服务器端程序会在游戏列表中查找玩家 A 创建的且还没有开始的

游戏。如果没有找到，则返回加入游戏失败的响应信息；否则更新游戏记录，存储玩家 A 和玩家 B 正在对弈的记录。然后通知玩家 A，并向玩家 B 发送加入游戏成功的响应信息。

- 落子。玩家在棋盘上单击时，会将落子请求发送至服务器端程序，落子请求中包含玩家昵称和落子的点位索引。服务器端程序收到落子请求后，会在游戏列表中找到该玩家参与的游戏，并获取游戏的棋盘数据；然后将落子请求中包含的点位索引追加到棋盘数据中，并将整个棋盘数据以通知信息的形式发送至对方的客户端程序。如果没有找到相关游戏，则服务器端程序会返回落子失败的响应信息，否则返回落子成功的响应信息。
- 获取游戏列表和在线用户列表。客户端程序将获取游戏列表和在线用户列表请求发送至服务器端程序。接收到请求后，服务器端程序会返回本地维护的游戏列表和在线用户列表数据。
- 退出游戏。当玩家关闭棋盘窗体时，客户端程序会向服务器端程序发送退出游戏请求。退出游戏请求中包含当前玩家的昵称。服务器端程序收到退出游戏请求后，会根据玩家昵称找到对应的游戏记录，然后删除游戏记录，并通知对方的客户端程序。退出游戏请求没有响应信息，因为无论是否完成上述操作，玩家都已经退出游戏了。

（2）监听线程

玩家对弈的棋盘窗体通过监听线程接收服务器端程序发送的通知信息。监听线程只从 Socket 对象接收信息，并不会通过 Socket 对象向服务器端程序发送信息。通知信息包括如下。

- 有玩家加入游戏。一个玩家新建游戏后，会打开棋盘窗体等待其他玩家加入游戏，并通过监听线程监听其他玩家加入游戏的通知信息。当有玩家加入游戏时，服务器端程序会给创建游戏的客户端程序发送通知信息。接收到其他玩家加入游戏的通知信息后，客户端程序会激活棋盘，允许玩家落子。
- 对方玩家落子。一个玩家落子后，客户端程序会向服务器端程序发送落子请求；服务器端程序接收到落子请求后，会构建新的棋盘数据，并将完整的棋盘数据以通知信息的形式发送至对方的客户端程序；客户端程序接收到对方玩家落子的通知信息后会呈现新的棋盘数据，并激活棋盘，允许当前玩家落子。
- 对方玩家退出游戏。当玩家关闭棋盘窗体时，客户端程序会向服务器端程序发送退出游戏请求；服务器端程序收到退出游戏请求后，会向对方的客户端程序发送玩家退出游戏的通知信息；客户端程序接收到对方玩家退出游戏的通知信息后，会关闭棋盘窗体，退出游戏。

（3）服务器端程序和客户端程序通信机制的实现方法

gobang2.1 项目实现服务器端程序和客户端程序通信机制的方法比较复杂，相关代码分别包含在 GobangCommon 模块、GobangServer 模块和 GobangClient 模块中，具体分工如下。

- 在 GobangCommon 模块中定义请求信息、响应信息和通知信息的编码和结构。
- 在 GobangServer 模块中实现服务器端程序的线程池，对客户端程序的请求做出响应，并在必要时向客户端程序发送通知信息。
- 在 gobangClient 模块中实现客户端程序的主线程和监听线程。

### 7.4.2　GobangCommon 模块的程序设计

GobangCommon 模块是本项目中的公共模块，其中包含 GobangServer 模块和 GobangClient 模块都会使用的枚举类型和类，具体如下。

➢ 共用的枚举类型：包括棋子颜色枚举类型 ColorEnum、方向枚举类型 Direction、通知信息的编码枚举类型 InformCodeEnum 和响应信息的编码枚举类型 RespCodeEnum。

➢ 用于数据传输的 DTO 类：包括落子信息 DTO 类 Chess2peerDTO、棋盘 DTO 类 ChessBoardDTO、游戏列表和在线用户列表 DTO 类 GameAndUsersDTO、游戏信息 DTO 类 GameDTO、通知信息 DTO 类 InformMessageDTO、棋子 DTO 类 PieceDTO、点位 DTO 类 PointDTO、客户端程序请求信息 DTO 类 RequestMessageDTO 和服务器端程序响应信息 DTO 类 ResponseMessageDTO。

➢ 其他 POJO 类：除了前面提及的 DTO 类，GobangCommon 模块中还定义了几个其他 POJO 类，包括常量类 Constants、游戏类 Game 和用户类 User。

➢ JSON 工具类 JSONUtils。

这些枚举类型和类在 GobangServer 模块和 GobangClient 模块都会被用到。如果分别在 GobangServer 模块和 GobangClient 模块中定义它们，则会造成代码的冗余。因此本项目将它们定义在 GobangCommon 模块中。下面介绍主要类的代码。由于篇幅所限，介绍的代码中会省略 getter 方法和 setter 方法。

### 1．客户端程序请求信息 DTO 类 RequestMessageDTO

RequestMessageDTO 类定义客户端程序发送至服务器端程序的请求信息的结构，代码如下：

```
public class RequestMessageDTO {
  public  RequestMessageDTO( int op, String data){
      this.op = op;
      this.data = data;
  }
  …
  private int op;              // 操作编号：1 表示登录，2 表示新建游戏，3 表示获取用户列表，
  4 表示获取在线用户列表，5 表示加入游戏，6 表示落子，7 表示退出游戏
  private  String data;       // 操作数据：op 不同，数据的格式也不同，需要分别解析
}
```

其中包含操作编号 op 和操作数据 data。本项目支持 7 种操作请求，请参照注释理解。

### 2．服务器端程序响应信息 DTO 类 ResponseMessageDTO

ResponseMessageDTO 类定义服务器端程序处理客户端程序请求的响应信息的结构，代码如下：

```
public class ResponseMessageDTO {
    // 接口状态（成功还是失败）
    private Boolean success;
    // 错误码
    private String code;
    // 提示信息
```

```java
    private String msg;
    // 数据
    private String data_json = "";
    …
    public static ResponseMessageDTO success(String data_json) {
        return success(data_json, "操作成功!");
    }
    // 构造 "操作成功" 响应信息
    public static  ResponseMessageDTO success(String data_json, String msg) {
        ResponseMessageDTO result = new ResponseMessageDTO();
        result.setSuccess(Boolean.TRUE);
        result.setCode(RespCodeEnum.SUCCESS.getCode());
        result.setMsg(msg);
        result.setData_json(data_json);
        return result;
    }
    // 构造 "操作失败" 响应信息
    public static ResponseMessageDTO error(String msg) {
        RespCodeEnum resp = RespCodeEnum.UNKNOWN_ERROR;
        resp.setMessage(msg);
        return error(resp);
    }
    public static ResponseMessageDTO error(RespCodeEnum resp) {
        return error(resp.getCode(), resp.getMessage(), "");
    }
    public static  ResponseMessageDTO error(String code, String msg, String data_json) {
        ResponseMessageDTO result = new ResponseMessageDTO();
        result.setSuccess(Boolean.FALSE);
        result.setCode(code);
        result.setMsg(msg);
        result.setData_json(data_json);
        return result;
    }
}
```

请参照注释理解相关内容。为了便于使用，项目中使用枚举类型 RespCodeEnum 定义响应信息的编码，具体代码如下：

```java
public enum RespCodeEnum {
    /** 操作成功 **/
    SUCCESS("00000", "操作成功"),
    PARAM_ERROR("O0001", "请求参数错误"),
    GAME_NOT_EXIST("00002","游戏不存在，对方可能已经下线"),
    USER_NOT_EXIST("00003","用户不存在，对方可能已经下线"),
    UNKNOWN_ERROR("99999","未知错误! ")  ;
    …
    private String code;
    private String message;
    RespCodeEnum(String code, String message) {
        this.code = code;
        this.message = message;
    }
}
```

gobang2.1 项目中定义了 5 种响应信息的编码，请参照代码理解。随着功能的完善，项目中还可以不断增加响应信息的编码。这里使用了枚举类型的一种特殊用法。在 Java 枚举类型中，除了可以定义常量外，还可以定义变量和构造方法，并通过构造方法设置变量的值。在枚举类型中，变量和构造方法都只能是私有的，即只能在枚举类型内部使用，外部只能访问枚举类型的常量值。

### 3．通知信息 DTO 类 InformMessageDTO

InformMessageDTO 类定义服务器端程序发送至客户端程序的通知信息的结构，代码如下：

```java
public class InformMessageDTO {
    private String code; // 通知信息的编码：01 表示加入游戏，02 表示落子，03 表示对方退出游戏
    // 提示信息
    private String msg;
    // 数据
    private String data_json = "";
    …
    public  InformMessageDTO(){
    }
    public  InformMessageDTO(InformCodeEnum imcode, String data_json){
        this.code = imcode.getCode();
        this.msg = imcode.getMessage();
        this.data_json = data_json;
    }
}
```

请参照注释理解相关内容。为了便于使用，项目中使用枚举类型 InformCodeEnum 定义通知信息的编码，具体代码如下：

```java
public enum InformCodeEnum {
    JOIN_GAME("01", "有用户加入游戏"),
    CHESS("02", "对方落子"),
    EXIT_GAME("03", "对方退出游戏");
    private String code;
    …
    InformCodeEnum(String code, String message){
        this.code = code;
        this.message = message;
    }
    private String message;
}
```

gobang2.1 项目中定义了 3 种通知信息的编码，请参照代码理解。枚举类型 InformCodeEnum 也是通过私有变量和构造方法定义的。

### 4．游戏信息 DTO 类 GameDTO

GameDTO 类用于在服务器端程序和客户端程序之间传递游戏信息，在新建游戏和加入游戏时会用到该类，其代码如下：

```java
public class GameDTO {
    public  GameDTO(String playerNameA,String playerNameB, String startTime){
        this.playerNameA = playerNameA;
        this.playerNameB = playerNameB;
        this.startTime = startTime;
    }
    private String playerNameA;    // 玩家 A 的昵称
    private String playerNameB;    // 玩家 B 的昵称
    private String startTime;       // 游戏的开始时间
}
```

其中包含参与游戏的双方玩家的昵称和游戏的开始时间，并不包含游戏的结束时间。因为在新建游戏和加入游戏时游戏刚刚开始，本项目不集成数据库，不保存游戏信息，所以在本项目中游戏的结束时间没有意义。

## 5. 用户类 User

User 类用于保存用户信息，代码如下：

```
public class User {
    private  String name;
    private Socket chessSocket;
    public User(String name) {
        this.name = name;
    }
}
```

User 类中包含当前用户对弈时监听通知信息的 Socket（chessSocket）对象，以便在需要时使用该 Socket 对象给用户发送通知信息。正因为其中包含 Socket 对象，所以 User 类不是 DTO 类，在服务器端程序和客户端程序之间传递用户信息时直接使用 String 型数据存储玩家昵称即可，因此无须定义用户 DTO 类。

## 6. 游戏列表和在线用户列表 DTO 类 GamesAndUsersDTO

在主窗体中需要显示游戏列表和在线用户列表，在服务器端程序和客户端程序之间传递这些数据时，会用到 GamesAndUsersDTO 类，代码如下：

```
public class GamesAndUsersDTO {
    private List<GameDTO> games;
    private List<String> usernames;
    public GameAndUsersDTO(List<GameDTO> games, List<String> usernames){
        this.games = games;
        this.usernames= usernames;
    }
}
```

## 7. JSON 工具类 JSONUtils

JSONUtils 类中定义了对 DTO 类进行序列化和反序列化操作的方法，具体如下。

➢ public static String ChessBoardtoString(ChessBoardDTO cb)：将指定的 ChessBoard 对象序列化为 JSON 字符串。当服务器端程序向客户端程序发送棋盘数据时会用到该方法。

➢ public static ChessBoardDTO ParseChessBoardString(String ChessBoardString)：将指定的 JSON 字符串反序列化为 ChessBoardDTO 对象。当客户端程序接收到服务器程序发送的棋盘数据时会用到该方法。

➢ public static String RequestMessagetoString(RequestMessageDTO rm)：将指定的 RequestMessageDTO 对象序列化为 JSON 字符串。当客户端程序向服务器端程序发送请求数据时会用到该方法。

➢ public static RequestMessageDTO ParseRequestMessageString(String rmString)：将指定的 JSON 字符串反序列化为 RequestMessageDTO 对象。当服务器端程序接收到客户端程序发送的请求数据时会用到该方法。

➢ public static String ResponseMessagetoString(ResponseMessageDTO rm)：将指定的 ResponseMessageDTO 对象序列化为 JSON 字符串。当服务器端程序向客户端程序发送响应数据时会用到该方法。

➢ public static ResponseMessageDTO ParseResponseMessageString(String rmString)：将

指定的 JSON 字符串反序列化为 ResponseMessageDTO 对象。当客户端程序接收到服务器端程序发送的响应数据时会用到该方法。

➢ public static String InformMessagetoString(InformMessageDTO im)：将指定的 InformMessageDTO 对象序列化为 JSON 字符串。当服务器端程序向客户端程序发送通知数据时会用到该方法。

➢ public static InformMessageDTO ParseInformMessageString(String imString)：将指定的 JSON 字符串反序列化为 InformMessageDTO 对象。当客户端程序接收到服务器端程序发送的通知数据时会用到该方法。

➢ public static String GametoString(GameDTO game)：将指定的 GameDTO 对象序列化为 JSON 字符串。当客户端程序向服务器端程序发送加入游戏请求数据时会用到该方法。

➢ public static GameDTO ParseGameString(String gamedtoString)：将指定的 JSON 字符串反序列化为 GameDTO 对象。当服务器端程序接收到客户端程序发送的加入游戏请求数据时会用到该方法。

➢ public static String Chess2peertoString(Chess2peerDTO chess2peer)：将指定的 Chess2peerDTO 对象序列化为 JSON 字符串。当客户端程序向服务器端程序发送落子数据时会用到该方法。

➢ public static Chess2peerDTO ParseChess2peerString(String gamedtoString)：将指定的 JSON 字符串反序列化为 Chess2peerDTO 对象。当服务器端程序接收到客户端程序发送的落子数据时会用到该方法。

➢ public static String GamesAndUserstoString(List<Game> games, List<String> usernames)：将指定的游戏列表和在线用户列表封装成 GamesAndUsersDTO 对象，然后序列化为 JSON 字符串。当服务器端程序向客户端程序发送游戏列表和在线用户列表响应数据时会用到该方法。

➢ public static GamesAndUsersDTO ParseGamesAndUsersString(String gameandusersdto-String)：将指定的 JSON 字符串反序列化为 GamesAndUsersDTO 对象。当客户端程序接收到服务器端程序发送的游戏列表和在线用户列表响应数据时会用到该方法。

### 7.4.3　GobangServer 模块的程序设计

GobangServer 模块实现服务器端程序的功能，本小节介绍 GobangServer 模块的实现方法。

#### 1．GobangServer 模块的基本架构和工作原理

GobangServer 模块的基本架构如图 7-17 所示。

GobangServer 模块中定义了下面 2 个线程，用于处理来自客户端程序的连接请求。

➢ MainSocketServerThread：监听来自客户端程序中的主线程的连接请求，并使线程池与客户端程序中的主线程通信。

➢ ChessSocketServerThread：监听来自客户端程序中的监听线程的连接请求，并使线程池与客户端程序中的监听线程通信。

线程 MainSocketServerThread 和 ChessSocketServerThread 只负责接收来自客户端程序的连接请求，并不与客户端程序通信。每当接收一个客户端程序的连接请求，服务器端程序会从对应的线程池中创建一个线程，负责与客户端程序通信。ChessSocketServerThread 会将与客户端程序通信的 Socket 对象和对应的玩家昵称一起存储在一个列表中，以便在需要时通过玩家昵称获取 Socket 对象，向客户端程序发送通知信息。与客户端程序中的主线程通信的 Socket 对象无须保存，这是因为客户端程序中的主线程负责向服务器端程序发送请求信息，服务器端程序只需要在收到请求信息后立即通过当前 Socket 对象回复响应信息即可。服务器端程序不会主动向客户端程序中的主线程发送信息。

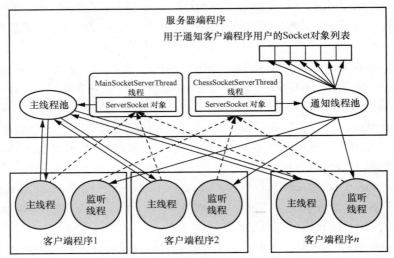

图 7-17　GobangServer 模块程序的基本架构

## 2．GobangServer 模块中的类

GobangServer 模块中的类如下。

- ➢ MainSocketServerThread 类：监听来自客户端程序中的主线程的连接请求，并使线程池与客户端程序中的主线程通信。
- ➢ ChessSocketServerThread 类：监听来自客户端程序中的监听线程的连接请求，并使线程池与客户端程序中的监听线程通信。
- ➢ HandlerSocketServerPool 类：定义一个通用的线程池。其中线程所执行的操作取决于创建线程池时传递的参数，参数可以是 ServerRunnableTarget_chess 对象和 ServerRunnableTarget_main 对象。
- ➢ ServerRunnableTarget_chess 类：在线程池中向客户端程序发送通知信息的 Runnable 类。
- ➢ ServerRunnableTarget_main 类：在线程池中接收客户端程序发送的请求信息，对其进行处理后，向客户端程序发送响应信息的 Runnable 类。
- ➢ RequestProcessor 类：客户端程序发送的请求信息的处理类，负责回复客户端程序发送的请求信息，并在需要时向对方发送通知信息。

除了 RequestProcessor 类外，上面的其他类都是为了实现图 7-17 所示的基本架构而设计的。由于篇幅所限，这里只简单介绍 RequestProcessor 类的实现方法，其他代码请参照源代码理解。

### 3．RequestProcessor 类

RequestProcessor 类负责处理所有来自客户端程序的请求。处理各种请求的方法如下。

- ➢ public static void Exist(Socket socket)：处理客户端程序的退出游戏请求。
- ➢ public static void ExistGame(Socket socket, RequestMessageDTO rm)：处理客户端程序的退出一场游戏（即关闭对弈窗体）请求。
- ➢ public static ResponseMessageDTO GetGamesAndOnlineUsers()：处理客户端程序的获取游戏列表和在线用户列表请求。
- ➢ public static ResponseMessageDTO JoinGame(Socket socket, RequestMessageDTO rm)：处理客户端程序的加入游戏请求。
- ➢ public static ResponseMessageDTO Login(Socket socket, RequestMessageDTO rm)：处理客户端程序的登录请求。
- ➢ public static ResponseMessageDTO NewGame(Socket socket, RequestMessageDTO rm)：处理客户端程序的新建游戏请求。
- ➢ public static ResponseMessageDTO RegisterChessSocket(Socket socket, RequestMessageDTO rm)：处理客户端程序注册接收通知的 Socket 请求。玩家登录后，客户端程序会将接收通知的 Socket 对象与玩家昵称一起发送至服务器端程序进行注册，以便服务器端程序在需要的时候通过该 Socket 对象向客户端程序发送通知信息。

上面部分方法的参数 socket 是接收客户端程序发送的请求信息或向客户端程序发送响应信息的 Socket 对象，参数 rm 是包含请求信息的对象，返回值是包含响应信息的对象。

RequestProcessor 类并不与客户端程序通信，由 ServerRunnableTarget_main 类和 ServerRunnableTarget_chess 类接收、解析客户端程序发送的请求信息，并根据请求类型调用 RequestProcessor 类的方法。

### 7.4.4　GobangClient 模块的程序设计

GobangClient 模块中包含如下包。

- ➢ org.example.gobangclient.components：存储客户端程序的组件类。
- ➢ org.example.gobangclient.frames：存储客户端程序的窗体类。
- ➢ org.example.gobangclient.listener：存储客户端程序的事件监听器类。
- ➢ org.example.gobangclient.thread：存储客户端程序的线程类。
- ➢ org.example.gobangclient.utils：存储客户端程序的工具类。

### 1．客户端程序的组件类

org.example.gobangclient.components 包中包含如下组件类。

- ➢ ChessBoard：棋盘类。
- ➢ Piece：棋子类。
- ➢ Point：点位类。

这些组件类的大部分代码与第 6 章介绍的 Gobang2.0 项目中的代码相同，这里不展开介绍。

## 2．客户端程序的线程类

org.example.gobangclient.thread 包下包含一个线程类 ChessThread，负责使用 SocketUtils. ChessSocket 监听服务器端程序发送的通知信息，并对通知信息进行处理。

由于篇幅所限，这里不具体介绍 ChessThread 类的代码，请参照源代码。

## 3．客户端程序的工具类

org.example.gobangclient.utils 包中包含如下工具类。

- ➢ ConfUtils：配置类，读取配置文件 conf.properties 的内容，从而动态配置服务器端程序的 IP 地址和端口号。
- ➢ RuleUtils：规则类。本项目中的 RuleUtils 类只包含一个 coordinate2index()方法，用于将坐标转换为棋盘上的点位索引。
- ➢ SocketUtils：负责实现通过 Socket 对象与服务器端程序进行通信的相关功能，其中包含的方法如表 7-4 所示。

表 7-4　SocketUtils 类中包含的方法

| 方法定义 | 功能说明 |
| --- | --- |
| public static void Connect_to_server() throws IOException | 分别连接到服务器端程序的主 Socket 对象和发送通知信息的 Socket 对象 |
| public static void　StartChessThread() | 启动监听通知信息的线程 |
| public static ResponseMessageDTO Login(Socket socket, String name) throws IOException | 向服务器端程序发送登录请求 |
| public static ResponseMessageDTO NewGame(Socket socket, String name) throws IOException | 向服务器端程序发送新建游戏请求 |
| public static ResponseMessageDTO LoadGameAndOnlineUsers (Socket socket) throws IOException | 向服务器端程序发送获取游戏列表和在线用户列表请求 |
| public static ResponseMessageDTO JoinGame(Socket socket, String playerA, String playerB) throws IOException | 向服务器端程序发送加入游戏请求 |
| public static ResponseMessageDTO RegisterChessSocket(Socket socket, String playerName) | 向服务器端程序发送注册 Chess Socket 请求。Chess Socket 即监听通知信息的 Socket 对象。注册 Chess Socket 就是将玩家昵称和监听通知信息的 Socket 对象绑定在一起，以便服务器端程序在需要时向客户端程序发送通知信息 |
| public static ResponseMessageDTO Chess(Socket socket, String peerName, int index_x, int index_y) throws IOException | 向服务器端程序发送落子请求。参数 peerName 用于指定对方的玩家昵称，参数 index_x 和 index_y 用于指定落子的点位索引 |
| public static ResponseMessageDTO ExitGame(Socket socket, String name) | 向服务器端程序发送退出一场游戏请求。当玩家关闭对弈窗体时会调用该方法。参数 name 用于指定当前玩家的昵称 |

## 4．Main 类

GobangClient 模块中 Main 类的代码如下：

```
public class Main {
    public static void main(String[] args) {
        PlayernameFrame playernameFrame = new PlayernameFrame();
        playernameFrame.setVisible(true);
```

```
        }
    }
```

PlayernameFrame 是用于输入玩家昵称的窗体类。运行客户端程序时，会首先打开用于输入玩家昵称的窗体。

### 5．设计用于输入玩家昵称的窗体

PlayernameFrame 类中定义了用于输入玩家昵称的文本框，代码如下：

```
public JTextField txtName;                    // 用于输入玩家昵称的文本框
```

PlayernameFrame 类中定义按钮及其事件监听器的代码如下：

```
public Button button_ok;                      // "确定"按钮
public Button button_cancel;                  // "取消"按钮
 private NameListener nameListener;
```

可以参照图 7-14 理解文本框和按钮在窗体中的位置。

### 6．设计主窗体

MainFrame 是客户端程序的主窗体类。MainFrame 类中定义了 3 个列表，分别为等待用户列表、游戏列表和在线用户列表，代码如下：

```
public JList jList1;                          // 等待用户列表
public JList jList2;                          // 游戏列表
public JList jList3;                          // 在线用户列表
```

程序使用 3 个 Vector 变量存储 3 个列表中的数据，代码如下：

```
Vector listcontents1 = new Vector();   // 用于存储列表 1（jList1）中的数据
Vector listcontents2 = new Vector();   // 用于存储列表 2（jList2）中的数据
Vector listcontents3 = new Vector();   // 用于存储列表 3（jList3）中的数据
```

MainFrame 类中定义了 4 个按钮和它们的事件监听器，代码如下：

```
public JButton buttonNew;                     // "新建游戏"按钮
public JButton buttonPlay;                    // "进入游戏"按钮
public JButton buttonRefresh;                 // "刷新"按钮
public JButton buttonExit;                    // "退出"按钮
private MainListener listener;                // 事件监听器
```

MainListener 是处理单击按钮事件的事件监听器类。可以参照图 7-15 理解列表和按钮在窗体中的位置。

### 7．设计对弈窗体

ChessFrame 是 GobangClient 模块中定义的对弈窗体，其中的大部分代码与 gobang2.0 项目中的相应代码相同，不同之处在于：当用户在棋盘上单击时，ChessBoard 类的代码会调用 SocketUtils.Chess()方法将落子情况发送至服务器端程序。

## 7.5 本章小结

本章介绍线程的概念和工作原理以及 Java 线程编程的基本方法，包括创建和启动线程、操作线程、设置线程优先级、线程池编程等。

本章还介绍了多线程网络通信场景下 I/O 模型的概念、分类以及选用 I/O 模型的方法。

在线程编程中，由于多线程并发而造成的资源争用是影响程序稳定性、正确性和造成线程安全问题的重要因素。在讲解线程编程基本方法的基础上，本章介绍了解决线程安全问题的线程同步机制以及实现线程同步的方法。

本章的主要目的是使读者了解线程的概念和编程方法，并通过编写五子棋游戏实践了 Java 线程编程的方法。

## 习题

### 一、选择题

1. 当运行一个程序时，操作系统首先会将该程序的代码从磁盘加载到内存中，程序在内存中的一个运行示例就是一个（　　　　）。

  A. 进程        B. 线程

  C. 可执行文件     D. 线程池

2. Java 提供的线程基类是（　　　　）。

  A. Thread       B. Runnable

  C. Callable       D. Future

3. 调用（　　　　）方法时，线程会让出自己占用的 CPU 资源，将自身切换为 READY 状态。

  A. Thread.sleep()     B. Thread.yield()

  C. Object. wait()     D. Thread.join()

4. 调用下面的（　　　　）方法不能将线程切换至 WAITING 状态。

  A. Thread.sleep()     B. LockSupport.park()

  C. Object.wait()     D. Thread.join()

5. 表示最高线程优先级的常量为（　　　　）。

  A. MIN_PRIORITY    B. NORM_PRIORITY

  C. MAX_PRIORITY    D. HIGH_RITY

6. 下面的 I/O 模型中，属于异步模型的是（　　　　）。

  A. BIO        B. AIO

  C. NIO        D. 以上都不是

7. 下面的 I/O 模型中，属于阻塞模型的是（　　　　）。

  A. BIO        B. AIO

  C. NIO        D. 以上都不是

### 二、填空题

1. 根据管理方式的不同，线程可以分为＿＿＿＿＿＿级线程、＿＿＿＿＿＿＿级线程和＿＿＿＿＿＿线程。

2．线程包括_____、_____、_____、_____、_____和_____6 种状态。

3．Java 线程的 RUNNABLE 状态包含操作系统线程状态中的_____和_____两种状态。

4．在网络编程中，Java 支持的 I/O 模型包括_____、_____和_____。

## 三、简答题

1．试述线程的 WAITING 状态与 READY 状态最大的不同。
2．简述实现线程同步的方法。

# 第8章 数据库编程

数据库是按照数据结构来组织、存储和管理数据的仓库，是用于长期存储数据的软件。程序中的很多数据是需要长期存储的，因此数据库编程是开发者必备的技能之一。在 Java 程序中可以通过 JDBC 实现数据库编程。

## 8.1 关系数据库基础

根据数据的组织方式和存储结构，可以将数据库分为多种类型。常见的数据库类型有关系数据库、非关系数据库、面向对象数据库、层次数据库、网状数据库、内存数据库。在实际应用中很多常见的数据库都属于关系数据库，例如 MySQL、SQL Server、Oracle 等。

### 8.1.1 关系数据库简介

关系数据库以行（row）和列（column）的形式来组织数据。通常通过多个表实现数据的结构化，表与表之间通过主键和外键建立连接。

关系数据库通过一系列组件管理和组织数据，具体如下。

➤ 数据库（database）：数据库系统中的一个容器，其中包含表、视图、索引等数据库组件。在实际应用中，通常每个应用都有自己独立的数据库。

➤ 表（table）：数据库中最常用的数据存储单元之一，它包括所有用户可以访问的数据。关系数据库的表由行和列组成。图 8-1 所示为表的逻辑结构示例。

定义表结构就是定义组成表的列。定义列时需要指定列的名称、数据类型、占用的内存空间和列选项。行则表示表中的一条数据。

| 姓名 | 性别 | 学校 | 年级 | 班级 |
|------|------|--------|--------|------|
| 小明 | 男 | 六一小学 | 一年级 | 1班 |
| 小红 | 女 | 六一小学 | 一年级 | 2班 |
| 小强 | 男 | 六一小学 | 二年级 | 1班 |
| 小丽 | 女 | 六一小学 | 二年级 | 2班 |

图 8-1　表的逻辑结构示例

➤ 视图（view）：虚拟的表，它在物理上并不存在。视图可以把表或其他视图的数据按照一定的条件组合，所以也可以把视图看成是存储起来的查询语句。视图并不包含数据，它只从基表中读取数据。

➤ 索引（index）：与表相关联的可选结构。创建索引可以提高检索数据的效率。索引的功能类似于书籍目录，读者可以通过目录很快地在书中找到需要的内容。在数据库中，索引提供对表中数据的访问路径，从而能够快速定位指定的数据。

➤ 用户（user）：承载数据库系统内部权限的组件。连接数据库、管理数据库组件、查询和管理表中数据等操作都需要具备相关权限的用户来执行。每个数据库系统都有一个管理员用户，例如 MySQL 数据库的管理员用户是 root，SQL Server 数据库的管理员用户是 sa。在数据库系统中可以对用户进行分组管理，用户组也称为角色（role）。管理员用户可以创建和管理其他用户（或角色）。

➢ 权限（privilege）：数据库安全管理的重要组成部分。每个用户（或角色）都拥有自己的管理权限，它们都在自己的权限范围内工作。对于新创建的用户（或角色），只有对其授予权限，才有使用它的意义，否则什么也做不了。数据库的管理员用户可以授予和取消其他用户（或角色）的数据库管理权限。

➢ 存储过程（procedure）：以指定形式存储的用户程序，其中包含一组实现特定功能的 SQL 语句。可以通过手动调用存储过程执行其中的 SQL 语句。

➢ 函数（function）：与存储过程类似，函数也由一组实现特定功能的 SQL 语句构成。但是函数都是有返回值的，存储过程则不一定有返回值。大多数数据库系统都提供内置函数，用户也可以自己编码创建自定义函数。

➢ 触发器（trigger）：一种特殊的存储过程，当指定的事件发生时它会自动运行。这里的"事件"可以是启动数据库示例、关闭数据库示例、用户登录、用户注销、创建表、修改表、删除表、插入数据、修改数据、删除数据等。

### 8.1.2 常用的 SQL 语句

SQL 是与关系数据库进行交互的标准编程语言，各种经典的关系数据库都支持 SQL 语言。使用 SQL 语句可以很方便地对关系数据库的结构和数据进行管理。常用的 SQL 语句包括 DDL（data definition language，数据定义语言）语句、DML（data manipulation language，数据操纵语言）语句、DQL（data query language，数据查询语言）语句和 DCL（data control language，数据控制语言）语句 4 种类型。

#### 1．DDL 语句

DDL 语句用于管理关系数据库中的各种对象，用于创建、修改和删除表、视图、索引、触发器、存储过程、函数等对象。常用的 DDL 语句如下。

➢ CREATE DATABASE：创建数据库。
➢ ALTER DATABASE：修改数据库。
➢ CREATE TABLE：创建数据库表。
➢ ALTER TABLE：修改数据库表。
➢ DROP TABLE：删除数据库表。
➢ CREATE VIEW：创建视图。
➢ ALTER VIEW：修改视图。
➢ DROP VIEW：删除视图。
➢ TRUNCATE TABLE：清空数据库表中的数据。

由于篇幅所限，这里不展开介绍所有的 DDL 语句。8.2 节将结合 MySQL 数据库介绍 CREATE DATABASE 语句和 CREATE TABLE 语句的使用方法。

#### 2．DML 语句

DML 语句用于管理表中的数据。常用的 DML 语句如下。

➢ INSERT：插入数据。
➢ UPDATE：更新数据。
➢ DELETE：删除数据。
8.2 节将结合 MySQL 数据库介绍常用 DML 语句的使用方法。

### 3．DQL 语句

DQL 语句用于查询数据库中的数据。常用的 DQL 语句是 SELECT 语句。8.2 节将结合 MySQL 数据库介绍 SELECT 语句的使用方法。

### 4．DCL 语句

DCL 语句用于管理数据库用户（或角色）的权限。常用的 DCL 语句如下。
➢ GRANT：对数据库的用户（或角色）进行授权。
➢ REVOKE：撤销授权。
DCL 语句的使用者是数据库的管理员用户。程序开发者通常不会使用 DCL 语句，因此这里不对其展开介绍。

## 8.2 MySQL 数据库管理

MySQL 是应用广泛的开源关系数据库。在实际应用中，Java 应用程序通常使用 MySQL 数据库存储数据。本章以 MySQL 数据库为例，介绍 Java 数据库编程的方法。

Java 应用程序开发完成后，需要部署到生产环境中。在实际应用中，Java 应用程序和 MySQL 数据库通常会部署在 Linux 服务器中。Ubuntu 服务器是部署 Java 应用程序的经典环境。可以参照附录 A 搭建 Ubuntu 服务器，并在 Ubuntu 服务器中安装和配置 MySQL 数据库。

数据库管理和表管理

### 8.2.1 数据库管理

可以使用 Navicat 工具连接到 MySQL 数据库，并通过下面 2 种方式对数据库进行管理。
① 使用图形工具管理数据库。
② 使用 SQL 语句管理数据库。

因为使用图形工具管理数据库的方法比较简单，所以本书不对其展开介绍。数据库管理包括创建数据库、修改数据库、删除数据库等操作。由于篇幅所限，本小节只介绍使用 SQL 语句创建数据库的方法。

可以使用 CREATE DATABASE 语句或 CREATE SCHEMA 语句创建数据库，语法如下：

```
CREATE {DATABASE | SCHEMA} [IF NOT EXISTS] database_name
[CHARACTER SET charset_name]
[COLLATE collation_name]
[ENCRYPTION {'Y' | 'N'}]
```

具体说明如下。
➢ CREATE DATABASE 语句和 CREATE SCHEMA 语句的作用一样，都用于创建数据库。

- ➢ IF NOT EXISTS 表示在指定的数据库不存在的情况下才创建该数据库，是可选的命令选项。如果不使用该命令选项，当指定的数据库存在时执行 CREATE DATABASE 语句会报错。

- ➢ database_name 表示创建的数据库名。数据库名可以由字母、数字、下画线和美元符号组成，最长为 64 个字符。

- ➢ CHARACTER SET charset_name 用于指定数据库的字符集，是可选的命令选项。如果不使用该命令选项，则会使用默认的 Latin 1 字符集。比较常用的中文字符集包括 UTF-8（选项值为 utf8）、utf8mb4（选项值为 utf8mb4）和 GBK（选项值为 gbk）等。通常会选择 UTF-8 作为中文数据库的字符集；如果数据库会存储一些生僻字，则可以选择 GBK 作为字符集；utf8mb4 字符集中包括 Emoji 表情、部分罕见汉字、新增的 Unicode 字符等，但是它占用的内存空间也最大。

- ➢ COLLATE collation_name 用于指定数据库的排序规则。排序规则与字符集是对应的，当使用 UTF-8 字符集时，可以使用 utf8_general_ci 作为排序规则；当使用 GBK 字符集时，可以使用 gbk_chinese_ci 作为排序规则；当使用 utf8mb4 字符集时，可以使用 utf8mb4_general_ci 作为排序规则。

- ➢ ENCRYPTION 命令选项用于指定数据库是否加密，是可选的命令选项。如果不使用该命令选项，则会使用数据库服务器的配置。

【例 8-1】　创建一个存储中文数据的数据库 school，语句如下：

```
CREATE DATABASE school
CHARACTER SET utf8
COLLATE utf8_general_ci;
```

执行该语句后，刷新 MySQL 数据库，可以看到新建的数据库 school。

还可以使用 ALTER DATABASE 语句修改数据库的相关参数，使用 DROP DATABASE 语句删除数据库，这里不对其展开介绍。

### 8.2.2　表管理

表管理包括创建表、修改表、删除表等操作。由于篇幅所限，本小节只介绍使用 SQL 语句创建表的方法。

可以使用 CREATE TABLE 语句创建表，语法如下：

```
CREATE TABLE <表名> (
  <列名 1> <数据类型 1> [<列选项 1>]
  [,…]
  <列名 n> <数据类型 n> [<列选项 n>]
  [, 约束]
) [表选项];
```

具体说明如下。

① 可以按 db_name.tbl_name 的格式指定表所在的数据库和表名，其中 db_name 表示表所在的数据库，tbl_name 表示表名。表名不区分大小写，不能使用 SQL 中的关键字，如 CREATE、ALTER、DROP 等。如果不指定 db_name，则在当前数据库中创建表。可以使用 USE 语句选择当前数据库，方法如下：

```
USE <数据库名>
```

② 表的结构由列（字段）定义。在创建表时，需要指定列的名称、数据类型、占用的存储空间和列选项。多个列定义之间使用逗号分隔。常用的 MySQL 数据类型如表 8-1 所示。

表 8-1　常用的 MySQL 数据类型

| 数据类型 | 具体说明 |
| --- | --- |
| tinyint | 1 字节的整数，其范围为−128～127 |
| smallint | 2 字节的整数，其范围为−32 768～32 767 |
| mediumint | 3 字节的整数，其范围为−8 388 608～8 388 607 |
| int | 4 字节的整数，其范围为−2 147 483 648～2 147 483 647 |
| bigint | 8 字节的整数，其范围为−9 223 372 036 854 775 808～9 223 372 036 854 775 807 |
| float(m,d) | 单精度浮点数，占 4 字节。m 指定数据的总长度，d 指定小数部分的长度 |
| double(m,d) | 双精度浮点数，占 8 字节。m 指定数据的总长度，d 指定小数部分的长度 |
| decimal(m,d) | 保留准确精度的浮点数。如果一列数据（比如存储金额的列）不能接受精度误差，则可以将该列的数据类型指定为 decimal 。其中 m 指定数据的总长度，d 指定小数部分的长度 |
| date | 日期数据，格式为 yyyy-MM-dd，例如 2023-09-19，范围为 1000-01-01 到 9999-12-31 |
| datetime | 日期时间数据，格式为 yyyy-MM-dd HH:mm:ss，例如 2023-09-19 12:00:10 |
| timestamp | 时间戳数据，存储距离 1970-01-01 0:0:00 的毫秒值 |
| time | 时间数据，格式为 HH:mm:ss，例如 12:00:10 |
| year | 年份数据，格式为 yyyy，例如 2023 |
| char(m) | 定长字符串，长度为 m |
| varchar(m) | 变长字符串，最大长度为 m |
| binary(m) | 二进制数据，长度为 m |
| varbinary(m) | 变长二进制数据，最大长度为 m |
| tinytext | 文本数据，最大长度为 255B |
| text | 文本数据，最大长度为 64KB |
| mediumtext | 文本数据，最大长度为 16MB |
| longtext | 文本数据，最大长度为 4GB |
| tinyblob | 二进制大对象，最大长度为 255B |
| blob | 二进制大对象，最大长度为 64KB |
| mediumblob | 二进制大对象，最大长度为 16MB |
| longblob | 二进制大对象，最大长度为 4GB |

③ CREATE TABLE 语句中可以使用的列选项如表 8-2 所示。

表 8-2　CREATE TABLE 语句中可以使用的列选项

| 列选项 | 具体说明 |
| --- | --- |
| PRIMARY KEY | 指定表的主键。主键是表中的一个或一组列，它们的值可以唯一地标识表中的每一行 |
| AUTO_INCREMENT | 指定列为自增列，该列的数据类型必须为 int 或 bigint。在向表中插入数据时，不需要指定自增列的值，MySQL 数据库会自动生成该列的值 |
| NOT NULL | 指定列的值不允许为空 |
| FOREIGN KEY | 定义指定列上的外键。用于建立和强化两个表之间的关系。通过将一个表中的主键列添加到另一个表中，可创建两个表之间的连接。这个主键列就成为第 2 个表的外键 |

| 列选项 | 具体说明 |
|---|---|
| NULL | 指定列的值可以为空 |
| DEFAULT | 设置列的默认值，例如，下面的代码定义一个 sex 列，并指定其默认值为 1：<br>`sex tinyint DEFAULT 1` |
| UNIQUE [KEY] | 设置唯一约束，指定一个或一组列的值不能重复 |

④ 在 CREATE TABLE 语句中，约束的目的是防止非法数据进入表中，确保数据的正确性和一致性（统称数据完整性）。CREATE TABLE 语句中可以使用的约束如表 8-3 所示。

**表 8-3　CREATE TABLE 语句中可以使用的约束**

| 约束 | 具体说明 |
|---|---|
| PRIMARY KEY | 指定表的主键，定义方法如下：<br>`CONSTRAINT <约束名> PRIMARY KEY （主键列）`<br>通常，在主键由组合列构成的情况下会使用这种定义方法 |
| UNIQUE | 设置唯一约束，指定一个或一组列的值不能重复，定义方法如下：<br>`UNIQUE （唯一约束列）` |
| CHECK | 设置检查约束，指定一个表达式，用于检查指定的数据，定义方法如下：<br>`CHECK(布尔表达式)`<br>例如，下面的代码指定列 age 的值必须大于 0：<br>`CHECK(age>0)` |
| INDEX | 指定列上的索引，可以利用索引快速访问表中的数据，定义方法如下：<br>`INDEX <索引名>(索引列)` |
| FOREIGN KEY | 指定列上的外键，用于建立和强化两个表之间的关系。通过将一个表中的主键列添加到另一个表中，可建立两个表之间的连接。这个主键列就成为另一个表的外键。定义方法如下：<br>`CONSTRAINT <约束名> FOREIGN KEY （外键列） REFERENCES <关联表> （<关联表的主键>)` |

⑤ 在 CREATE TABLE 语句中，可以使用的表选项如表 8-4 所示。

**表 8-4　CREATE TABLE 语句中可以使用的表选项**

| 表选项 | 具体说明 |
|---|---|
| ENGINE | 指定表的存储引擎。存储引擎可以决定表中的数据如何存储、如何访问以及如何处理事务等。通常可以使用默认的存储引擎 InnoDB |
| AUTO_INCREMENT | 指定向表中插入第一行数据时自增列的初始值 |
| COMMENT | 指定表的注释 |
| CHARSET | 指定表中存储数据使用的字符集 |

【例 8-2】　在数据库 school 中创建班级表 classes 和学生表 students。classes 表的结构如表 8-5 所示，students 表的结构如表 8-6 所示。

**表 8-5　classes 表的结构**

| 列名 | 数据类型 | 列选项 | 说明 |
|---|---|---|---|
| id | int | PRIMARY KEY、AUTO_INCREMENT | 班级 ID，主键 |
| name | varchar(255) | NOT NULL | 班级名称 |
| school | varchar(255) | NOT NULL | 学校名称 |

表 8-6　students 表的结构

| 列名 | 数据类型 | 列选项 | 说明 |
|------|----------|--------|------|
| id | int | PRIMARY KEY | 学生 ID，主键 |
| name | varchar(255) | NOT NULL | 姓名 |
| sex | tinyint | NOT NULL | 性别，1 表示男生，2 表示女生 |
| birth | date | NOT NULL | 生日 |
| classid | int | FOREIGN KEY | 班级 ID，与表 classes 的 id 列建立外键关系 |

创建 classes 表的语句如下：

```
USE school;
CREATE TABLE classes(
  id int AUTO_INCREMENT,
  name varchar(255) NOT NULL,
  school varchar(255) NOT NULL,
  CONSTRAINT pk_id PRIMARY KEY (id)
) ENGINE=InnoDB CHARSET=utf8;
```

创建 students 表的语句如下：

```
USE school;
CREATE TABLE students (
  id int AUTO_INCREMENT,
  name varchar(255) NOT NULL,
  sex tinyint DEFAULT 1,
  birth date NOT NULL,
  classid int,
  CONSTRAINT pk_id PRIMARY KEY (id),
  CONSTRAINT fk_classid FOREIGN KEY (classid) REFERENCES classes (id)
) ENGINE=InnoDB CHARSET=utf8;
```

执行上面 2 条语句后刷新数据库 school，可以看到新建的 classes 表和 students 表。还可以使用 ALTER TABLE 语句修改表的相关参数，使用 DROP TABLE 语句删除表，这里不对其展开介绍。

### 8.2.3　数据的基本操作

数据的基本操作

数据库系统中对数据的基本操作可以概括为 CRUD。CRUD 是 create、read、update 和 delete 这 4 个单词的首字母组合，指数据库中数据的增加、读取、更新和删除等操作。

#### 1．INSERT 语句

INSERT 语句是用于向表中插入数据的 SQL 语句，其语法如下：

```
INSERT INTO 表名 [(列名列表)] VALUES(值列表);
```

表名后面的列名列表是可选的。如果语句中不包含列名列表，则默认插入所有列的值，列的顺序与表定义中列的顺序是一致的。值列表与列名列表必须是一一对应的，否则会报错。

【例 8-3】　在数据库 school 中向 classes 表中插入 2 条记录，班级名称分别是一年级 1 班和一年级 2 班，语句如下：

```
USE school;
INSERT INTO classes (name, school) VALUES('一年级1班','六一小学');
INSERT INTO classes (name, school) VALUES('一年级2班','六一小学');
```

classes 表中包含 id、name 和 school 这 3 个列。其中 id 是自增列，其值由数据库系统自动生成，因此不能直接赋值。上面的 INSERT 语句没有插入 id 列的值。

在 Navicat 中执行上面的语句后，双击 classes 表可以查看其中的数据，如图 8-2 所示。

可以看到 id 列中已经有自动生成的值。记住 2 条记录的 id 值，以备后面使用。

图 8-2　查看表 classes 中的数据

【例 8-4】　在数据库 school 中向 students 表中插入 4 条记录，分别是一年级 1 班的小明、小红和一年级 2 班的小强、小丽，语句如下：

```
USE school;
INSERT INTO students (name, sex, birth, classid) VALUES('小明',1, '2018-01-01', 1);
INSERT INTO students (name, sex, birth, classid) VALUES('小红',2, '2018-02-02', 1);
INSERT INTO students (name, sex, birth, classid) VALUES('小强',1, '2018-03-03', 2);
INSERT INTO students (name, sex, birth, classid) VALUES('小丽',2, '2018-04-04', 2);
```

## 2．SELECT 语句

SELECT 语句是用于查询表中数据的 SQL 语句，其基本语法结构如下：

```
SELECT 子句
FROM 子句
[ WHERE 子句 ]
[ GROUP BY 子句]
[ HAVING 子句 ]
[ ORDER BY 子句 ]
```

各子句的主要作用如表 8-7 所示。

表 8-7　SELECT 语句中各子句的主要作用

| SELECT 语句中的子句 | 主要作用 |
| --- | --- |
| SELECT 子句 | 指定查询返回的列 |
| FROM 子句 | 指定从其中查询数据的表 |
| WHERE 子句 | 指定查询条件 |
| GROUP BY | 指定查询结果的分组条件 |
| HAVING 子句 | 指定组或统计函数的查询条件 |
| ORDER BY 子句 | 指定查询结果的排序方式 |

（1）最基本的 SELECT 语句

最基本的 SELECT 语句只包括 SELECT 子句和 FROM 子句。

【例 8-5】　使用 SELECT 语句查询 classes 表中的所有记录，语句如下：

```
USE school;
SELECT * FROM classes;
```

在 Navicat 中执行上面的语句，结果如图 8-3 所示。

在上面的 SELECT 语句中，* 是一个通配符，表示表中的所有列。如果需要显示指定列，可以在 SELECT 关键字后面直接使用列名。

【例 8-6】　查询 classes 表中的班级名称和学校名称，可以使用下面的语句：

```
USE school;
SELECT name, school FROM classes;
```

数据库编程　第 8 章

执行结果如图 8-4 所示。

图 8-3 例 8-5 的执行结果　　　　　　　　图 8-4 例 8-6 的执行结果

（2）定义查询结果中显示的列名

例 8-5 和例 8-6 中介绍的 SELECT 语句的查询结果中显示的列名都是表中对应的列名。对于普通用户而言，这种显示方式不容易被理解。可以在 SELECT 语句中使用 AS 关键字定义查询结果中显示的列名。

【例 8-7】　查询 classes 表，显示班级名称和学校名称，并以中文显示查询结果中的列名，语句如下：

```
USE school;
SELECT name AS 班级, school AS 学校 FROM classes;
```

执行结果如图 8-5 所示。

（3）指定查询条件

使用 WHERE 子句可以指定查询条件，从而限制查询结果的内容。

【例 8-8】　从 classes 表中查询 id 为 1 的数据，语句如下：

```
USE school;
SELECT * FROM classes WHERE id=1;
```

执行结果如图 8-6 所示。

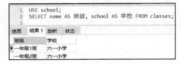

图 8-5 例 8-7 的执行结果　　　　　　　　图 8-6 例 8-8 的执行结果

（4）对查询结果排序

可以使用 ORDER BY 子句对查询结果进行排序。

【例 8-9】　在查询学生信息时，可以使用下面的语句将查询结果按照 id 列进行排序：

```
USE school;
SELECT * FROM students ORDER BY id;
```

执行结果如图 8-7 所示。

可以看到，查询结果是按照 id 列的值升序排列的。如果需要降序排列，可以在 ORDER BY 子句中使用 DESC 关键字。

【例 8-10】　在查询学生信息时，将查询结果按照 id 列的值降序排序，语句如下：

```
USE school;
SELECT * FROM students ORDER BY id DESC;
```

执行结果如图 8-8 所示。

（5）使用统计函数

在 SELECT 语句中可以使用统计函数对数据进行统计，并返回统计结果。常用统计函数的功能描述如表 8-8 所示。

图 8-7　例 8-9 的执行结果　　　　图 8-8　例 8-10 的执行结果

**表 8-8　常用统计函数的功能描述**

| 统计函数 | 功能描述 |
| --- | --- |
| COUNT() | 统计记录的数量 |
| AVG() | 统计指定列的平均值 |
| SUM() | 统计指定列所有值之和 |
| MAX() | 统计指定列的最大值 |
| MIN() | 统计指定列的最小值 |

【例 8-11】　统计 students 表的记录数量，语句如下：

```
USE school;
SELECT COUNT(id) FROM students;
```

（6）连接查询

如果 SELECT 语句需要从多个表中查询数据，则这种查询被称为连接查询。简单的连接查询语法如下：

```
SELECT 查询列名列表 FROM 表 1 名 别名 1
INNER JOIN 表 2 名 别名 2
ON 连接条件
```

在连接查询中，为了便于在 SELECT 语句中标识表，可以为每个表定义别名。在"查询列名列表"和"连接条件"中可以使用别名代替表名。ON 子句可以设置两个表之间的连接条件。

【例 8-12】　在查询学生信息时显示其所在班级的名称，语句如下：

```
USE school;
SELECT s.name AS 姓名, s.birth AS 生日, c.name AS 班级, c.school AS 学校 FROM students s
INNER JOIN classes c ON s.classid = c.id;
```

上面的 SELECT 语句涉及 2 个表：students 表和 classes 表。在 SELECT 语句中为每个表指定一个别名，students 表的别名为 s，classes 表的别名为 c。INNER JOIN 关键字表示内连接，内连接指两个表中的数据平等地连接，连接的表之间没有主次之分。ON 关键字用来指示连接条件。例 8-12 的执行结果如图 8-9 所示。

图 8-9　例 8-12 的执行结果

　　　　　　　　数据库编程　**第 8 章**

### 3. UPDATE 语句

UPDATE 语句用于更新表中数据，其语法如下：

```
UPDATE 表名 SET <列名1>=<值1>,…,<列名n>=<值n> WHERE <条件表达式>;
```

在一条 UPDATE 语句中可以更新一个或多个列的值。

【例 8-13】 在数据库 school 中更新 students 表，将其中姓名为"小强"的记录的姓名更新为"小勇"，语句如下：

```
USE school;
UPDATE students SET name='小勇' WHERE name='小强';
```

### 4. DELETE 语句

DELETE 语句用于删除表中数据，其语法如下：

```
DELETE FROM 表名 WHERE 删除条件表达式
```

当执行 DELETE 语句时，指定表中所有满足 WHERE 子句指定条件的行都将被删除。

【例 8-14】 删除 students 表中 name 列的值为空（''）的数据，语句如下：

```
DELETE FROM students WHERE name = '';
```

## 8.3 JDBC 编程

JDBC 编程

JDBC 是 Java EE（Java platform, enterprise edition, Java 平台企业版）平台下的技术规范，用于定义在 Java 程序中连接数据库、执行 SQL 语句的标准。在 Java 程序中可以通过 JDBC 编程访问数据库中的数据。

### 8.3.1 JDBC 的作用和工作原理

要想在 Java 程序中访问数据库，就需要通过数据库驱动程序完成对数据库的操作。数据库驱动程序是数据库厂商对 JDBC 规范的具体实现。不同数据库系统的驱动程序也各不相同。因此如果在 Java 程序中直接通过数据库驱动程序访问不同数据库系统，那么在使用不同数据库系统实现同一功能的 Java 程序时，其数据库编程的代码差别也会比较大。JDBC 可以为多种关系数据库提供统一的访问方式，从而规范了 Java 数据库编程的流程。JDBC 的工作原理如图 8-10 所示，通过 JDBC 实现数据库编程的流程如图 8-11 所示。

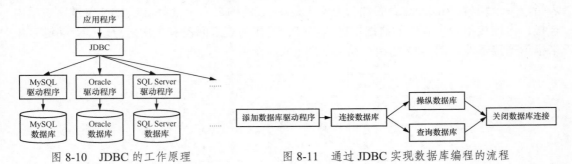

图 8-10 JDBC 的工作原理 　　　　图 8-11 通过 JDBC 实现数据库编程的流程

每个数据库系统都有自己的驱动程序，可以手动下载相关.jar包，并将其添加到项目中；也可以在 Maven 项目的 pom.xml 文件中添加相关数据库驱动程序的依赖。添加 MySQL 数据库驱动程序依赖的代码如下：

```
<dependency>
    <groupId>mysql</groupId>
    <artifactId>mysql-connector-java</artifactId>
    <version>8.0.33</version>
    <scope>runtime</scope>
</dependency>
```

### 8.3.2  通过 JDBC 连接数据库

可以通过 java.sql.DriverManager 类动态加载数据库驱动程序、连接到数据库。通过 JDBC 连接数据库的流程如图 8-12 所示。

#### 1．动态加载数据库驱动

```
动态加载数据库驱动  →  连接到数据库
```

图 8-12　通过 JDBC 连接数据库的流程

每种数据库系统的驱动程序都是通过数据库厂商封装的一个数据库驱动程序类实现的。数据库驱动程序类包含在数据库驱动程序对应的.jar 包中，体现为一个.class 文件。默认情况下，JVM 并不会自动加载项目中所有.jar 包中的所有.class 文件。如果要在项目中访问指定的数据库系统，则需要手动在程序中加载数据库驱动程序类，具体方法如下：

```
Class.forName(数据库驱动程序类的完全限定名);
```

每个数据库系统都有自己的数据库驱动程序类，MySQL 数据库的数据库驱动程序类的完全限定名为 com.mysql.cj.jdbc.Driver。数据库驱动程序类并不会在程序中显式地使用。加载数据库驱动程序后，在程序中使用其他 JDBC 类连接和访问数据库时，JVM 会自动基于加载的数据库驱动程序类完成这些操作。

#### 2．连接到数据库

可以通过 java.sql.Connection 接口连接到一个特定数据库。在数据库中执行 SQL 语句时基于 Connection 对象提供的上下文。示例化 Connection 对象的方法如下：

```
Connection 对象 = DriverManager.getConnection(数据库连接字符串, 数据库用户, 密码);
```

数据库连接字符串用于描述连接到数据库所需要的属性，包括数据库服务器的IP地址、数据库服务器监听的端口、数据库名等。不同数据库系统的连接字符串格式也不同，MySQL 数据库连接字符串的格式如下：

```
"jdbc:mysql:// <数据库服务器的IP地址>:<数据库服务器监听的端口>/<数据库名>?serverTimezone=
<数据库服务器所在的时区>"
```

默认情况下，MySQL 数据库服务器监听的端口为 3306。之所以要指定数据库服务器所在的时区，是为了保证服务器端和客户端使用相同的时区，从而避免在不同时区访问数据库服务器时对日期和时间列值的理解出现分歧。北京在东八区，对应的时区字符串为 "GMT%2B8"。

示例化 Connection 对象后，就可以利用该对象访问数据库了。

调用 Connection 对象的 getMetaData()方法，可以获取数据库的基本信息。getMetaData()
方法的定义如下：

```
DatabaseMetaData getMetaData() throws SQLException;
```

getMetaData()方法返回 DatabaseMetaData 对象，可以通过 DatabaseMetaData 对象提供
的一组方法获取当前连接的数据库的基本信息，其中常用的方法如下。

> getUserName()：返回连接到当前数据库的用户名及当前用户连接数据库的 IP 地址。
> .getURL()：返回数据库连接字符串。
> isReadOnly()：返回当前数据库是否处于只读模式。
> getDatabaseProductName()：返回数据库的产品名称。
> getDatabaseProductVersion()：返回数据库的版本。
> getDriverName()：返回数据库的驱动程序名称。
> getDriverVersion()：返回数据库的驱动程序版本。

【例 8-15】 演示利用 Connection 对象连接到 MySQL 数据库并获取数据库基本信息的
方法。创建 Maven 项目 sample0815，参照 8.3.1 小节 pom.xml 文件中的内容，添加 MySQL
数据库驱动程序的依赖。项目主类 Main 的代码如下：

```java
package org.example;
import java.sql.Connection;
import java.sql.DatabaseMetaData;
import java.sql.DriverManager;
import java.sql.SQLException;
public class Main {
    public static Connection connection;
    private static String url = "jdbc:mysql://192.168.3.200:3306/school?
serverTimezone=GMT%2B8";
    private static String user = "root";
    private static String pwd = "pass";
    public static void main(String[] args) throws SQLException {
        try {
            Class.forName("com.mysql.cj.jdbc.Driver");
            connection = DriverManager.getConnection(url, user, pwd);
            DatabaseMetaData dbmd = connection.getMetaData();
            System.out.println("连接到当前数据库的用户: " + dbmd.getUserName());
            System.out.println("数据库 URL: " + dbmd.getURL());
            System.out.println("是否允许只读:" + dbmd.isReadOnly());
            System.out.println("数据库的产品名称:" + dbmd.getDatabaseProductName());
            System.out.println("数据库的版本:" + dbmd.getDatabaseProductVersion());
            System.out.println("驱动程序的名称:" + dbmd.getDriverName());
            System.out.println("驱动程序的版本:" + dbmd.getDriverVersion());
        } catch (ClassNotFoundException e) {
            e.printStackTrace();
        } catch (SQLException e) {
            e.printStackTrace();
        } finally {
            connection.close();
        }
    }
}
```

程序连接到 MySQL 数据库 school。这里假定 MySQL 数据库部署在 IP 地址为
192.168.3.200 的服务器上，使用默认的监听端口 3306，数据库用户 root 的密码为 pass。
在程序的最后调用 Connection 对象的 close()方法关闭数据库连接。

在编者的环境中运行项目 sample0815，结果如下：

```
连接到当前数据库的用户：root@192.168.3.211
数据库 URL：jdbc:mysql://192.168.3.200:3306/school?serverTimezone=GMT%2B8
是否允许只读：false
数据库的产品名称：MySQL
数据库的版本：5.7.43
驱动程序的名称：MySQL Connector/J
驱动程序的版本：mysql-connector-j-8.0.33 (Revision: 7d6b0800528b6b25c68b52dc10d6c1c8429c100c)
```

### 8.3.3　执行 SQL 语句

在 Java 程序中，可以使用 PreparedStatement 接口执行 SQL 语句。一个 PreparedStatement 对象中包含已经编译好的 SQL 语句，也就是提前准备好的 SQL 语句。这就是它被命名为 PreparedStatement 的原因。因为其中的 SQL 语句已经编译好了，所以使用 PreparedStatement 接口执行 SQL 语句的速度比较快，而且可以避免 SQL 注入问题。SQL 注入问题指用户可以通过参数向 SQL 语句中注入额外的 SQL 语句，从而执行非法的、危险的操作，比如删除数据库、清空表中的数据等。

#### 1．创建 PreparedStatement 对象

可以使用 Connection 对象创建在该连接上执行 SQL 语句的 PreparedStatement 对象，方法如下：

```
<PreparedStatement 对象> = <Connection 对象>.prepareStatement(<SQL 语句>);
```

#### 2．设置 SQL 语句中的参数

在 SQL 语句中可以使用问号（?）作为参数占位符，例如：

```
String sql = "SELECT * FROM students WHERE name = ?";
```

然后可以使用表 8-9 所示的 setter 方法向 PreparedStatement 对象中传递参数。

表 8-9　向 PreparedStatement 对象中传递参数的 setter 方法

| setter 方法的定义 | 具体说明 |
| --- | --- |
| <PreparedStatement 对象>.setString(<参数序号>, <String 型数据>) | 将 PreparedStatement 对象中指定位置的参数替换为指定的 String 型数据 |
| <PreparedStatement 对象>.setInt(<参数序号>, <int 型数据>) | 将 PreparedStatement 对象中指定位置的参数替换为指定的 int 型数据 |
| <PreparedStatement 对象>.setFloat(<参数序号>, <float 型数据>) | 将 PreparedStatement 对象中指定位置的参数替换为指定的 float 型数据 |
| <PreparedStatement 对象>.setDouble(<参数序号>, <double 型数据>) | 将 PreparedStatement 对象中指定位置的参数替换为指定的 double 型数据 |
| <PreparedStatement 对象>.setDate(<参数序号>, <Date 类型数据>) | 将 PreparedStatement 对象中指定位置的参数替换为指定的 Date 类型数据 |
| <PreparedStatement 对象>.setTime(<参数序号>, <Time 类型数据>) | 将 PreparedStatement 对象中指定位置的参数替换为指定的 Time 类型数据 |
| void setObject<参数序号>, <Object 型数据>throws SQLException; | 将 PreparedStatement 对象中指定位置的参数替换为指定的 Object 类型数据。各种类型的数据都可以通过 setObject()方法被替换到 PreparedStatement 对象中 |

在表 8-9 所示的方法中，<参数序号>指定参数的位置，其值从 1 开始。

### 3．executeUpdate()方法

调用 PreparedStatement 对象的 executeUpdate()方法可以执行 DDL 语句和 DML 语句。在实际应用中，该方法通常用于执行 INSERT、UPDATE、DELETE 等 DML 语句。executeUpdate()方法的定义如下：

```
int executeUpdate() throws SQLException;
```

当执行 DML 语句时，executeUpdate()方法返回 SQL 语句影响的行数；当执行 DDL 语句时，executeUpdate()方法返回 0。

如果访问数据库时遇到错误，则 executeUpdate()方法会抛出 SQLException 异常。下面是可能遇到的数据库访问错误。

➤ 执行的 SQL 语句有语法错误。
➤ 数据库连接已经被关闭了。
➤ 使用 executeUpdate()方法执行 SELECT 语句。

### 4．executeQuery()方法

调用 PreparedStatement 对象的 executeQuery()方法可以执行 SELECT 语句，从数据库中读取数据。executeQuery()方法的定义如下：

```
ResultSet executeQuery() throws SQLException;
```

executeQuery()方法返回 ResultSet 对象，其中包含 SELECT 语句的查询结果。

### 5．ResultSet 接口

ResultSet 接口可以提供访问查询结果的功能。ResultSet 接口对查询结果的遍历是逐行进行的。每个 ResultSet 对象中都包含游标（cursor），用于标识当前记录（即可以读取数据）的位置。初始时，游标位于查询结果的第一条记录处。ResultSet 接口提供了一组 getter 方法，用于从游标位置处读取指定列的不同类型的值，具体如表 8-10 所示。

表 8-10　从游标位置处读取指定列的不同类型的值的 getter 方法

| getter 方法的定义 | 具体说明 |
| --- | --- |
| String getString(String columnLabel) throws SQLException; | 从查询结果的游标位置处以 String 型读取指定列的值 |
| boolean getBoolean(String columnLabel) throws SQLException; | 从查询结果的游标位置处以 boolean 型读取指定列的值 |
| byte getByte(String columnLabel) throws SQLException; | 从查询结果的游标位置处以 byte 型读取指定列的值 |
| short getShort(String columnLabel) throws SQLException; | 从查询结果的游标位置处以 short 型读取指定列的值 |
| int getInt(String columnLabel) throws SQLException; | 从查询结果的游标位置处以 int 型读取指定列的值 |
| long getLong(String columnLabel) throws SQLException; | 从查询结果的游标位置处以 long 型读取指定列的值 |
| float getFloat(String columnLabel) throws SQLException; | 从查询结果的游标位置处以 float 型读取指定列的值 |
| double getDouble(String columnLabel) throws SQLException; | 从查询结果的游标位置处以 double 型读取指定列的值 |
| BigDecimal getBigDecimal(String columnLabel, int scale) throws SQLException; | 从查询结果的游标位置处以 BigDecimal 类型读取指定列的值 |
| byte[] getBytes(String columnLabel) throws SQLException; | 从查询结果的游标位置处以 byte 数组类型读取指定列的值 |

| getter 方法的定义 | 具体说明 |
| --- | --- |
| java.sql.Date getDate(String columnLabel) throws SQLException; | 从查询结果的游标位置处以 java.sql.Date 类型读取指定列的值。注意：返回值的类型并不是 java.util.Date |
| java.sql.Time getTime(String columnLabel) throws SQLException; | 从查询结果的游标位置处以 java.sql.Time 类型读取指定列的值 |
| java.sql.Timestamp getTimestamp(String columnLabel) throws SQLException; | 从查询结果的游标位置处以 java.sql.Timestamp 类型读取指定列的值 |

在表 8-10 所示的方法中，参数 columnLabel 指定要读取列的列名。

调用 ResultSet 接口的 next() 方法可以将游标向前移动一条记录，可以使用 next() 方法遍历查询结果。next() 方法的定义如下：

```
boolean next() throws SQLException;
```

如果游标前面已经没有数据，则 next() 方法返回 false；如果成功移动游标，则 next() 方法返回 true。

### 6. 数据库应用程序的基本架构

为了使程序结构更清晰，通常在开发数据库应用程序时可以将程序分成下面几个部分。

➢ DAO（data access objects，数据访问对象）：用于封装指定表的访问代码，其中通常会包含关于该表的 CRUD 操作。DAO 只关注对表的操作，不实现其他业务逻辑。

➢ POJO：用于封装指定表的列，可在业务逻辑代码和 DAO 之间传递数据。

➢ 业务逻辑代码：实现程序具体功能的代码，比如接收用户输入的数据、根据业务规则处理数据、将数据呈现在用户界面上等。业务逻辑代码通常会通过调用 DAO 中封装的方法访问数据库。

数据库应用程序的基本架构如图 8-13 所示。

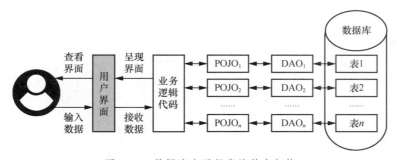

图 8-13　数据库应用程序的基本架构

业务逻辑代码实现接收用户输入的数据，根据业务需求将数据写入数据库中，或者从数据库中加载数据。无论是写入数据还是加载数据，都是以 POJO 类为载体的。如果加载数据，则业务逻辑代码会将数据呈现在用户界面中。在实际开发中，通常每个数据库表都对应一个 POJO 类和一个 DAO 类。

### 7. 数据库应用程序开发示例

【例 8-16】　演示开发学生数据管理程序的过程。程序的运行流程如图 8-14 所示。

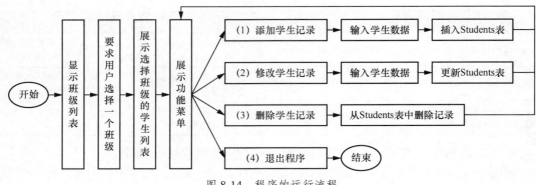

图 8-14　程序的运行流程

程序的开发过程如下。

（1）项目概况

例 8-16 演示的程序对应的项目是 Maven 项目，项目名为 sample0816。参照 8.3.1 小节 pom.xml 文件中的内容，添加 MySQL 数据库驱动程序的依赖。

（2）设计 POJO 类

org.example.pojo 包下存储着项目中的 POJO 类，包括 Classes 类和 Students 类。

Classes 类是 classes 表的 POJO 类，其主要代码如下：

```java
public class Classes {
    private int id;
    public Classes(int id, String name, String school) {
        this.id = id;
        this.name = name;
        this.school = school;
    }
    …
    private  String name;
    private  String school;
}
```

其中省略了 getter 方法和 setter 方法。

Students 类是 students 表的 POJO 类，其主要代码如下：

```java
public class Students {
    public Students(int id, String name, int sex,Date birth, int classid) {
        this.id = id;
        this.name = name;
        this.birth = birth;
        this.sex = sex;
        this.classid= classid;
    }
    private int id;
    private String name;
    private int sex;
    private Date birth;
    private  int classid;
}
```

其中省略了 getter 方法和 setter 方法。

（3）DAO 类

org.example.dao 包下存储着项目中的 DAO 类，包括 ClassDAO 类和 StudentDAO 类。

ClassDAO 类是 classes 表的 DAO 类，其中包含对 classes 表的 CRUD 操作。

① ClassDAO 类的属性。ClassDAO 类的属性定义如下：

```
public class ClassDAO {
    private Connection conn = JDBCUtils.getConnection();
    private PreparedStatement ps;
    …
}
```

其中 Connection 对象 conn 用于连接数据库，PreparedStatement 对象 ps 用于执行 SQL 语句。

② add() 方法。add() 方法用于向 classes 表中插入数据，其代码如下：

```
public int add(Classes cls) throws SQLException {
    String sql = "insert into classes (name,school) values(?,?)";
    ps = conn.prepareStatement(sql);
    ps.setObject(1,cls.getName());
    ps.setObject(2,cls.getSchool());
    return ps.executeUpdate();
}
```

其中使用 PreparedStatement 对象 ps 执行 insert 语句。参数 cls 中包含插入 classes 表中的数据。

③ delete() 方法。delete() 方法用于从 classes 表中删除数据，其代码如下：

```
public int delete(int id) throws SQLException {
    String sql = "delete from classes where id=?";
    ps = conn.prepareStatement(sql);
    ps.setObject(1,id);
    return ps.executeUpdate();
}
```

参数 id 指定要删除的 classes 表中 id 列的值。

④ update() 方法。update() 方法用于更新 classes 表中指定的数据，其代码如下：

```
public int update(Classes cls) throws SQLException {
    String sql = "update classes set name=? , school=? where id=?";
    ps = conn.prepareStatement(sql);
    ps.setObject(1,cls.getName());
    ps.setObject(2,cls.getSchool());
    ps.setObject(3,cls.getId());
    return ps.executeUpdate();
}
```

参数 cls 指定要更新的数据。程序根据 cls.getId() 方法确定要更新的数据。

⑤ findAll() 方法。findAll() 方法用于读取 classes 表中的所有数据，其代码如下：

```
public List<Classes> findAll() throws SQLException {
    String sql = "select * from classes";
    ps = conn.prepareStatement(sql);
    ResultSet rs = ps.executeQuery();
    List<Classes> list = new ArrayList<Classes>();
    while(rs.next()){
        int id = rs.getInt("id");
        String ame = rs.getString("name");
        String school = rs.getString("school");
        Classes cls = new Classes(id,ame,school);
        list.add(cls);
    }
    return list;
}
```

数据库编程 / 第 8 章

程序调用 PreparedStatement 对象 ps 的 executeQuery()方法执行 select 语句，并返回查询结果。

⑥ findByID()方法。findByID()方法用于读取 classes 表中的指定的数据，其代码如下：

```
public Classes findByID(int id) throws SQLException {
String sql = "select * from classes where id=?";
ps = conn.prepareStatement(sql);
ps.setInt(1,id);
ResultSet rs = ps.executeQuery();
Classes u = null;
while(rs.next()){
    String name = rs.getString("name");
    String school = rs.getString("school");
    u = new Classes(id,name,school);
}
return u;
}
```

参数 id 指定要读取数据的 id 值。程序调用 PreparedStatement 对象 ps 的 executeQuery()方法执行 select 语句，并返回查询结果。

StudentDAO 类是 students 表的 DAO 类，其中包含对 students 表的 CRUD 操作。其中包含的方法和编码与 ClassDAO 类中包含的方法和编码类似，这里不对其展开介绍。

（4）项目主类

项目主类 Main 按照图 8-14 所示的流程实现例 8-16 演示程序的主要功能。由于功能比较复杂，Main 类中通过若干个方法对功能进行实现。

① show_classes()方法。show_classes()方法用于在控制台中显示班级列表，代码如下：

```
private static void show_classes() throws SQLException {
    ClassDAO cd = new ClassDAO();
    classesList = cd.findAll();
    System.out.println("班级列表");
    System.out.println("=================");
    for (int i = 0; i < classesList.size(); i++) {
        Classes cls = classesList.get(i);
        System.out.println((i + 1) + ".  " + cls.getSchool() + ", \t" + cls.getName());
    }
}
```

程序调用 ClassDAO 类的 findAll()方法获取 classes 表中的所有班级记录，并输出这些记录。

② show_students_inclass()方法。show_students_inclass()方法用于显示指定班级中的学生列表，代码如下：

```
private static void show_students_inclass(int classid) throws SQLException {
    System.out.print("您所选班级: ");
    ClassDAO cd= new ClassDAO();
    Classes cls =cd.findByID(classid);
    System.out.println( cls.getSchool() + ", \t" + cls.getName());
    StudentDAO sd = new StudentDAO();
    stuList = sd.findbyClassid(cls.getId());
```

```
        System.out.println("其中包含下面"+stuList.size()+"个学生");
        System.out.println("========================");
        for (int i = 0; i < stuList.size(); i++) {
            Students stu = stuList.get(i);
            System.out.println((i + 1) + ".  " + stu.getName() + ", \t" + (stu.getSex()==1?
            "男":"女")+", \t"+stu.getBirth());
        }
    }
```

参数 classid 指定显示学生列表的班级记录的 id 值。程序调用 StudentDAO 类的 findbyClassid()方法获取 classid 对应班级中的学生记录，然后将其在控制台中输出。

③ print_menus()方法。print_menus()方法用于输出功能菜单，代码如下：

```
private static void print_menus() throws SQLException {
    System.out.println("");
    System.out.println("功能菜单");
    System.out.println("========================");
    System.out.println("1. 在所选班级中添加学生记录");
    System.out.println("2. 修改学生记录");
    System.out.println("3. 删除学生记录");
    System.out.println("4. 退出程序");
    System.out.println("========================");
    System.out.print("\r\n 请输入您要执行的操作（1～4）: ");
    int op_index = 0;
    while (op_index < 1 || op_index > 4) {
        // 处理用户输入的菜单序号
        Scanner sc = new Scanner(System.in);
        op_index = sc.nextInt();
        switch (op_index) {
            case 1:
                insert();
                break;
            case 2:
                update();
                break;
            case 3:
                delete();
                break;
            case 4:
                System.exit(0);
                break;
        }
    }
}
```

例 8-16 演示的程序包含在所选班级中添加学生记录、修改学生记录、删除学生记录等功能。这些功能是以选择班级为前提的。用户只能在所选班级中添加学生记录，只能修改和删除所选班级中的学生记录。

④ insert()方法。在 print_menus()方法中，如果用户选择"1. 在所选班级中添加学生记录"，则程序会调用 insert()方法。insert()方法的代码如下：

```
private static void insert() throws SQLException {
    Classes cls = classesList.get(cls_index-1);
    System.out.println("您选择在【  " + cls.getSchool() + ",\t" + cls.getName()+"】
中添加学生记录");
```

```
        Students stu = input_stuinfo(0, cls.getId());
        StudentDAO sd = new StudentDAO();
        int result = sd.add(stu);
        if(result>0){
                System.out.println("成功添加学生记录");
                show_students_inclass(cls.getId()); // 输出班级中的学生记录
                print_menus();
        }
}
```

程序调用 input_stuinfo()方法时要求用户输入学生数据，然后调用 StudentDAO 类的 add()
方法将其插入 students 表中。

⑤ input_stuinfo()方法。在添加学生记录或修改学生记录时都会要求用户输入学生数
据。input_stuinfo()方法用于实现用户输入学生数据的功能，代码如下：

```
private  static  Students input_stuinfo(int id, int classid) {
        System.out.print("请输入学生姓名：");
        Scanner sc = new Scanner(System.in);
        String name = sc.nextLine();
        int sex = 0;
        while (sex != 1 && sex != 2) {
                System.out.print("请输入学生性别（1 表示男，2 表示女）: ");
                sex = sc.nextInt();
        }
        boolean birthok = false;
        Date birth = null;
        while (!birthok) {
                System.out.print("请输入学生的生日（yyyy-MM-dd）: ");
                sc = new Scanner(System.in);
                String strbirth = sc.nextLine();
                try {
                        SimpleDateFormat sdf = new SimpleDateFormat("yyyy-MM-dd");
                        birth = sdf.parse(strbirth);
                        birthok = true;
                } catch (Exception e) {
                        birthok = false;
                }
        }
        Students stu = new Students(id,name, sex, birth, classid);
        return stu;
}
```

程序通过 Scanner 对象接收用户输入的学生姓名、性别和生日等数据，然后将其赋值
给 Students 对象 stu。最后，input_stuinfo()方法返回 stu 对象，即可实现插入和更新 students
表的数据。input_stuinfo()方法有下面 2 个参数。

➢ id：指定要编辑的学生记录的 id 值，当添加学生记录时 id=0。
➢ classid：指定学生记录所在班级的 id 值。当添加学生记录时，所在班级是提前选
   择的，无须用户输入；当修改学生记录时，所在班级是不能修改的，只能保持原
   有数据。因此 classid 值需要在输入数据前传入。

⑥ update()方法。在 print_menus()方法中，如果用户选择"2. 修改学生记录"，则程
序会调用 update()方法。update()方法的代码如下：

```
private static void update() throws SQLException {
        Classes cls = classesList.get(cls_index-1);
        show_students_inclass(cls.getId());
```

```
System.out.print("请输入要修改的学生 ID: ");
Scanner sc = new Scanner(System.in);
int stu_index = sc.nextInt();
Students stu = stuList.get(stu_index-1);
int stuid = stu.getId();
System.out.println("您选择修改姓名为【 " + stu.getName() + " 】的学生记录。");
stu = input_stuinfo(stu.getId(), stu.getClassid());
stu.setId(stuid);
StudentDAO sd = new StudentDAO();
int result = sd.update(stu);
if (result > 0) {
        System.out.println("成功修改学生记录");
        show_students_inclass(cls.getId()); // 输出班级中的学生记录
        print_menus();
    }
}
```

程序调用 input_stuinfo()方法时要求用户输入学生数据，然后调用 StudentDAO 类的update()方法将其更新到 students 表中。

⑦ delete()方法。在 print_menus()方法中，如果用户选择"3. 删除学生记录"，则程序会调用 delete()方法。delete()方法的代码如下：

```
private  static  void delete() throws SQLException {
        Classes cls = classesList.get(cls_index-1);
        show_students_inclass(cls.getId());
        System.out.print("请输入要删除的学生 ID: ");
        Scanner sc = new Scanner(System.in);
        int stu_index = sc.nextInt();
        Students stu = stuList.get(stu_index-1);
        System.out.print("是否确定删除姓名为【 " + stu.getName()+" 】的学生记录？输入 y 或 Y,
表示确定: ");
        char c = sc.next().charAt(0);
        if(c=='y' || c=='Y')
        {
                StudentDAO sd = new StudentDAO();
                int result = sd.delete(stu.getId());
                if(result>0){
                        System.out.println("成功删除学生记录");
                }
                show_students_inclass(cls.getId());
                print_menus();
        }
}
```

程序要求用户输入要删除的学生 ID，并根据 ID 从学生列表 stuList 中获取要删除的学生记录。然后程序调用 StudentDAO 类的 delete()方法删除指定的学生记录。

在 insert()方法、update()方法和 delete()方法的最后，程序都会调用 show_students_inclass()方法重新显示所选班级里的学生列表，用户可以查看上一步操作的结果；然后调用print_menus()方法输出功能菜单，开始下一步操作。直至用户选择"4. 退出程序"，程序会调用 System.exit(0)方法结束程序的运行。

⑧ main()方法。main()方法的代码如下：

```
public static void main(String[] args) throws SQLException {
    show_classes();
    while (cls_index > classesList.size() || cls_index <= 0) {
```

```
            System.out.print("请输入ID，选择查看学生记录的班级：");
            Scanner sc = new Scanner(System.in);
            cls_index = sc.nextInt();
        }
        // 获取所选班级中的学生列表
        show_students_inclass(classesList.get(cls_index - 1).getId());
        // 输出功能菜单
        print_menus();
    }
```

程序的运行过程如下。

➢ 调用 show_classes()显示所有班级记录。

➢ 要求用户选择一个班级，后面的操作都基于这个选择。

➢ 调用 show_students_inclass()显示所选班级中所有的学生记录。

➢ 调用 print_menus()输出功能菜单。

运行项目 sample0816，程序首先显示所有的班级记录，并要求用户选择一个班级，如图 8-15 所示。选择班级后，程序会显示班级中所有的学生记录，并输出功能菜单，如图 8-16 所示。

图 8-15　运行项目 sample0816 并选择一个班级　　　图 8-16　项目 sample0816 的功能菜单

## 8.4　趣味实践：集成用户管理功能的五子棋游戏

本节介绍的五子棋游戏项目为 gobang2.2。与 gobang2.1 项目相比，gobang2.2 项目的最大特色在于通过数据库编程实现了用户管理功能，玩家可以注册用户，然后使用用户名和密码登录游戏大厅。

趣味实践：集成用户管理功能的五子棋游戏

### 8.4.1　gobang2.2 项目的程序架构

与 gobang2.1 项目一样，gobang2.2 项目中也包含 GobangServer、GobangClient 和 GobangCommon 这 3 个模块。由于篇幅所限，本小节不展开介绍 gobang2.2 项目的源代码，读者可以参照附录 A。

### 8.4.2　gobang2.2 项目的新增功能

除了项目 gobang2.1 中的基本功能外，gobang2.2 项目的主要新增功能如下。

> ➤ 用户登录。
> ➤ 用户注册。
> ➤ 存储游戏记录。
> ➤ 用户查看自己的游戏记录。

### 8.4.3 数据库结构设计

gobang2.2 项目使用的数据库为 gobang，其中包含用户表 user 和游戏记录表 game。user
表的结构如表 8-11 所示。

**表 8-11　user 表的结构**

| 列名 | 数据类型 | 列选项 | 具体说明 |
|---|---|---|---|
| username | varchar(50) | NOT NULL | 用户名 |
| pwd | varchar (50) | NOT NULL | 密码 |
| name | varchar (50) | NOT NULL | 玩家昵称 |

games 表的结构如表 8-12 所示。

**表 8-12　game 表的结构**

| 列名 | 数据类型 | 列选项 | 具体说明 |
|---|---|---|---|
| id | int | PRIMARY KEY、AUTO_INCREMENT | ID |
| username_a | varchar(50) | NOT NULL | 玩家 A 用户名 |
| username_b | varchar (50) | NOT NULL | 玩家 B 用户名 |
| start_time | datetime | NOT NULL | 开始时间 |
| end_time | datetime | NOT NULL | 结束时间 |
| winner | varchar (50) | NOT NULL | 获胜者用户名 |

创建数据库 gobang、user 表和 game 表的语句如下：

```
CREATE DATABASE gobang
CHARACTER SET utf8
COLLATE utf8_general_ci;
USE gobang;
CREATE TABLE user(
  username varchar(50) NOT NULL,
  pwd varchar(50) NOT NULL,
  name varchar(50) NOT NULL,
  CONSTRAINT pk_username PRIMARY KEY (username)
) ENGINE=InnoDB CHARSET=utf8;
CREATE TABLE game(
  id int AUTO_INCREMENT,
  username_a varchar(50) NOT NULL,
  username_b varchar(50) NOT NULL,
  start_time DATETIME NOT NULL,
  end_time DATETIME NOT NULL,
  winner varchar(50) NOT NULL,
  CONSTRAINT pk_id PRIMARY KEY (id)
) ENGINE=InnoDB CHARSET=utf8;
```

执行如下语句授予 java 用户对数据库 gobang 的管理和操作权限（java 是附录 A 实验 8
中创建的一个 MySQL 用户，用于在应用程序中连接数据库）：

```
GRANT ALL ON gobang.* TO 'java'@'%';
```

### 8.4.4　GobangCommon 模块的程序设计

GobangCommon 模块是本项目中的公共模块，其中包含 GobangServer 模块和 GobangClient 模块中都会使用的类，这些类中的大部分类也包含在 gobang2.1 项目中，并且代码基本相同。本小节只介绍 GobangCommon 模块中与数据库操作有关的类。

#### 1．设计 POJO 类

org.example.pojo 包下包含 user 表和 game 表对应的 POJO 类：user 类和 game 类。user 类的属性与 user 表的列是对应的，game 类的属性与 game 表的列是对应的。

除了 user 类和 game 类外，org.example.pojo 包下还包含若干 DTO 类，用于在服务器端程序和客户端程序之间传递数据。请参照第 7 章中的源代码理解这些类。

#### 2．设计 DAO 类

org.example.dao 包下包含 user 表和 game 表对应的 DAO 类：UserDao 类和 GameDao 类。

（1）UserDao 类

UserDao 类用于操作 user 表，其中包含的方法如下。

- ➢ public int add(User user)：将 user 对象中的数据插入 user 表中。
- ➢ public int delete(int id)：从 user 表中删除指定 id 值的记录。
- ➢ public int update(User user)：将 user 对象中的数据更新到 user 表中。
- ➢ public List<User> findAll()：查询并返回 user 表中的所有数据。
- ➢ public User findByUsername(String username)：根据用户名 username 查询用户记录。

（2）GameDao 类

GameDao 类用于操作 game 表，其中包含的方法如下。

- ➢ public int add(Game game)：将 game 对象中的数据插入 game 表中。
- ➢ public int delete(int id)：从 game 表中删除指定 id 值的记录。
- ➢ public int update(Game game)：将 game 对象中的数据更新到 game 表中。
- ➢ public List<Game> findAll()：查询并返回 game 表中的所有数据。
- ➢ public Game findByID(int id)：根据指定的 id 值查询游戏记录。
- ➢ public List<Game> findGamesbyUser(String username)：根据用户名 username 查询对应用户参与的游戏记录。

### 8.4.5　GobangServer 模块的程序设计

GobangServer 模块中包含的类和大部分类代码与 gobang2.1 项目的 GobangServer 模块包含的类和类代码是一致的。不同之处在于：gobang2.2 项目以用户名标识一个玩家，而 gobang2.0 项目以玩家昵称标识一个玩家。这种差别很细小，因此这里不展开介绍 GobangServer 模块的代码。

### 8.4.6　GobangClient 模块的程序设计

GobangClient 模块是本项目中的客户端程序模块，其中除了与 gobang2.1 项目基本相同的 Socket 通信机制和五子棋游戏的相关功能外，还新增了如下与数据库操作相关的功能。

> 用户登录。
> 用户注册。
> 存储游戏记录。
> 用户查看自己的游戏记录。

本小节介绍这些与数据库操作相关功能的实现方法。

### 1．用户登录

运行 GobangClient，程序会打开登录窗体 LoginFrame，如图 8-17 所示。登录窗体的事件监听器为 org.example.gobangclient.listener.LoginListener，其中封装了登录窗体中单击按钮事件的处理方法。

### 2．用户注册

登录窗体 LoginFrame 中定义了一个"注册新用户"按钮。单击该按钮，程序会打开用户注册窗体 RegisterFrame，如图 8-18 所示。

图 8-17　登录窗体

图 8-18　用户注册窗体

用户注册窗体的事件监听器为 org.example.gobangclient.listener.RegisterListener，其中封装了用户注册窗体中单击按钮事件的处理方法。

### 3．存储游戏记录

GameUtils 类中定义了一个 SaveGame()方法，用于将游戏记录存储到表 game 中。

### 4．查看自己的游戏记录

客户端程序主窗体中包含一个"我的游戏记录"按钮，MainListener 类中定义了单击"我的游戏记录"按钮的处理代码。

HistoryFrame 类定义了"我的游戏记录"窗体，如图 8-19 所示。

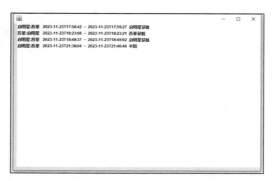

图 8-19　"我的游戏记录"窗体

数据库编程　第 8 章

## 8.5 本章小结

本章介绍了数据库系统的基本概念，并以 MySQL 为例介绍了关系数据库的管理和维护方法以及常用 SQL 语句的使用方法。

本章还介绍了在 Java 程序中通过 JDBC 编程访问数据库中数据的方法，并通过编写五子棋游戏 2.2 版程序实践了 Java 数据库编程技术。

## 习题

### 一、选择题

1. （　　　）是关系数据库中最常用的数据存储单元之一，其中包含用户存储在数据库中的数据。
   A. 表　　　　　　　B. 视图　　　　　　C. 索引　　　　　D. 存储过程
2. 下面语句中不用于创建数据库的是（　　　）。
   A. CREATE DATABASE　　　　　　B. CREATE SCHEMA
   C. CREATE VIEW　　　　　　　　D. 以上都不是
3. 表示变长字符串的 MySQL 数据类型为（　　　）。
   A. char　　　　　　B. varchar　　　　　C. binary　　　　D. varbinary
4. （　　　）语句是用于向表中插入数据的 SQL 语句。
   A. INSERT　　　　　B. ADD　　　　　　C. APPEND　　　D. UPDATE
5. CREATE TABLE 语句中可以用来指定表的主键的列选项为（　　　）。
   A. AUTO_INCREMENT　　　　　　B. PRIMARY KEY
   C. NOT NULL　　　　　　　　　D. UNIQUE

### 二、填空题

1. 关系数据库以_____和_____组织数据。
2. SQL 语言包括_____、_____、_____和_____ 4 种类型。
3. 在 JDBC 编程中，可以通过_____接口连接到一个特定数据库。
4. 在 JDBC 编程中，可以使用_____接口执行 SQL 语句。
5. 调用 PreparedStatement 对象的_____方法可以执行 DDL 语句和 DML 语句。
6. 调用 PreparedStatement 对象的_____方法可以执行 SELECT 语句。

### 三、简答题

1. 试述 JDBC 的工作原理。
2. 试述通过 JDBC 实现数据库编程的流程。

# 第9章 开发 Web 应用程序

在互联网时代，开发 Web 应用程序是一门高级编程语言最常见的应用场景之一。Java 是深受国内外互联网公司和 Web 开发者欢迎的高级编程语言，为开发 Web 应用程序提供了便捷的底层支持和流行的开发框架。本章介绍使用 Java 开发 Web 应用程序的基本方法。

## 9.1 Web 应用编程基础

Web 应用与控制台应用、桌面应用的工作原理和程序架构都不相同。因此，在学习和使用 Java 开发 Web 应用程序前，首先应该了解 Web 应用编程的基础知识。

### 9.1.1 应用程序架构

20 世纪 80 年代，随着 TCP/IP 协议簇的诞生和普及，不同厂商的计算机可以方便地实现互联、通信，这也催生了新的应用程序架构——C/S 架构和 B/S（browser/server，浏览器/服务器）架构。

在 C/S 架构中，应用程序可以分为客户端程序和服务器端程序 2 个部分。客户端程序负责显示用户界面，与用户进行交互，将用户的请求发送至服务器端程序，处理和显示服务器端程序返回的数据；服务器端程序通常是 DBMS（database management system，数据库管理系统），负责数据库查询和管理。

C/S 架构应用程序的工作原理如图 9-1 所示。

随着互联网时代的来临，B/S 架构已经成为主流的应用程序架构。B/S 架构可以看作是特殊的 C/S 架构，只不过 B/S 架构中的客户端程序是浏览器，服务器端程序是部署在 Web 服务器上的用户应用程序。B/S 架构应用程序可以分为前端程序和后端程序 2 个部分。前端程序符合 HTML 规范，主要用来显示用户界面（即网页）和处理与用户的交互；后端程序用来处理业务逻辑，实现需求设计中约定的具体功能，访问数据库并存取数据。

B/S 架构应用程序的工作原理如图 9-2 所示。

图 9-1　C/S 架构应用程序的工作原理　　　　图 9-2　B/S 架构应用程序的工作原理

### 9.1.2　开发 Web 应用涉及的编程技术

开发 Web 应用过程中涉及多种编程技术，这些编程技术可以分为前端技术和后端技术两大类。

#### 1．前端技术

前端技术负责呈现用户界面，实现与用户进行交互的功能。网页中所有元素（例如导航菜单、文本、图像、视频等）都是通过前端技术设计和实现的。前端开发使用的编程语言包括 HTML、JavaScript 和 CSS（cascading style sheet，层叠样式表），它们集成在一起可以实现完整的网页效果，包括网页的内容、布局、样式，以及与用户进行交互的功能，具体分工如下。

> - HTML：用于定义网页的内容。HTML 是超文本和标记语言的组合，超文本用于定义网页之间的链接，标记语言用于定义网页中的元素。
> - JavaScript：可以嵌入网页中的脚本语言，用于操作网页元素，以实现与用户进行交互的效果，例如检查用户输入数据的有效性等。在实际开发中，可以使用标准 JavaScript 语言，也可以使用基于 JavaScript 进行封装的前端框架和脚本库，如 jQuery。随着前端技术的发展，市面上涌现出很多前端框架，例如 React、Vue、Angular 等。jQuery 和各种前端框架都是基于标准 JavaScript 语言的，它们可以使前端开发更加便捷与高效。
> - CSS：用于定义网页和其中元素呈现的样式，例如网页的背景色以及元素的字体、颜色、边框、边距等。

#### 2．后端技术

后端指网站的服务器端，后端程序负责访问数据库，实现业务逻辑，使用处理后的数据构造网页并返回给前端程序。很多高级编程语言都可以用于开发 Web 应用的后端程序，比如 Java、Python、Go 等。

Web 应用程序中前端程序与后端程序的工作流程如图 9-3 所示。

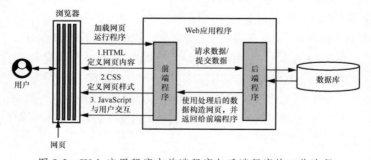

图 9-3　Web 应用程序中前端程序与后端程序的工作流程

## 9.2　前端技术概述

Java 并不属于前端技术，但是如果要开发完整的 Web 应用程序，就离不开前端技术。

为便于读者理解，本节对 HTML、CSS 和 JavaScript 等基础的前端技术进行简单介绍。

## 9.2.1 HTML 概述

HTML 是开发 Web 应用程序的基础，用于定义网页的元素，决定网页的结构和显示的内容。

### 1．HTML 文档的基本结构

HTML 中包含很多 HTML 标签，可用于定义网页中的 HTML 元素，HTML 元素指的是从开始标签到结束标签的所有内容。这些 HTML 标签可以被 Web 浏览器解释，从而决定网页的结构和显示的内容。定义网页的代码被称为 HTML 文档。在 HTML 文档中，标签通常成对出现，例如<html>和</html>是网页的最外层标签对。使用 HTML 标签定义 HTML 元素的语法格式如下：

```
<标签名> 数据 </标签名>
```

HTML 文档可以分为文档头和文档体 2 个部分。文档头中定义文档标题以及 HTML 文档中引用的 CSS 文件和 JavaScript 脚本；文档体是网页的实质内容，其中定义网页的显示内容和效果。

HTML 中包含一组定义 HTML 文档结构的标签，如表 9-1 所示。

表 9-1　HTML 常用的结构标签

| 结构标签 | 具体描述 |
| --- | --- |
| <html>…</html> | 标记 HTML 文档的开始和结束 |
| <head>…</head> | 标记文档头的开始和结束 |
| <title>…</title> | 标记文档头中的文档标题 |
| <body>…</body> | 标记文档体的开始和结束 |
| <!--…--> | 标记 HTML 文档中的注释部分 |

HTML 结构标签的使用示例如下：

```
<html>
  <head>
    <title> HTML 文档标题</title>
  </head>
  <body>
    <!--  HTML 文档内容  -->
  </body>
</html>
```

这些标签只用于定义网页的基本结构，并没有定义网页中要显示的内容。因此，在浏览器中查看此网页时，除了网页的标题外，其他部分是空白的。

### 2．设置网页的背景图片和背景色

在设计网页时，通常需要先设置网页的属性。常见的网页属性就是网页的背景图片和背景色。

可以在<body>标签中通过 background 属性设置网页的背景图片，例如：

```
<body background="bk.jpeg">
```

可以在<body>标签中通过 bgcolor 属性设置网页的背景色，例如：

```
<body bgcolor="#00FFFF">
```

HTML 支持下面 3 种颜色表示方法。

➢ 颜色关键字：使用一组颜色关键字表示颜色，例如 red 表示红色，orange 表示橙色，yellow 表示黄色，green 表示绿色，blue 表示蓝色等。

➢ 十六进制字符串：使用一个十六进制字符串表示颜色，格式为#RRGGBB。其中，RR 表示红色值，GG 表示绿色值，BB 表示蓝色值。例如#FF0000 表示红色，#00FF00 表示绿色，#0000FF 表示蓝色，#FFFFFF 表示白色，#000000 表示黑色等。

➢ RGB 颜色值：使用 RGB(r,g,b)格式表示颜色。其中 r 表示红色值，g 表示绿色值，b 表示蓝色值。r、g、b 都是十进制数，取值范围都为 0～255。例如 RGB(0,0,0)表示黑色，RGB(0,0,255)表示蓝色，RGB(0,255,0)表示绿色等。

### 3．超链接

超链接是网页中一种特殊的文本，单击超链接可以方便地转向本地或远程的其他文档。超链接可分为两种，即本地链接和远程链接。本地链接用于连接本地计算机上的文档，远程链接则用于连接远程服务器上的文档。

在超链接中可以使用 URL 指定文档的具体位置。下面是一个定义超链接的示例：

```
<a href="http://www.baidu.com">百度</a>
```

在<a>和</a>标签之间定义超链接的显示文本，href 属性定义要转向的文档。

在超链接的定义代码中，除了指定转向文档外，还可以使用 target 属性设置单击超链接时打开网页的目标框架。可以选择_blank（新建窗口）、_parent（父框架）、_self（相同框架）和_top（整页）等目标框架。比较常用的目标框架为_blank。

电子邮箱超链接的定义代码如下：

```
<a href="mailto:mymail@hotmail.com">我的电子邮箱</a>
```

### 4．图像和动画

HTML 中可以使用<img>标签显示图像，例如：

```
<img src="1.jpg">
```

src 属性用于指定图像文件的文件名，包括文件所在的路径。这个路径既可以是相对路径，也可以是绝对路径。除此之外，img 标签还有如下的主要属性。

➢ align：用于指定图像的对齐方式，包括 top（顶端对齐）、bottom（底部对齐）、middle（居中对齐）、left（左侧对齐）和 right（右侧对齐）。

➢ border：用于指定图像的边框宽度。

➢ width：用于指定图像的宽度。

➢ height：用于指定图像的高度。

还可以使用<img>标签处理动画。例如，在网页中插入一个动画文件 clock.avi，代码如下：

```
<img border="0" dynsrc="clock.avi" start="fileopen" width="321" height="321">
```

dynsrc 属性用于指定动画文件的文件名，包括文件所在的路径。start 属性用于指定动画开始播放的时间，fileopen 表示网页打开时播放动画。

### 5．表格

在 HTML 中，表格由<table>…</table>标签对定义，表格内容由<tr>…</tr>和<td>…</td>标签对定义。<tr>…</tr>定义表格中的一行；<td>…</td>通常出现在<tr>…</tr>之间，用于定义一个单元格。

【例 9-1】　下面的 HTML 代码定义了一个 3 行 3 列的表格：

```
<table width="200" border="1">
  <tr>
    <td> </td>
    <td> </td>
    <td> </td>
  </tr>
  <tr>
    <td> </td>
    <td> </td>
    <td> </td>
  </tr>
  <tr>
    <td> </td>
    <td> </td>
    <td> </td>
  </tr>
</table>
```

 表示 HTML 中的空格，border 属性用于定义表格边框的宽度。例 9-1 对应的网页如图 9-4 所示。

### 6．表单

表单是网页中非常常用的元素，用于供用户输入数据，并将数据提交至后端程序。

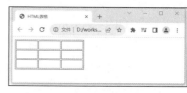

图 9-4　例 9-1 对应的网页

可以使用 form 标签定义表单，方法如下：

```
<form name="myform" action="url" method=get|post>
  子元素
</form>
```

<form>标签的属性说明如下。

➢ name：表单的名称。

➢ action：提交表单数据到后端程序时使用的 URL。

➢ method：提交数据的方式，包括 get 和 post 两种，默认为 get。get 可以在 URL 中通过参数向后端程序提交少量数据，具体长度取决于浏览器，但通常小于 1MB；建议使用 post 方式提交数据。使用 post 方式提交的数据的长度可以在 Web 服务器上配置。Tomcat 中默认使用 post 方式提交数据，数据的长度为 2MB。

9.4.5 小节中会结合示例演示使用 Java 程序处理表单数据的方法。

表单是一个容器，其中可以包含一些子元素，这些子元素用于定义显示数据的标题和

开发 Web 应用程序 ╱ 第 9 章

输入数据的控件。常用的用于定义表单子元素的标签包括<input>标签、<label>标签、<textarea>标签和<select>标签。

（1）<input>标签

<input>是功能强大的 HTML 标签，不但可以定义用于在表单中输入字母、数字等内容的文本框，可以定义用于选择年、月、周的控件，还可以定义单选按钮、复选框和按钮。定义输入文本的文本框的方法如下：

```
<input type="text" name="user">
```

定义密码文本框的方法如下：

```
<input type="password" name="pwd">
```

定义数字文本框的方法如下：

```
<input type="number" name="quantity" min="1" max="5">
```

min 属性指定输入数字的下限，max 属性指定输入数字的上限。

定义搜索文本框的方法如下：

```
<input type="search" name="baidusearch">
```

定义日期文本框的方法如下：

```
<input type="date" name="birth">
```

定义月份文本框的方法如下：

```
<input type="month" name="month">
```

定义电子邮件地址文本框的方法如下：

```
<input type="email" name="youremail">
```

定义 URL 文本框的方法如下：

```
<input type="url" name="homepage">
```

定义周选择器文本框的方法如下：

```
<input type="week" name="week">
```

定义单选按钮的方法如下：

```
<input type="radio" name="sex" value="male">男<br>
<input type="radio" name="sex" value="female">女
```

定义复选框的方法如下：

```
<input type="checkbox" name="city" value="beijing">北京<br>
<input type="checkbox" name=" city" value="shanghai">上海<br>
<input type="checkbox" name=" city" value="tianjin">天津
```

定义文件选择器的方法如下：

```
<input type="file" name="myfile">
```

定义拾色器（用于选取颜色）的方法如下：

```
<input type="color" name="favcolor_selector">
```

定义隐藏域（隐藏域是不可见的，用于在网页中存储数据）的方法如下：

```
<input type="hidden" name="myid" value="1">
```

还可以使用<input>标签定义按钮。

定义提交按钮的方法如下：

```
<input type="submit" value="提交">
```

单击提交按钮可以将表单中的数据提交至后端程序。

定义普通按钮的方法如下：

```
<input type="button" value="按钮">
```

单击普通按钮执行的操作需要编写 JavaScript 程序指定。

定义重置按钮的方法如下：

```
<input type="reset" value="重置">
```

单击重置按钮可以将表单中的控件恢复至初始值。

定义图像按钮的方法如下：

```
<input type="image" src="img_submit.gif" />
```

（2）<label>标签

<label>标签是用于定义 input 元素的标签，即 input 元素前面的说明文字。

（3）<textarea>标签

<textarea>标签用于定义一个多行文本框，例如：

```
<textarea rows="10" cols="30">
我是一个多行文本框。
</textarea>
```

（4）<select>标签

<select>标签用于定义一个下拉列表。使用<option>标签可定义下拉列表中的一个选项，例如：

```
<select>
<option value="beijing">北京</option>
<option value="shanghai">上海</option>
<option value="tianjin">天津</option>
<option value="chongqing">重庆</option>
</select>
```

**7．其他常用标签**

除了前面介绍的标签外，HTML 文档中其他常用的标签还包括<div>、<br>、<li>等。

（1）<div>标签

<div>标签用于定义文档中的分区。<div>标签对设计网页布局很重要，在实际应用中经常会使用<div>标签将网页分割为独立的、不同的部分。

【例9-2】 使用<div>标签在网页中定义 3 个分区，背景色分别为红、绿、蓝，代码如下：

```
<div style="background-color:#FF0000">
  <h3>标题 1</h3>
  <p>正文 1</p>
</div>
<div style="background-color:#00FF00">
  <h3>标题 2</h3>
  <p>正文 2</p>
```

```
</div>
<div style="background-color:#0000FF">
    <h3>标题 3</h3>
    <p>正文 3</p>
```

其中<h3>标签用于定义三级标题；<p>标签用于定义文本；style 属性用于指定 div 元素的 CSS 样式；background-color 是 CSS 属性，用于定义元素的背景色。CSS 样式将在 9.2.2 小节介绍。

例 9-2 的运行结果如图 9-5 所示，可以很直观地看到<div>标签定义的分区范围。

（2）<br>标签

<br>标签是 HTML 中的换行符，它是一个自闭合标签。

【例 9-3】 使用<br>标签的示例。

第一段<br>第二段<br>第三段

例 9-3 的运行结果如图 9-6 所示。

图 9-5 例 9-2 的运行结果　　　　　图 9-6 例 9-3 的运行结果

（3）<li>标签

<li>标签用于定义列表项目，可以用在有序列表（使用<ol>标签定义）和无序列表（使用<ul>标签定义）中。

【例 9-4】 演示<li>标签的使用方法。

```
<ol>
    <li>苹果</li>
    <li>梨</li>
    <li>桃子</li>
</ol>
<ul>
    <li>苹果</li>
    <li>梨</li>
    <li>桃子</li>
</ul>
```

例 9-4 的运行结果如图 9-7 所示。

### 9.2.2 CSS 概述

CSS 不是像 HTML 一样的标记语言，而是一种样式表语言，用于描述 HTML 文档的展示方式。可以使用 CSS 语言定义在网页中如何渲染 HTML 元素。渲染指浏览器把 HTML 文档展示在网页中的过程。例如，下面是一段 CSS 代码，它的作用是在网页中指定所有 p 元素的文本都显示为红色：

图 9-7 例 9-4 的运行结果

```
p {
  color: red;
}
```

## 1．CSS 代码的基本结构

网页中的 CSS 代码是一个 CSS 规则集，用于定义在网页中渲染 HTML 元素的 CSS 规则。其中一条 CSS 规则的定义格式如下：

```
<选择器> {
    <CSS 属性 1>: <CSS 属性值 1>
    ...
    <CSS 属性 n>: <CSS 属性值 n>
}
```

<选择器>用于指定应用 CSS 规则的 HTML 元素，可以是一个 HTML 元素，也可以是满足特定条件的一组 HTML 元素。CSS 规则由一组键值对组成，键是 CSS 属性，值是 CSS 属性值。可以设置一个或多个 CSS 属性的值。

## 2．CSS 选择器

常用的 CSS 选择器包括通配符选择器、元素选择器、ID 选择器、类（class）选择器、属性选择器和伪选择器等，具体说明如表 9-2 所示。

**表 9-2　常用的 CSS 选择器**

| CSS 选择器 | 具体说明 |
|---|---|
| 通配符选择器 | 通配符选择器*用于表示网页中所有的元素。例如，下面的代码设置网页中所有 HTML 元素的文本颜色都为红色：<br>`* {`<br>`  color: red;`<br>`}` |
| 元素选择器 | 选择指定类型的所有 HTML 元素。例如，p 用于选择所有的 p 元素 |
| ID 选择器 | 选择网页中指定 id 属性值的 HTML 元素。ID 选择器的格式为#id，其中 id 指 HTML 元素的 id 属性值。例如，下面的 HTML 元素会被#myid 选择：<br>`<p id="myid">被#myid 选择的 HTML 元素</p>`<br>在一个 HTML 文档中，id 属性值是唯一的，因此 ID 选择器最多只能选择一个 HTML 元素 |
| 类选择器 | 选择网页中指定 class 属性值的 HTML 元素。类选择器的格式为.myclass，其中 myclass 指 HTML 元素的 class 属性值。例如下面的 HTML 元素会被.myclass 选择：<br>`<p class="myclass">被.myclass 选择的 HTML 元素</p>`<br>在一个 HTML 文档中可以有多个 class 属性值相同的 HTML 元素 |
| 属性选择器 | 选择网页中具有指定属性值的 HTML 元素。属性选择器的格式为 selector[property-name]，其中 selector 可以是其他类型的 CSS 选择器，property-name 指定 HTML 元素具有的属性值。例如，下面的 HTML 元素会被.title[name]选择：<br>`<h2 class="title" name="title1">标题 1</h2>` |
| 伪选择器 | 选择网页中处于某种状态的 HTML 元素。比如当鼠标指针悬停在某个 HTML 元素上时，该 HTML 元素就处于一种状态（使用 hover 描述该状态）。a:hover 会选择鼠标指针悬停在其上的 a 元素。下面的代码设置鼠标指针悬停在超链接上时，超链接文本颜色变成红色：<br>`a:hover {`<br>`  color: red;`<br>`}` |

如果多个 CSS 选择器有相同的 CSS 属性值，则可以使用逗号分隔 CSS 选择器，然后设置它们的 CSS 属性值。例如，下面的代码设置网页中所有 a 元素和 p 元素的文本颜色都为红色：

```css
a,p {
  color: red;
}
```

CSS 中包含很多属性。由于篇幅所限，本小节后面只介绍常用的 CSS 属性。

### 3．在 HTML 文档中应用 CSS 代码

CSS 代码只有应用于 HTML 文档才有意义。在 HTML 文档中应用 CSS 代码的常用方式包括内联、嵌入和链接 3 种。

（1）通过内联方式应用 CSS 代码

内联方式指在 HTML 元素的定义代码中使用 style 关键字应用 CSS 代码的方式。

【例 9-5】 通过内联方式应用 CSS 代码的示例。假定有一个 sample0905.html，其 HTML 代码如下：

```html
<html>
  <head>
    <title> 通过内联方式应用 CSS 代码的示例</title>
  </head>
  <body>
     <p  style = 'color: red'>红色文字</p>
  </body>
</html>
```

通过内联方式应用 CSS 代码仅对当前元素有效，该方式通常只在定义单个元素的 CSS 样式时才会偶尔使用，除此之外不建议使用。

（2）通过嵌入方式应用 CSS 代码

嵌入方式指在 HTML 文档头的<style>标签和</style>标签之间应用 CSS 代码的方式。

【例 9-6】 通过嵌入方式应用 CSS 代码的示例。假定有一个 sample0906.html，其 HTML 代码如下：

```html
<html>
  <head>
    <title> 通过嵌入方式应用 CSS 代码的示例</title>
    <style>
      .red {
         color: red;
      }
      .blue {
         color: blue;
      }
    </style>
  </head>
  <body>
    <p class="red">red</p><br/>
    <p class="blue">blue</p><br/>
    <p class="red">red</p><br/>
    <p class="blue">blue</p><br/>
    <p class="red">red</p><br/>
    <p class="blue">blue</p><br/>
  </body>
</html>
```

通过嵌入方式应用 CSS 代码适用于在复杂单页中应用一整套样式的场景。复杂单页中包含很多 HTML 元素，显然不适合通过内联方式应用 CSS 代码。但是，嵌入方式不能在网页之间共享 CSS 样式，在实际 Web 应用开发中也不建议大量使用。

（3）通过链接方式应用 CSS 代码

链接方式指在 HTML 文档头中使用<link>标签引用 CSS 脚本的方式。通过链接方式应用 CSS 代码的前提是将 CSS 代码封装在一个 CSS 脚本中，CSS 脚本的扩展名为.css。

【例 9-7】 通过链接方式应用 CSS 代码的示例。假定有一个 sample0907.html，其 HTML 代码如下：

```html
<html>
  <head>
    <title> 通过链接方式应用 CSS 代码的示例</title>
    <link rel="stylesheet" href="css/style.css">
  </head>
  <body>
    <p class="red">red</p><br/>
    <p class="blue">blue</p><br/>
    <p class="red">red</p><br/>
    <p class="blue">blue</p><br/>
    <p class="red">red</p><br/>
    <p class="blue">blue</p><br/>
  </body>
</html>
```

在 sample0907.html 的同级目录下创建一个 css 文件夹，然后在 css 文件夹下创建一个 CSS 脚本 style.css，其中 CSS 代码如下：

```css
.red {
    color: red;
}
.blue {
    color: blue;
}
```

浏览 sample0907.html 和浏览 sample0906.html 的效果是一样的。

通过链接方式应用 CSS 代码可以在不同网页间共享 CSS 样式，适用于开发复杂的 Web 项目。

在实际开发中，通常可以按照如下的方式应用 CSS 代码。

① 编写全站样式表脚本供所有网页引用。其中定义所有网页的共用样式，例如字体、字号、颜色、导航条样式、网页背景、商标图片、网页布局等。

② 根据功能将网页分类，然后为每种类别的网页设计其特有的样式表，例如供所有列表页使用的样式表、供所有编辑页使用的样式表、供所有详情页使用的样式表、供所有与登录相关的网页（例如注册页、登录页、忘记密码页、修改密码页等）使用的样式表等。这样做是因为每种类别中的网页都具有类似的样式和很多相同的 HTML 元素。

③ 在每个网页中按照如下方式应用 CSS 代码。

➢ 引用全站样式表和类别样式表，并应用其中的 CSS 规则。

➢ 如果除了全站样式表和类别样式表中的 CSS 规则外，该网页还需要定义很多个性化的 CSS 规则，则为该网页定义一个网页样式表脚本，在其中定义网页独有的 CSS 规则。

➢ 如果该网页需要定义的个性化 CSS 规则并不多，则可以通过内联和嵌入的方式应用 CSS 样式。

因此，前面介绍的 3 种应用 CSS 代码的方式在实际开发中都会被用到，只是应用场景不同。本小节介绍的示例都是在单页中应用 CSS 样式的，因此大多数示例是通过嵌入方式应用 CSS 代码的。

### 4．文本和字体

在多数情况下，文本是网页中使用最多的元素。与文本和字体有关的 CSS 属性如表 9-3 所示。

**表 9-3　与文本和字体有关的 CSS 属性**

| CSS 属性 | 具体说明 |
| --- | --- |
| font-size | 设置字体大小。属性值可以分为如下几种类型。<br>➢ 绝对大小值：包括 xx-small、x-small、small、medium、large、x-large、xx-large 等，它们对应的字体大小由小至大。<br>➢ 相对大小值：包括 smaller 和 larger。smaller 指定元素使用比其父元素更小的字体，larger 指定元素使用比其父元素更大的字体。<br>➢ 数值：单位可以是 px（像素值）、em（父元素的字体大小）或 pt（磅） |
| font-weight | 设置字体的粗细。属性值可以分为如下几种类型。<br>➢ 字体粗细关键字：包括 normal（标准字体）和 bold（粗体字体）。<br>➢ 相对粗细值：包括 lighter 和 bolder。lighter 指定元素使用比其父元素更细的字体，bolder 指定元素使用比其父元素更粗的字体。<br>➢ 数值：字体由细至粗可以分为 100、200、300、400、500、600、700、800 和 900 共 9 个等级 |
| font-family | 指定文本的字体。可以指定具体的字体名，例如 Arial、Microsoft Yahei（微软雅黑）；也可以指定通用字体族名。通用字体族不是某个具体的字体，而是满足某种条件的一类字体，具体如下。<br>➢ serif：有衬线字体，即在字的笔画开始、结束的地方有额外的装饰。字的不同部位的笔画粗细会有所不同。中文字体中的宋体是一种标准的 serif 字体。<br>➢ sans serif：无衬线字体。该类字体通常是机械的、统一线条的，它们往往拥有相同的曲率、笔直的线条、锐利的转角。中文字体中的幼圆、雅黑都属于 sans serif 字体。<br>➢ monospace：等宽字体，即字体中每个字宽度相同。中文字体都属于 monospace 字体。<br>➢ cursive：草书字体。中文字体中，cursive 字体基本都是需要付费的商用字体。<br>➢ fantasy：具有特殊艺术效果的字体。中文字体中，fantasy 字体通常也是需要付费的商用字体 |
| font-style | 设置字体的样式，可取值包括 italic（斜体字体）、normal（标准字体） |
| line-height | 设置字体的行高，即文本行与行之间的距离 |
| text-align | 设置文本的水平对齐方式，可取值为 left（左对齐，默认值）、center（居中对齐）、right（右对齐）、justify（两端对齐）和 inherit（从父元素继承 text-align 属性的值） |
| text-indent | 设置文本缩进，通常使用如下代码设置首行缩进 2 个字的距离：<br><br>```
p {
    text-indent: 2em;
}
``` |
| text-decoration | 设置文本修饰，可取值为 underline（有下画线的字体）和 none（无下画线的字体） |

### 5．元素的前景色和背景

与元素的前景色和背景有关的常用 CSS 属性如下。

➢ color：用于设置 HTML 元素的前景色。HTML 元素的前景色体现为元素文本的颜色。对于没有文本的 HTML 元素（比如 img 元素），color 属性没有效果。

➢ border-color：用于设置 HTML 元素的边框颜色。

➢ background-color：用于设置 HTML 元素的背景色，通常用于 body、div、span 等
```

元素。

- ➢ background-image：用于设置 HTML 元素的背景图片，使用方法如下：

```
background-image: url(bgimage.gif);
```

- ➢ background-position：用于设置背景图片的起始位置。
- ➢ background-size：用于设置背景图片的尺寸。
- ➢ background-repeat：用于设置背景图片是否重复以及如何重复。

CSS 颜色值与 9.2.1 小节中介绍的 HTML 颜色值一致。

### 6．盒子模型

盒子模型是设置 CSS 属性时需要关注的重要概念，它可以决定 HTML 元素的布局、背景范围和边框位置等。在盒子模型中，网页上每个 HTML 元素都被视为一个盒子，盒子确定的矩形区域就是 HTML 元素在网页中呈现的位置。HTML 元素对应的盒子被分为内容区域（content）、内边距区域（padding）、边框区域（border）和外边距区域（margin）4 个部分，如图 9-8 所示。

图 9-8　CSS 盒子模型

与盒子模型相关的 CSS 属性如下。

- ➢ margin：用于设置 HTML 元素的外边距属性，使用方法如下：

```
margin: <上外边距> <右外边距> <下外边距> <左外边距>;
```

- ➢ border：用于设置 HTML 元素的边框属性，使用方法如下：

```
border: <边框宽度> <边框样式> <边框颜色>;
```

其中<边框样式>参数通常使用 solid（实线），也可以使用 dotted（点状边框）、dashed（虚线）、double（双线）等。如果 HTML 元素没有边框，则使用 none。

- ➢ padding：用于设置 HTML 元素的内边距属性，使用方法如下：

```
padding: <上内边距> <右内边距> <下内边距> <左内边距>;
```

【例 9-8】　演示盒子模型的应用效果。假定有一个 sample0908.html，其 HTML 代码如下：

```
<html>
  <head>
    <title> 盒子模型的示例</title>
    <style>
      #div1 {
          color: red;
          border: 1px solid red;
          padding: 5px 5px 5px 5px;
          margin: 5px 5px 0px 5px;
      }
      #div2 {
          color: green;
          border: 2px dotted green;
          padding: 10px 10px 10px 10px;
          margin: 10px 10px 0px 10px;
      }
      #div3 {
          color: blue;
          border: 5px dashed blue;
```

```
            padding: 15px 15px 15px 15px;
            margin: 15px 15px 0px 15px;
        }
    </style>
  </head>
  <body>
    <div id="div1">Div1</div>
    <div id="div2">Div2</div>
    <div id="div3">Div3</div>
  </body>
</html>
```

网页中定义了 3 个 div 元素，并通过 CSS 属性设置它们的边框和内、外边距等属性。为了便于查看内、外边距的效果，3 个 div 元素的下外边距值都被设置为 0px。这样元素间的距离就都是下面元素的上外边距值了。

sample0908.html 的运行结果如图 9-9 所示。可以看到 3 个 div 元素的边框宽度、样式和颜色各不相同。它们的内边距值和外边距值（除下外边距值外）都是递增的，分别为 5px、10px 和 15px。

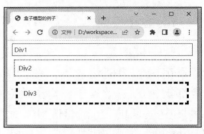

图 9-9　sample0908.html 的运行结果

### 9.2.3　JavaScript 概述

JavaScript 是一种可以嵌入网页中的脚本语言，可以在网页中实现与用户进行交互的功能。比如，对用户输入的数据进行校验、在网页中绘图等。

#### 1．Hello World 示例

为了便于理解，首先通过一个简单的示例介绍在网页中使用 JavaScript 语言进行编程的基本方法。

【例 9-9】　演示在网页中使用 JavaScript 代码修改网页中 HTML 元素内容的方法。本例对应的网页为 index.html，其 HTML 代码如下：

```
<html>
  <head>
    <title> JavaScript Hello world</title>
    <style>
      h1 {
          color: red;
          font-family: Arial;
          font-size: 24pt;
      }
    </style>
    <script src="scripts/index.js"></script>
  </head>
  <body>
    <h1>标题</h1>
    <p>演示在网页中使用JavaScript代码修改网页中HTML元素内容的方法。</div>
  </body>
</html>
```

网页中定义了一个 h1 元素和一个 p 元素，并在文档头（<head>和</head>之间）中通过 script 元素引用网页中使用的 JavaScript 脚本。本例网页中使用的 JavaScript 脚本为 scripts 目录下的 index.js，其代码如下：

```
window.onload=function(){
    const myHeading = document.querySelector('h1');
    myHeading.textContent = "Hello world!";
    alert("欢迎光临～");
}
```

具体说明如下：

➢ window.onload 用于指定网页加载事件的处理方法。本例的所有 JavaScript 代码都包含在 window.onload 后面的 function()方法中，这段代码在网页加载完成后被执行。

➢ 调用 document.querySelector()方法可以获取网页中的 HTML 元素。本例获取网页中的 h1 元素并将其赋值给常量 myHeading。可以通过 myHeading 操作 h1 元素。在后面的代码中通过设置 myHeading.textContent 的值修改 h1 元素的内容。

➢ 可以使用 const 关键字定义常量（也称为 const 变量）。常量只能在定义时赋值，不能重新赋值。

➢ 调用 alert()函数可以在网页中弹出一个对话框，显示参数指定的文本。

本例中 index.html 的运行结果如图 9-10 所示，此时网页还是空白的。单击对话框中的"确定"按钮后，网页的内容如图 9-11 所示。可见，window.onload 对应的处理方法是用于显示网页内容的。

图 9-10　index.html 的运行结果

图 9-11　单击"确定"按钮后的网页

## 2．定义和使用变量

在 JavaScript 程序中定义变量的方法如下：

```
var myVariable = 'value';
```

myVariable 是变量名，'value'是变量值。也可以将 var 替换为 let，效果是一样的，代码如下：

```
let myVariable = 'value';
```

JavaScript 的字符串可以使用双引号定义，也可以使用单引号定义。"value"和'value'并没有什么区别，但是如果字符串需要包含引号，则可以将单引号和双引号混用，例如，"变量 myVariable 的值是'value'"。

JavaScript 的变量是弱类型的，也就是说在定义变量时不需要指定变量的数据类型，而是通过变量的初始值决定变量的数据类型。例如，在上面的代码中，变量 myVariable 的数据类型为 String 类型。之后还可以通过赋值语句改变变量的数据类型。例如，执行下面语句后，变量 myVariable 的数据类型变为数值类型：

```
myVariable = 100;
```

JavaScript 支持的数据类型如下。

➢ String 类型。

➢ 数值类型。

> 布尔类型。布尔值包括 true 和 false。
> 数组类型。数组中的数据一样是弱类型的。定义数组类型变量的方法如下：

```
let arr = [1,'abc','xyz',10];
```

访问数组中元素的方法如下：

```
let value = arr[0];
```

> 对象类型。在 JavaScript 程序中，对象可以是任意数据。例如，例 9-9 中 myHeading 就是对象类型的数据。

### 3. DOM

DOM（document object model，文档对象模型）可以通过逻辑树表示一个文档（例如使用 HTML 编码的网页文档），从而将网页与脚本或编程语言连接在一起。DOM 逻辑树的示意图如图 9-12 所示。

网页中的所有 HTML 元素都包含在 <html>标签和</html>标签中，因此 html 是 DOM 逻辑树的根元素。HTML 文档包含文档头（使用 head 标签定义）和文档体（使用 body 标签定义）2 个部分。文档体中可以包含很多 HTML 元素，图 9-12 中只列出了 a 元素和 h1 元素。每种 HTML 元素都有一系列属性，图 9-12 中列出了 a 元素的 href 属性和大部分 HTML 元素都有的文本属性。完整的 DOM 逻辑树是非常庞大而复杂的。

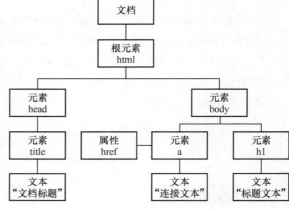

图 9-12  DOM 逻辑树的示意图

DOM API 是 JavaScript 的重要组成部分，用于对网页中的 HTML 元素进行操作。本小节后续内容主要介绍 DOM API 的各种使用方法。

### 4. 选取 HTML 元素

对网页中 HTML 元素进行操作的前提是选取 HTML 元素。在 DOM 中，每个网页都有一个全局对象 document，它代表整个 HTML 文档。可以通过 document 对象的一组方法选取网页中的 HTML 元素，具体如表 9-4 所示。

表 9-4  通过 document 对象选取 HTML 元素的方法

| 方法 | 具体说明 |
|---|---|
| getElementById() | 根据 HTML 元素的 id 属性值选取 HTML 元素。假定有一个 id 属性值为 link1 的 a 元素，定义代码如下：<br>`<a id='link1' href='www.example.net'>测试链接</a>`<br>根据 id 属性值选取该元素的方法如下：<br>`let link1 = document.getElementById('link1');`<br>然后就可以在程序中使用 link1 对象操作选取的 a 元素了 |

| 方法 | 具体说明 |
| --- | --- |
| getElementsByClassName() | 根据 HTML 元素的 class 属性值选取 HTML 元素。假定有 2 个 class 属性值为 link 的 a 元素，定义代码如下：<br>`<a id='link1' class='link' href='www.example1.net'>测试链接 1</a>`<br>`<a id='link2' class='link' href='www.example2.net'>测试链接 2</a>`<br>根据 class 属性值选取 HTML 元素的方法如下：<br>`let links = document.getElementsByClassName('link');`<br>返回值 links 是一个数组，可以通过 links[i] 访问其中第 i 个元素 |
| getElementsByTagName() | 根据 HTML 元素的类型选取 HTML 元素。例如，如下代码可以选取网页中所有的 input 元素：<br>`let input = document.getElementsByTagName("input");`<br>getElementsByTagName() 方法返回一个数组 |
| querySelector() | 可以按 id 属性值、class 属性值和元素的类型选取一个 HTML 元素。按 id 属性值选取 HTML 元素的方法如下：<br>`var element = document.querySelector('#id');`<br>按 class 属性值选取 HTML 元素的方法如下：<br>`var element = document.querySelector('.classname');`<br>按元素的类型选取 HTML 元素的方法如下：<br>`var input = document.querySelector('input');`<br>在按 class 属性值和元素的类型选取 HTML 元素时，如果有多个满足条件的元素，则只返回其中第一个元素 |
| querySelectAll() | 使用方法与 querySelector() 方法的使用方法相同。不同的是 querySelectAll() 方法的返回值是一个数组，其中包含所有满足条件的元素 |

### 5. 获取和设置 HTML 元素的内容

选取 HTML 元素后，可以利用 DOM 对象的一些属性获取和设置 HTML 元素的内容。常用的获取和设置 HTML 元素内容的 DOM 对象属性如表 9-5 所示。

**表 9-5　常用的获取和设置 HTML 元素内容的 DOM 对象属性**

| 属性 | 具体说明 |
| --- | --- |
| innerHTML | 获取和设置从对象的起始位置到终止位置的全部内容，包括 HTML 标签。例如，下面的代码将一个 h1 元素插入一个 id 属性值为 div1 的元素中：<br>`document.getElementById('div1').innerHTML = '<h1>Header</h1>';` |
| innerText | 获取和设置从对象的起始位置到终止位置的内容，不包括 HTML 标签。例如，下面的代码设置 id 属性值为 title1 的元素的文本为 "标题 1"：<br>`document.getElementById('title1').innerText = '标题 1';` |
| outerHTML | 获取和设置的内容除了包含 innerHTML 的全部内容外，还包含当前对象的标签。例如，如下代码可以设置 id 属性值为 div1 的元素的全部内容，包括其外围的 `<div>` 和 `</div>` 标签：<br>`document.getElementById('div1').innerHTML = '<div id="test"> <span>test1`<br>`</span>test2</div>';` |

### 6. 获取和设置表单元素值的常用属性

通过表单元素的一些常用属性可以获取和设置表单元素值。利用这些属性可以在提交表单数据时对用户输入数据的有效性进行校验，具体如表 9-6 所示。

**表 9-6　获取和设置表单元素值的常用属性**

| 表单元素 | 属性 | 具体说明 |
|---|---|---|
| input | value | 当 input 元素用于定义按钮时，value 属性表示按钮上显示的文本；当 input 元素的 type 属性值为 text、password 或 hidden 时，value 属性表示控件的初始值，也表示提交至后端程序的值；当 input 元素的 type 属性值为 checkbox 或 radio 时，value 属性表示控件提交至后端程序的值 |
| | checked | 当 input 元素的 type 属性值为 checkbox 时，checked 属性表示复选框是否被勾选 |
| textarea | value | 多行文本框控件中的内容 |
| select | selectedIndex | 下拉列表中选中选项的索引，从 0 开始计数。假定 select 控件对应的 DOM 控件为 selectEle，则获取选中选项的代码如下：<br>`selectEle.options[selectEle.selectedIndex]`<br>获取选中选项的值的代码如下：<br>`let value = selectEle.options[selectEle.selectedIndex].value` |

## 7．事件处理

当用户在网页中完成一个操作时，浏览器会产生一个事件。操作可以是加载网页、单击 HTML 元素、选择 HTML 元素、修改 HTML 元素的值等。

JavaScript 可以捕获事件，从而感知用户的操作，与用户进行交互。事件包含下面 3 个要素。

➤ 事件源：即触发事件的 HTML 元素。

➤ 事件类型：即事件对应的用户操作。

➤ 事件处理程序：JavaScript 捕获到事件后所运行的程序，通常是一个回调函数。

JavaScript 事件处理的方法如下：

```
<DOM 对象>.<事件名> = function(){
    // 事件处理程序
}
```

常用的 JavaScript 事件如表 9-7 所示。

**表 9-7　常用的 JavaScript 事件**

| 分类 | 事件 | 具体说明 |
|---|---|---|
| 鼠标事件 | onclick | 单击事件 |
| | ondblclick | 双击事件 |
| | onmousedown | 鼠标按键按下事件 |
| | onmouseup | 鼠标按键弹起事件 |
| | onmouseover | 鼠标指针经过事件 |
| | onmousemove | 鼠标指针在 HTML 元素中移动事件 |
| | onmouseout | 鼠标指针移出 HTML 元素事件 |
| 键盘事件 | onkeydown | 按下某个按键时触发的事件 |
| | onkeyup | 按下某个按键后按键弹起时触发的事件 |
| | onkeypress | 按有效字符按键时触发的事件 |

| 分类 | 事件 | 具体说明 |
|---|---|---|
| 表单事件 | onblur | 表单中某个元素失去焦点时触发的事件 |
| | onchange | 表单中某个元素失去焦点且其内容发生变化时触发的事件 |
| | onfocus | 表单中某个元素获得焦点时触发的事件 |
| | onreset | 表单被重置时触发的事件 |
| | onsubmit | 提交表单时触发的事件 |
| 其他 | onload | 在文档或图像加载完成后触发的事件 |

【例 9-10】 演示单击按钮事件的处理方法。本例对应的 HTML 文档为 sample0910.html，代码如下：

```
<html>
<head>
<script>
    window.onload = function(){
      var btn = document.getElementById('btn');
      btn.onclick = function(){
        alert("hello~");
      }
    }
    </script>
</head>
<button id="btn">测试</button>
</body>
</html>
```

网页中定义了一个"测试"按钮，单击该按钮，会弹出一个显示"hello~"的对话框。注意：sample0910.html 中主要的 JavaScript 代码都包含在 window.onload 事件的处理方法中。这是因为网页加载完成后，程序才能根据 id 获取到 DOM 对象。

### 9.2.4 在网页中绘图

在 canvas 元素中可以完成如下操作。

➢ 绘制各种基本的图形，包括直线、圆（或圆的一部分）、矩形等。
➢ 绘制文本。
➢ 显示图像。

#### 1．绘制基本图形

通过 JavaScript 编程，可以在 HTML 网页的 canvas 元素中进行绘图。canvas 是 HTML5 提供的一个标签，它可以在网页中显示一个矩形区域，并将其作为画布。可以调用相关 API 在其中实现绘图功能。利用 canvas 元素实现绘图功能的流程如图 9-13 所示。

图 9-13　利用 canvas 元素实现绘图功能的流程

（1）在 HTML 网页中定义 canvas 元素
在 HTML 网页中定义 canvas 元素的方法如下：

```
<canvas id="mycanvas">
    你的浏览器不支持canvas，请升级浏览器。
</canvas>
```

如果浏览器不支持 canvas 元素，则会在网页中显示上面的文本。

（2）在 JavaScript 程序中获取 canvas 对象

以 canvas 元素为画布进行绘图的前提是获取 canvas 对象，并通过该对象对 canvas 元素进行操作。通常通过 document.getElementById()方法根据元素 id 获取 canvas 对象。

（3）获取 canvas 绘图上下文对象

canvas 绘图上下文（context）对象是 canvas 的绘制环境，可以调用 context 对象的相关方法实现在 canvas 画布上绘图的相关功能。通过调用 canvas 对象的 getContext()方法可以获取 context 对象，方法如下：

```
var canvas = document.getElementById('mycanvas'); // 获得画布
var ctx = canvas.getContext('2d');
```

通常在平面上进行绘图，因此以'2d'为参数调用 getContext()方法。ctx 就是获取到的 context 对象。

（4）设置 canvas 坐标系

在 canvas 画布上绘图的时候需要指定图形的位置和大小，它们是以 canvas 坐标系为参照的。canvas 坐标系的原点位于画布的左上角，$x$ 值从左至右增加，$y$ 值从上至下增加，如图 9-14 所示。canvas 坐标系中没有负值。

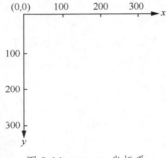

图 9-14　canvas 坐标系

（5）设置 canvas 画布的大小

可以在定义 canvas 元素时指定 canvas 画布的大小，方法如下：

```
<canvas id="canvas" width="150" height="150">你的浏览器不支持canvas，请升级浏览器。</canvas>
```

也可以通过 JavaScript 代码设置 canvas 画布的宽度和高度，方法如下：

```
canvas.width='150';
canvas.height='150';
```

（6）在 canvas 画布上绘制图形

获取 context 对象后在 canvas 画布上绘制图形的流程如图 9-15 所示。

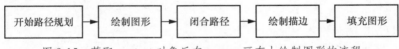

图 9-15　获取 context 对象后在 canvas 画布上绘制图形的流程

① 开始路径规划。路径规划用于将绘制不同图形的操作隔离。一个图形的绘制起始于"开始路径规划"操作，结束于"闭合路径"操作。开始路径规划的方法如下：

```
<context 对象>.beginPath();
```

② 绘制图形。调用 context 对象的不同方法可以绘制各种图形。下面介绍绘制直线、圆形（或圆的一部分）和矩形的方法，假定 ctx 为 context 对象。

绘制直线的方法如下：

```
ctx.moveTo(x0,y0);
ctx.lineTo(x1,y1);
```

moveTo()方法用于将画笔移至指定的位置，在绘制直线时，该位置将作为直线的起点。lineTo()方法用于绘制直线，参数 x1 和 y1 指定直线的终点。

绘制圆形（或圆的一部分）的方法如下：

```
ctx.arc(x,y,r,sAngle,eAngle,counterclockwise);
```

参数说明如下。

➢ x：圆心的 *x* 坐标。
➢ y：圆心的 *y* 坐标。
➢ r：圆的半径。
➢ sAngle：绘制开始时的角度。圆心到最右侧（3 点钟方向）点的角度是 0°。默认情况下，顺时针方向角度增大。
➢ eAngle：绘制结束时的角度。
➢ counterclockwise：表示是否逆时针绘制。true 为逆时针绘制，false 为顺时针绘制。

绘制矩形的方法如下：

```
ctx.rect(x, y, width, height);
```

参数说明如下。

➢ x：矩形左上角的 *x* 坐标。
➢ y：矩形左上角的 *y* 坐标。
➢ width：矩形的宽度。
➢ eAngle：矩形的高度。

③ 闭合路径。闭合路径的方法如下：

```
<context 对象>.closePath();
```

闭合路径标志着图形绘制的结束。如果在开始路径规划和闭合路径之间绘制了多条直线，则闭合路径会自动将最后一条直线的终点和第一条直线的起点连接。也就是说，如果希望绘制一个三角形，则只需要绘制其中的 2 条直线即可，第 3 条直线会在闭合路径时被自动绘制。

④ 绘制描边。开始路径规划和闭合路径之间的绘制代码只在内存中准备数据，并不会将绘制的图形显示在网页中，必须在闭合路径后绘制描边，才能将之前绘制的图形显示在网页中。绘制描边的方法如下：

```
<context 对象>.stroke();
```

在绘制矩形后，可以使用如下的方法对矩形进行描边：

```
<context 对象>.strokeRect(x, y, width, height);
```

其参数与绘制矩形的 rect() 方法的参数是一致的。

可以通过 strokeStyle 属性设置描边的颜色。例如，下面的语句表示将描边颜色设置为橙色的 4 种方式：

```
ctx.strokeStyle = "orange";
ctx.strokeStyle = "#FFA500";
ctx.strokeStyle = "rgb(255,165,0)";
ctx.strokeStyle = "rgba(255,165,0,1)";
```

⑤ 填充图形。在绘制圆形（或圆的一部分）或矩形后，可以使用下面的方法填充图形：

```
ctx.fillStyle = "orange";
ctx.fill();
```

fillStyle 属性用于设置填充的颜色，调用 fill() 方法执行填充操作。

### 2．绘制文本

可以调用 strokeText() 方法在 canvas 画布的指定位置绘制文本，方法如下：

```
<context 对象>.strokeText(str, x, y);
```

参数 str 指定要绘制的文本，x 和 y 指定绘制文本的位置坐标。

也可以通过下面的方法填充文本的内部：

```
<context 对象>.fillText(str, x, y);
```

参数的含义与 strokeText() 方法的参数含义是一致的。同样，可以通过 fillStyle 属性设置填充的颜色。

### 3．显示图像

调用 drawImage() 方法可以在 canvas 画布的指定位置显示图像，方法如下：

```
<context 对象>.drawImage(img, x, y);
```

参数 img 是 Image 对象，可以用来加载图像文件；x 和 y 用来指定显示图像的位置坐标。通过 Image 对象加载图像文件的方法如下：

```
var img = new Image(); // 这就是<img>标签的 DOM 对象
img.src = '/images/arc.gif';
img.alt = '文本信息';
img.onload = function() {
  // 图片文件加载完成后，执行此方法
};
```

可以在 img.onload 事件的处理方法中调用 drawImage() 方法在 canvas 画布中显示图像。

## 9.3 Servlet 程序设计

Servlet 是 Java Servlet 的简称，又称为"服务器端小程序"，用于创建 Web 应用程序。

Web 应用程序部署在服务器端，可以生成动态网页。

### 9.3.1　Servlet 概述

可以从不同的层面理解 Servlet。首先，Servlet 是一套 Java Web 开发的规范；其次，Servlet 也是提供很多用于 Web 开发的接口和类的 API。在 Java 程序中，通常基于 Servlet 开发 Web 应用程序。

#### 1．Servlet 的工作原理

在基于 Servlet 开发的 Web 应用程序中，可以将 Servlet 理解为一个运行在 Web 服务器中的小的 Java 程序。它负责接收 Web 客户端的请求，并做出响应。Servlet 借助 HTTP 进行通信，其工作原理如图 9-16 所示。

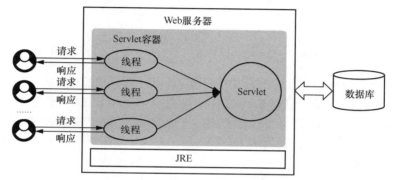

图 9-16　Servlet 的工作原理

基于 Servlet 开发的网站是动态网站，动态网站指可以提供动态资源的网站。动态资源是相对于静态资源而言的。静态资源可以是事先编写好的 HTML 网页，也可以是图片或其他文件；动态资源则由后端程序设计实现，并提供服务。静态资源一旦上传到 Web 服务器后，其内容是固定不变的；而动态资源的内容可以由后端程序根据用户的请求从数据库或其他数据源加载数据并动态构造。动态网站中也包含静态资源。

Web 服务器是动态网站的"大门"。当用户访问动态网站时，用户的 HTTP 请求首先会被传送至 Web 服务器。Web 服务器会判断用户请求的是静态资源还是动态资源。如果用户请求的是静态资源，则 Web 服务器会直接返回该资源，相当于用户下载了一个文件；如果用户请求的是动态资源，则 Web 服务器会将其发送至 Servlet 容器。Servlet 容器接收到 HTTP 请求后，会根据配置文件 web.xml 中的配置找到请求对应的 Servlet 类，然后启动一个线程加载并示例化该 Servlet 类，调用 Servlet 类的方法处理用户的请求。处理完成后，Servlet 容器将处理结果转交给 Web 服务器。Web 服务器对处理结果进行封装，然后以 HTTP 响应的形式发送至提交请求的 Web 客户端。在 Web 客户端，提交 HTTP 请求、接收 HTTP 响应并将处理结果呈现在网页中的工作由浏览器完成。

Servlet 是基于 Java 语言的，运行 Servlet 需要有 JRE 的支持，因此使用 Web 服务器需要安装和配置 Java 环境。Servlet 容器是 Servlet 代码的运行环境，它实现了 Servlet API 中包含的接口和类，为运行 Servlet 提供底层支持。

动态资源由一组动态网页组成。开发一个动态网页就是编写一个 Servlet 类。Servlet

容器会根据用户请求的动态网页加载并示例化对应的 Servlet 类。

### 2. Servlet API 中接口和类的层次结构

Servlet API 包含在 javax.servlet 和 javax.servlet.http 这 2 个包中，其中常用接口和类的层次结构如图 9-17 所示。

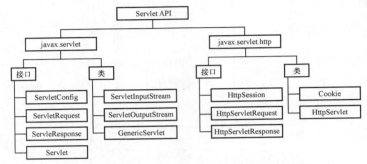

图 9-17　Servlet API 中常用接口和类的层次结构

图 9-17 中包含 Servlet API 中的常用接口和类，具体说明如下。

➤ ServletConfig 接口：当前 Servlet 在配置文件 web.xml 中的配置信息。

➤ ServletRequest 接口：当接收到客户端的请求时，Servlet 容器会创建一个 ServletRequest 对象，封装请求数据。

➤ ServletResponse 接口：Servlet 容器对客户端请求的响应数据被封装在一个 ServletResponse 对象中，并返回给客户端。

➤ Servlet 接口：Servlet API 的核心抽象接口，大多数 Servlet 类都直接或间接地实现 Servlet 接口。

➤ ServletInputStream 类：一个抽象类，用于从请求对象（例如图像等）中读取二进制数据。

➤ ServletOutputStream 类：一个抽象类，用于向客户端发送二进制数据。

➤ GenericServlet 类：实现 Servlet 接口的抽象类，定义与协议无关的、独立的 Servlet。

➤ HttpSession 接口：为维护 HTTP 用户的会话状态提供支持。

➤ HttpServletRequest 接口：继承自 ServletRequest 接口，为 HTTPServlet 提供请求数据。

➤ HttpServletResponse 接口：继承自 ServletResponse 接口，为 HTTPServlet 输出响应数据提供支持。

➤ Cookie 类：用于在 Servlet 中使用 Cookie 技术。Cookie 是存储在客户端本地的、小的文本文件，通常以加密键值对的形式存储简单的用户个人信息，例如用户名、密码、手机号等。

➤ HttpServlet 类：基于 HTTP 的 Servlet 类，是继承自 GenericServlet 接口的抽象类。9.3.2 小节将介绍 HttpServlet 类的具体情况。

### 9.3.2　基于 Servlet 开发简单的 Web 应用程序

基于 Servlet 开发 Web 应用程序的基本流程如图 9-18 所示。按照

基于 Servlet 开发
简单的 Web 应用程序

图 9-18 所示的基本流程可以开发简单的 Web 应用程序，还可以利用监听器拦截 HTTP 请求，对 Servlet 进行配置等。

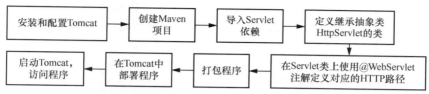

图 9-18　基于 Servlet 开发 Web 应用程序的基本流程

### 1．安装和配置 Tomcat

从图 9-16 中可以看到，运行 Servlet 程序离不开 Web 服务器。在开发 Java Web 应用时通常选择 Tomcat 作为 Web 服务器。Tomcat 是 Apache 发布的开源 Web 服务器，可以提供对运行 Servlet 程序的支持。搜索并访问 Tomcat 官网，可以下载最新版本的 Apache Tomcat 压缩包。编者下载的压缩包为 apache-tomcat-8.5.84.zip，假定将其解压缩到 D 盘，得到 D:/apache-tomcat-8.5.84 目录。

参照表 9-8 所示的内容，设置与 Tomcat 相关的环境变量。

表 9-8　设置与 Tomcat 相关的环境变量

| 环境变量 | 操作 | 值 |
| --- | --- | --- |
| CATALINA_HOME | 设置 | D:/apache-tomcat-8.5.84 |
| Path | 追加 | %CATALINA_HOME%/bin |

运行 D:/apache-tomcat-8.5.84/bin/startup.bat 即可启动 Tomcat。启动后，Tomcat 会自动加载一个默认的网站，在浏览器中访问如下 URL 即可浏览该网站：

```
http://localhost:8080/
```

默认网站的首页如图 9-19 所示。

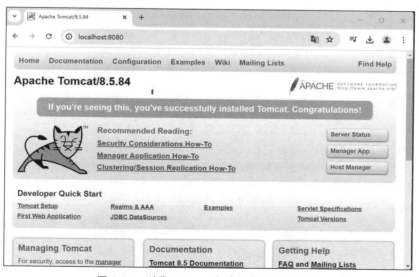

图 9-19　浏览 Tomcat 自动加载的默认网站

### 2．创建 Maven 项目

为了方便地使用 Servlet API，通常可以使用 Maven 项目开发 Servlet 项目。假定创建一个 Maven 项目 MyWebApp，本小节后面的内容都将在 MyWebApp 项目中演示。

### 3．导入 Servlet 依赖

要使用 Servlet API，需要在 Maven 项目中导入 Servlet 依赖。在 pom.xml 文件中导入 Servlet 依赖的代码如下：

```
<dependency>
    <groupId>javax.servlet</groupId>
    <artifactId>javax.servlet-api</artifactId>
    <version>3.1.0</version>
    <scope>provided</scope>
</dependency>
```

### 4．定义继承抽象类 HttpServlet 的类

HttpServlet 是一个抽象类，是 GenericServlet 类的子类。而 GenericServlet 类是实现 Servlet 接口的抽象类，因此继承抽象类 HttpServlet 的类必须实现 Servlet 接口中定义的方法，如表 9-9 所示。

**表 9-9    Servlet 接口中定义的方法**

| 方法定义 | 具体说明 |
| --- | --- |
| public void init(ServletConfig config) throws ServletException; | 由 Servlet 容器调用，用于标记一个 Servlet 已经被放置到服务器中。Servlet 容器只在示例化 Servlet 对象后调用一次 init()方法。在 Servlet 可以接收任何 HTTP 请求前必须成功完成 init()方法中的操作。<br>参数 config 中包含 Servlet 的配置和初始化参数。<br>如果 Servlet 的常规操作被干扰，则会抛出 ServletException 异常 |
| public ServletConfig getServletConfig(); | 返回一个 ServletConfig 对象，其中包含 Servlet 的配置和初始化参数。这个对象将会被传递给 init()方法，用于初始化 Servlet |
| public void service(ServletRequest req, ServletResponse res) throws ServletException, IOException | 由 Servlet 容器调用，从而使 Servlet 可以对 HTTP 请求做出响应。此方法只能在 init()方法被成功执行完成后才能被调用。<br>参数 req 代表 HTTP 请求，参数 res 代表对 HTTP 请求做出的响应。<br>如果 Servlet 抛出异常或返回错误，则会在响应对象 res 中设置状态编码。<br>通常，Servlet 会部署在多线程 Servlet 容器中，可以并发处理多个 HTTP 请求。因此，开发者需要注意同步访问共享资源，以免出现资源争用的情况。共享资源可以是文件、网络连接、synchronized 类和共享变量等 |
| public String getServletInfo(); | 返回 Servlet 的信息，例如作者、版本和版权信息 |
| public void destroy(); | 由 Servlet 容器调用，指示 Servlet 正在被从服务器中移除。此方法只会在 service()方法中的所有线程都退出或操作超时后被调用一次。调用此方法会使 Servlet 清理自己拥有的资源，例如内存、句柄、线程等 |

在定义继承 HttpServlet 类的子类时，可以重写表 9-9 中的方法。

HttpServlet 类中还包含表 9-10 所示的常用方法。

表 9-10　HttpServlet 类中的常用方法

| 方法定义 | 具体说明 |
|---|---|
| rotected void doGet(HttpServletRequest req, HttpServletResponse resp) throws ServletException, IOException; | 由服务器端程序的 service()方法调用，用于在 Servlet 中对 GET 请求进行处理 |
| protected void doHead(HttpServletRequest req, HttpServletResponse resp) throws ServletException, IOException | 从 service()方法中获取并处理 HTTP HEAD 请求。当客户端程序只希望看到响应的头部信息（例如 Content-Type 或 Content-Length）时，会向服务器端程序发送 HTTP HEAD 请求 |
| protected void doPost(HttpServletRequest req, HttpServletResponse resp) throws ServletException, IOException | 由服务器端程序的 service()方法调用，用于在 Servlet 中对 POST 请求进行处理 |
| protected void doPut(HttpServletRequest req, HttpServletResponse resp) throws ServletException, IOException | 由服务器端程序的 service()方法调用，用于在 Servlet 中对 PUT 请求进行处理 |
| protected void doDelete(HttpServletRequest req, HttpServletResponse resp) throws ServletException, IOException | 由服务器端程序的 service()方法调用，用于在 Servlet 中对 DELETE 请求进行处理 |

这些方法都包含下面 2 个参数。

➢ HttpServletRequest req：代表 HTTP 请求。

➢ HttpServletResponse resp：代表对 HTTP 请求做出的响应。

这些方法都可能会抛出下面 2 个异常。

➢ ServletException：如果 HTTP 请求不能被成功处理，则会抛出该异常。

➢ IOException：在处理 HTTP 请求时如果遇到输入或输出错误，则会抛出该异常。

在 Web 应用中，客户端程序可以通过一组 HTTP 方法访问服务器端程序资源。对资源中方法的远程调用是基于 HTTP 的。常用的 HTTP 方法包括如下几种。

➢ GET：用于从指定资源请求数据。可以在 URL 中通过参数向资源提交少量数据（例如请求数据的 id 值），提交数据的最大长度取决于浏览器，但通常小于 1MB。在浏览器的地址栏中通过输入网址提交的请求是 GET 请求。

➢ POST：用于向指定资源提交数据。POST 提交数据的最大长度可以在 Web 服务器中配置。在 Tomcat 中，POST 提交数据的默认最大长度为 2MB。通过表单提交数据时通常采用 POST 方法。

➢ PUT：用于向指定资源提交数据。POST 方法和 PUT 方法都可以向服务器端程序提交数据，但是它们对应的 SQL 语句是不同的。具体区别可以参照表 9-11 理解。

➢ DELETE：用于提交请求，从指定资源中删除数据。

访问服务器端程序资源通常对应数据库操作。因此，HTTP 方法也分别对应数据库 CRUD 操作的 SQL 语句。HTTP 方法与 SQL 语句的对应关系如表 9-11 所示。

表 9-11　HTTP 方法与 SQL 语句的对应关系

| HTTP 方法 | SQL 语句 |
|---|---|
| POST | INSERT |
| GET | SELECT |
| PUT | UPDATE |
| DELETE | DELETE |

注意：如果继承 HttpServlet 类的类中定义了 service()方法，则 doGet()、doHead()、doPost()、doPut()、doDelete()等方法都不会被调用，因为此时只能由 service()方法处理所有

HTTP 请求。

例如，在 MyWebApp 项目中创建一个 ServletDemo1 类，代码如下：

```java
public class ServletDemo1 extends HttpServlet {
    @Override
    public void service(ServletRequest servletRequest, ServletResponse servletResponse)
    throws ServletException, IOException {
        System.out.println(servletRequest.getProtocol());
        servletResponse.getWriter().write("hello");
    }
    @Override
    public void init(ServletConfig servletConfig) throws ServletException {
        System.out.println("init...");
    }
    @Override
    public ServletConfig getServletConfig() {
        System.out.println("ServletConfig...");
        return null;
    }
    @Override
    public String getServletInfo() {
        System.out.println("getServletInfo...");
        return null;
    }
    @Override
    public void destroy() {
        System.out.println("destroy...");
    }
}
```

其中多数方法只输出了相关信息，并没有实现具体功能。service()方法用于对 HTTP 请求进行处理，程序调用 servletResponse.getWriter().write()方法向输出流里写入字符串 hello，并在控制台中通过 servletRequest.getProtocol()方法输出 HTTP 请求所使用的通信协议。

### 5. 在 Servlet 类上使用@WebServlet 注解定义对应的 HTTP 路径

Servlet 项目并不以 main()方法作为入口，这是因为项目中的 Servlet 程序由 Web 服务器运行。本章以 Tomcat 作为 Web 服务器，main()函数包含在 Tomcat 中。Tomcat 会根据用户的请求调用 Servlet 类的方法。

为了标记 Servlet 类与用户请求 URL 之间的对应关系，可以在 Servlet 类上使用@WebServlet 注解定义其对应的 HTTP 路径，方法如下：

```java
@WebServlet("/demo1")
public class ServletDemo1 implements Servlet {
    …
}
```

运行 Servlet 项目后，可以通过如下 URL 访问对应的 Servlet 类：

```
http://IP 地址:端口号/Web 应用路径/Servlet 路径
```

具体说明如下。

➢ IP 地址：运行 Tomcat 的服务器的 IP 地址
➢ 端口号：Tomcat 监听的端口号，需要在 Tomcat 中进行配置。
➢ Web 应用路径：Servlet 项目打包后使用的包名。
➢ Servlet 路径：在 Servlet 类上使用@WebServlet 注解定义的 HTTP 路径。

### 6. 打包程序

为了在 Tomcat 中运行 Servlet 项目，需要将 Servlet 项目打成.war 包，然后部署到 Tomcat 中。如果使用 Maven 项目开发 Servlet 程序，则需要参照如下步骤使用 Maven 项目进行打包。

（1）在 pom.xml 文件中指定项目的打包格式

可以将 Maven 项目打成.jar 包或.war 包。在 pom.xml 文件中通过<packaging>标签指定项目的打包格式，也可以在<build>标签中指定包名，代码如下：

```
<packaging>war</packaging>
<build>
  <finalName> ServletDemo1</finalName >
</build>
```

（2）在 Maven 窗格中打包项目

在 IDEA 窗口的右上角可以单击 *m* 按钮，打开 Maven 窗格。如果没有找到 *m* 按钮，可以在菜单中依次选择 "View" / "Tool Window" / "Maven"，即可打开 Maven 窗格。

在 Maven 窗格中展开项目名下面的 "生命周期" 节点，然后双击下面的 "package" 选项，即可对项目进行打包，如图 9-20 所示。

打包成功后，会在项目的 target 目录下生成.war 包。在 IDEA 的项目窗格中查看生成的.war 包，如图 9-21 所示。

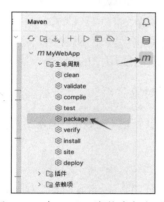

图 9-20　在 Maven 窗格中打包项目

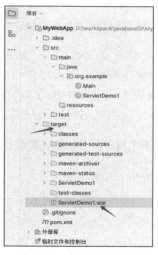

图 9-21　生成的.war 包

### 7. 在 Tomcat 中部署程序

将生成的.war 包 ServletDemo1.war 复制到 Tomcat 目录的 webapps 子目录下，即可部署 Servlet 程序。

### 8. 启动 Tomcat，访问程序

运行 D:/apache-tomcat-8.5.84/bin/startup.bat，启动 Tomcat。然后切换至 D:/apache-tomcat-8.5.84/webapps 目录，可以看到 ServletDemo1.war 已经被自动解压缩至 D:/apache-tomcat-8.5.84/webapps/ServletDemo1 目录，如图 9-22 所示。

图 9-22 启动 Tomcat 后，.war 包被自动解压缩

成功启动 Tomcat 后，打开浏览器访问图 9-23 中所示的 URL，即可浏览 Servlet 程序。在 Tomcat 窗口中可以查看 Servlet 类中方法的调用情况，如图 9-24 所示。

```
http://localhost:8080/ServletDemo1/demo1
```

图 9-23 浏览 Servlet 程序

图 9-24 在 Tomcat 窗口中查看 Servlet 类中方法的调用情况

按照上面的方法虽然可以在 Tomcat 服务器中运行 Servlet 程序并浏览网页，但是步骤比较烦琐，而且不能调试程序。9.4.2 小节将介绍在 IDEA 中运行和调试 Servlet+JSP（Java server pages，Java 服务器页面）程序的方法。

### 9.3.3 HTTP Session 编程

HTTP Session 是 Web 服务器的一个标准特性，它可以使 Web 服务器维护用户标识，并在 Web 应用程序与客户端程序进行交互（即客户端程序提交 HTTP 请求，服务器端程序反馈 HTTP 响应）的过程中保存特定用户的数据。在实际开发中，通常用户登录后，HTTP Session 中会存储当前用户的用户名，以便在项目中标识当前用户的身份。

#### 1．获取与 HTTP 请求相关联的 HTTP Session 对象

调用 HttpServletRequest 对象的 getSession()方法可以获取与 HTTP 请求相关联的 HTTP Session 对象。getSession()方法的定义如下：

```
public HttpSession getSession();
```

如果当前 HttpServletRequest 对象没有与它相关联的 HTTP Session 对象，则 getSession()方法会创建一个 HTTP Session 对象，并将其返回。HttpSession 是定义 HTTP Session 的接口。

#### 2．获取 HTTP Session 对象中的数据

在 HTTP Session 中，数据以键值对的形式存储。"键"是属性名，"值"是属性值。HTTP Session 中可以存储多个键值对数据。

可以调用 HttpSession 接口的 getAttribute()方法从 HTTP Session 对象中获取指定属性的值，其定义如下：

```
public Object getAttribute(String name);
```

参数 name 指定属性名，返回的属性值是 Object 对象。HTTP Session 对象中可以存储各种类型的属性值。在调用 getAttribute()方法获取属性值后，可以将其从 Object 类型转换

为原本的类型。

### 3. 向 HTTP Session 对象中存储数据

可以调用 HttpSession 接口的 setAttribute()方法向 HTTP Session 对象中存储数据，其定义如下：

```
public void setAttribute(String name, Object value);
```

参数 name 指定要存储的属性名，参数 value 指定要存储的属性值。

在实际开发中，通常在登录成功后会调用 setAttribute()方法将用户名存储在 HTTP Session 对象中。在应用程序的其他网页中会调用 getAttribute()方法获取当前用户的用户名，以判断用户是否登录和标识用户的身份。

### 9.3.4　配置 Servlet

Servlet 可以对用户的请求做出响应。那么用户提交的请求如何与不同的 Servlet 类相匹配呢？除了通过@WebServlet 注解定义 Servlet 类对应的 HTTP 路径外，还可以在 web.xml 文件中配置 Servlet 类对应的 HTTP 路径。web.xml 是 Java Web 项目中的一个配置文件，在该文件中可以设置网站的首页和 Servlet 的相关参数。在 web.xml 文件中配置 Servlet 的方法如下：

```
<!-- 定义 Servlet -->
<servlet>
    <!-- Servlet 别名，用于标识 Servlet，需要用户自定义-->
    <servlet-name>hello</servlet-name>
    <!--Servlet 的全路径类名-->
    <servlet-class>com.example.servlet.helloServlet</servlet-class>
</servlet>
<!-- 将 Servlet 和 URL 绑定，将 Servlet 映射到一个可供客户端程序访问的 URL-->
<servlet-mapping>
    <!--必须和<servlet>配置项中的 name 相同-->
    <servlet-name>hello</servlet-name>
    <!-- Servlet 的映射路径（访问 Servlet 的名称） -->
    <url-pattern>/hello</url-pattern>
</servlet-mapping>
```

具体说明如下。

① 在<servlet>配置项中可以为每个 Servlet 类定义一个别名。在 web.xml 文件中，别名可以唯一标识一个 Servlet 类，用于定义 Servlet 类的各种配置。

② 在<servlet-mapping >配置项中可以将每个 Servlet 通过别名绑定到特定的 URL。这里用到了<servlet>配置项中定义的别名，并使用<url-pattern>配置项定义 URL。URL Patterns 是一种用于匹配 URL 请求的模式，可以通过定义 URL Patterns 指定哪些 URL 请求由指定的 Servlet 类处理。

在<url-pattern>配置项中除了直接使用标准的 URL 外，还可以使用通配符，以便更精细地定义 URL Patterns。URL Patterns 中常见的通配符和路径分隔符如下。

➤ *：匹配 0 个、1 个或多个字符。例如，/user/*匹配/user/下的所有一级子路径，/user/list、/user/details、/user/add 都与/user/*匹配。

➤ ?：匹配单个字符。例如，/file/web.xml 与/file/w??.xml 匹配。

➤ **：匹配多级目录。例如，/user/**匹配/user/下的所有多级子路径，/user/teacher/list、

/user/student/details 都与/user/**匹配。

➢ /：路径分隔符。

9.4.5 小节将结合示例介绍在项目中配置 Servlet 的具体应用。

Servlet 过滤器

### 9.3.5　Servlet 过滤器

Servlet 过滤器可以对 HTTP 请求进行拦截，并对其进行处理，从而实现如下一些特殊的功能。

➢ 当用户访问某个 URL 时进行是否已经登录的验证。

➢ 当用户访问某个 URL 时实现权限控制。

➢ 过滤请求或响应信息中的敏感词。

➢ 对响应信息进行压缩。

#### 1．Servlet 过滤器的基本工作原理

Servlet 过滤器的基本工作原理如图 9-25 所示。

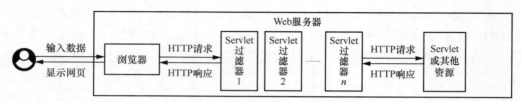

图 9-25　Servlet 过滤器的基本工作原理

Servlet 过滤器位于 Web 服务器中，属于 Web 服务器的一部分，可以拦截浏览器发送至 Servlet 的 HTTP 请求和 Servlet 发送至浏览器的 HTTP 响应，也可以对数据进行加工和过滤。

一个 Web 应用可以设计多个 Servlet 过滤器，构成一个过滤器链。这些过滤器独立工作，可以对数据进行多重过滤，实现不同的功能。

#### 2．Filter 接口

javax.servlet.Filter 接口（简称 Filter 接口）定义了 Servlet 过滤器的开发规范。要在 Java 程序中使用 Servlet 过滤器，就需要定义一个实现 Filter 接口的类。

Filter 接口中包含下面 3 个方法。在实现 Filter 接口的类中需要重写这些方法。

（1）init()方法

init()方法由 Web 容器调用，用于标识一个 Servlet 过滤器已经被放置到 Web 服务器中。Servlet 容器只在初始化过滤器后才会调用一次 init()方法。在 Servlet 过滤器开始进行过滤工作前必须成功完成对 init()方法的调用。init()方法的定义如下：

```
public void init(FilterConfig filterConfig) throws ServletException;
```

参数 filterConfig 用于指定初始化过程中的配置信息。

如果在初始化过程中发生错误，则会抛出 ServletException 异常。

如果调用 init()方法时抛出 ServletException 异常或者出现超时返回的情况，则 Web 容器不会将该 Servlet 过滤器放置到 Web 服务器中。

（2）doFilter()方法

每当"请求/响应"对经过过滤器链时，Web 容器都会依次调用每个 Servlet 过滤器的 doFilter()方法。doFilter()方法的定义如下：

```
public void doFilter(ServletRequest request, ServletResponse response,FilterChain chain)
                throws IOException, ServletException;
```

参数 chain 表示过滤器链，参数 request 表示 HTTP 请求，参数 response 表示 HTTP 响应。每个自定义 Servlet 过滤器类都需要重写 doFilter()方法，因为其中包含 Servlet 过滤器要做的工作。通常，doFilter()方法需要按如下模式实现相关功能。

① 对 HTTP 请求进行检查，判断用户是否登录或者拥有指定的权限。

② 可以选择使用自定义的方法包装请求对象，以对其内容或头部进行过滤，也就是进行输入过滤。

③ 可以选择使用自定义的方法包装响应对象，以对其内容或头部进行过滤，也就是进行输出过滤。

④ 处理完成后，调用过滤器链中下一个 Servlet 过滤器的 doFilter()方法（调用 chain.doFilter()方法）或者阻塞 HTTP 请求。

（3）destroy()方法

destroy()方法由 Web 容器调用，用于标识一个 Servlet 过滤器已经被移出 Web 服务器。此方法只在 doFilter()方法中的所有线程都退出后才会被调用一次。Web 容器调用 destroy() 方法后，就不能再调用 doFilter()方法了。通常在 destroy()方法中释放 Servlet 过滤器中使用的资源。destroy ()方法的定义如下：

```
public void destroy();
```

### 3. 配置 Servlet 过滤器

要想在 Web 应用中启用 Servlet 过滤器，就需要在 web.xml 文件中编写 Servlet 过滤器的配置信息。下面是配置 Servlet 过滤器的示例代码：

```
<filter>
    <filter-name>FilterDemo1</filter-name>
    <filter-class>com.example.filters.FilterDemo1</filter-class>
</filter>
<filter-mapping>
    <filter-name>FilterDemo1</filter-name>
    <url-pattern>/*</url-pattern>
</filter-mapping>
```

具体说明如下。

① 在<filter>配置项中可以为每个 Servlet 过滤器类定义一个别名。在 web.xml 文件中，别名可以唯一标识一个 Servlet 过滤器类，用于指定 Servlet 过滤器的各种配置。

② 在<filter-mapping>配置项中可以将 Servlet 过滤器通过别名绑定到 URL。这里用到了<filter>配置项中定义的别名，并使用<url-pattern>配置项定义 URL。

9.4.5 小节将演示使用 Servlet 过滤器实现登录功能的方法。

## 9.4 JSP 模板引擎

在 Servlet 类中可以通过 ServletResponse 对象在网页中输出内容。但是，在后端代码里面编写 HTML 代码很不方便，而且前端工程师和后端工程师是独立完成开发工作的，因此需要引入更实用的开发方式。通常，可以借助 JSP 模板引擎在 Servlet 程序中独立地设计前端网页。

### 9.4.1　JSP 概述

JSP 是由 Sun Microsystems 公司主导推出的一种动态网页技术标准。JSP 采用模板化的方式，帮助用户简单、高效地设计网页内容。所谓"模板化"，是指以静态 HTML 网页为模板，动态生成其中部分内容的技术。

JSP 代码和 Servlet 代码一起集成在 Java 项目中，打包后可部署在 Web 服务器中。Web 服务器需要一个 JSP 模板引擎，用于处理 JSP 页面。JSP 模板引擎是一个解释 JSP 页面请求并做出响应的容器。通常可以使用 Tomcat 内置的 JSP 模板引擎为开发 JSP 页面提供支持。在 Web 应用程序中使用 JSP 模板的工作原理如图 9-26 所示。

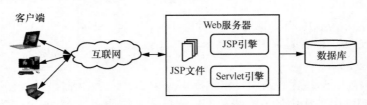

图 9-26　在 Web 应用程序中使用 JSP 模板的工作原理

Web 服务器使用 JSP 模板创建网页的步骤如下。

➢ 用户通过浏览器向 Web 服务器提交 HTTP 请求。
➢ Web 服务器接收到 HTTP 请求后，根据代码和配置将其匹配到一个 JSP 页面，并将其转发至 JSP 模板引擎。JSP 文件的扩展名为.jsp。
➢ JSP 模板引擎从磁盘中加载对应的 JSP 页面，并将其转换为 Servlet 上下文。
➢ JSP 模板引擎将 Servlet 上下文编译成可执行的类，并将原始请求转发给 Servlet 引擎。
➢ 调用 Servlet 引擎的 Web 服务器会加载并执行 Servlet 类。在执行的过程中，Servlet 会生成 HTML 格式的输出。Servlet 引擎将此输出包含在 HTTP 响应中传送至 Web 服务器。
➢ Web 服务器将静态 HTML 内容作为 HTTP 响应发送至浏览器。
➢ 最后，浏览器会处理包含在 HTTP 响应中的动态生成的 HTML 网页，浏览该网页和浏览静态网页的效果是一样的。

### 9.4.2　基于 Servlet+JSP 开发 Web 应用程序

本小节结合一个简单的示例演示基于 Servlet+JSP 开发 Web 应用程序的方法。

#### 1. 在 IDEA 中创建基于 Maven 的 Web 项目

首先创建一个 Maven 项目 JspDemo，在"新建项目"对话框的左侧导航栏中选中"Maven Archetype（原型）"。"Maven Archetype"是 Maven 项目的模板，这里选择"org.apache.maven.archetypes:maven-archetype-webapp"，即可在 IDEA 中使用 Servlet+JSP 开发模板，如图 9-27 所示。单击"创建"按钮完成项目创建。在左侧的项目窗格中展开 src/main 文件夹，可以看到一个 webapp 文件夹。这是 Web 应用项目所特有的文件。展开 webapp 文件夹，可以看到一个 WEB-INF 文件夹和一个 index.jsp 文件。WEB-INF 是 Web 应用的安全目录。所谓"安全目录"，是指客户端程序无法访问，只有服务器端程序可以访问的目录。默认情况下，WEB-INF 文件夹下包含配置文件。新建的 webapp 项目的默认目录结构如图 9-28 所示。

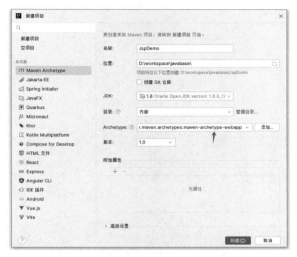

图 9-27　选择"Maven Archetype"

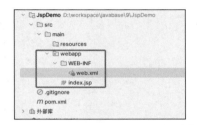

图 9-28　webapp 项目的默认目录结构

### 2．创建存储 .java 文件的目录

在 src/main 文件夹下创建 java 目录，用于存储 .java 文件。

### 3．设置配置文件 web.xml

webapp/WEB-INF/web.xml 是 Web 项目的配置文件，默认生成的 web.xml 文件的版本是 2.3，需要重新生成 4.0 版本的 web.xml 文件。

在系统菜单中依次选择"文件"/"项目结构"，打开"项目结构"对话框；在左侧的导航栏中选中"模块"，然后在中间的导航栏中展开项目 JspDemo，选中下面的"Web"节点；在右侧的"部署描述符"区域中选中默认的 web.xml，单击"–"按钮，将其删除，然后单击对话框右下部的"应用"按钮；单击"+"按钮，在弹出的下拉列表中选择 web.xml，打开"部署描述符位置"对话框；在其中添加新的 web.xml 配置文件，保持默认的 4.0 版本，如图 9-29 所示。

### 4．配置 Tomcat 服务器

为了能够在 IDEA 中运行和调试 Web 项目，需要在项目中配置 Tomcat 服务器。在 IDEA 窗口右上角的"运行/调试配置"下拉列表框中，选择"编辑配置"选项，打开"运行/调试配置"对话框；单击"+"按钮，在展开的选项中选择"Tomcat 服务器"/"本地"，打开"运行/调试配置"对话框；在"应用程序服务器"下拉列表框中选择本地安装的 Tomcat 服务器，在"打开浏览器"区域的"在启动后"下拉列表框中可以选择运行 Web 应用后浏览网页的浏览器；在"HTTP 端口"文本框中输入 Tomcat 服务器监听的端口，默认为 8080，如图 9-30 所示。

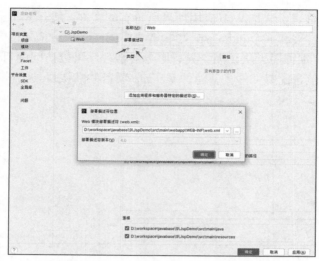

图 9-29　将 web.xml 配置文件升级至 4.0 版本

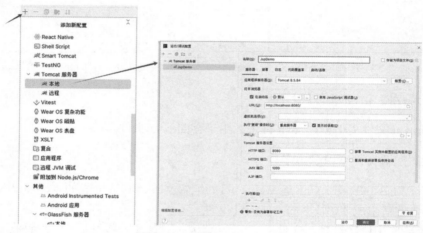

图 9-30　配置 Tomcat 服务器

切换至"部署"选项卡，单击"+"按钮，选择"工件"选项；打开"选择要部署的工件"对话框，选择 Tomcat 服务器启动时自动部署的.war 包；这里选中"JspDemo:war exploded"，然后单击"确定"按钮，如图 9-31 所示。war exploded 模式不需要手动打包，只需要直接把相关文件夹和.jsp 文件、.class 文件等移到 Tomcat 部署文件夹里面进行加载部署，通常在开发的时候用这种方式部署应用程序。这种由 IDE 自动部署应用程序的方式也称为热部署。

图 9-31　将项目部署在 Tomcat 中

## 5．运行项目

单击▷按钮运行项目，IDEA 会自动启动 Tomcat 服务器，部署.war 包，打开浏览器并
显示 index.jsp 的网页，如图 9-32 所示。

## 6．默认生成的 index.jsp

默认生成的 index.jsp 的代码如下：

图 9-32　运行项目的效果

```html
<html>
<body>
<h2>Hello World!</h2>
</body>
</html>
```

这就是一个静态的 HTML 网页，并没有对应的 Servlet 类。后面将介绍使用 JSP 和 Servlet
配合开发动态网页的方法。

### 9.4.3　JSP 脚本元素

在 JSP 页面中可以使用 JSP 脚本元素引用 Java 代码。JSP 中包括脚本标签（scriptlet tag）、
表达式标签（expression tag）和声明标签（declaration tag）3 种脚本元素。

#### 1．脚本标签

脚本标签用于在 JSP 中运行 Java 代码，其语法如下：

```
<%  Java 代码 %>
```

【例 9-11】　在 JSP 页面中使用脚本标签的示例。

```html
<html>
<body>
<% out.print("hello, jsp"); %>
</body>
</html>
```

out.print()方法会将其参数写入响应的输出流中。

#### 2．表达式标签

包含在表达式标签之间的代码会被写入响应的输出流中，主要用于输出变量或方法的
值。表达式标签的语法如下：

```
<%=  Java 表达式 %>
```

【例 9-12】　在 JSP 页面中使用表达式标签的示例。

```html
<html>
<body>
<%= "hello, jsp" %>
</body>
</html>
```

#### 3．声明标签

顾名思义，声明标签用于在 JSP 代码中定义 Java 变量或方法，其语法如下：

开发 Web 应用程序 ┃ 第 9 章

```
<%! Java 声明语句 %>
```

**【例 9-13】** 在 JSP 页面中使用声明标签的示例。

```
<html>
<body>
<%! int data=50; %>
<%!
    int square(int num){
        return num*num;
    }
%>
<%= "square of data is "+ square (data) %>
</body>
</html>
```

### 4. JSTL

JSTL（JSP standard tag library，JSP 标准标签库）表示一组简化 JSP 开发的标签。JSTL 并不是 JSP 脚本元素，但是可以使用 JSTL 替代脚本标签，从而简化 JSP 开发。由于篇幅所限，本书不展开介绍 JSTL，有兴趣的读者可以查阅相关资料对其进行了解。

### 9.4.4 JSP 指令

JSP 指令是告知 Web 容器如何将一个 JSP 页面翻译为对应 Servlet 类的消息，其语法如下：

```
<%@ directive attribute="value" %>
```

其中 directive 指代 JSP 指令的类型，包括网页指令、包含指令和引入标签库指令 3 种类型；attribute 指代 JSP 指令的特定属性，每个 JSP 指令都拥有自己的属性；value 指代属性值。

### 1. 网页指令

网页指令定义应用于整个 JSP 页面的属性，其语法如下：

```
<%@ page attribute="value" %>
```

网页指令的常用属性如表 9-12 所示。

**表 9-12 网页指令的常用属性**

| 属性 | 具体说明 |
|------|----------|
| import | 用于导入类、接口或指定包的所有类，例如：<br>`<html>`<br>`<body>`<br>`<%@ page import="java.util.Date" %>`<br>`Today is: <%= new Date() %>`<br>`</body>`<br>`</html>` |
| contentType | 定义 HTTP 响应的 MIME（multipurpose internet mail extensions，多用途互联网邮件扩展）类型，默认为"text/html;charset=ISO-8859-1" |
| info | 定义 JSP 页面的信息，调用对应 Servlet 类的 getServletInfo()方法时会获取并返回 info 属性的值 |
| buffer | JSP 页面生成的输出数据会存储在一个缓冲区中，buffer 属性用于设置这个缓冲区的大小，单位为 KB，默认为 8KB。使用 buffer 属性的示例如下：<br>`<%@ page buffer="16KB" %>` |

| 属性 | 具体说明 |
|---|---|
| errorPage | 定义错误页。如果当前网页发生异常，则会跳转至错误页。使用 errorPage 属性的示例如下：<br>`<%@ page errorPage="errpage.jsp" %>` |
| isErrorPage | 用于声明当前网页为错误页。使用 isErrorPage 属性的示例如下：<br>`<html>`<br>`<body>`<br>`<%@ page isErrorPage="true" %>`<br>`哎呀!遇到异常了!<br/>`<br>`异常信息：<%= exception %>`<br>`</body>`<br>`</html>` |

### 2．包含指令

包含指令用于使 JSP 页面包含任意资源的内容，资源可以是 JSP 文件、HTML 文件或文本文件。包含指令的语法如下：

```
<%@ include file="resourceName" %>
```

resourceName 指代包含在 JSP 页面中的资源文件名，例如：

```
<%@ include file="header.html" %>
```

当 JSP 文件被转化为 Servlet 时，包含指令指定的资源内容会包含在 JSP 页面中。而将 JSP 文件转化为 Servlet 的操作只会执行一次，因此，使用包含指令可以优化 JSP 页面的加载过程（如果不使用包含指令，JSP 页面和相关资源内容会被分别加载）。

### 3．引入标签库指令

引入标签库指令用于指定一个标签库，其中定义了很多标签。通过使用引入标签库指令可以引入在线标签库，然后使用其中的属性和函数。由于篇幅所限，这里不展开介绍引入标签库指令。

## 9.4.5　MVC 开发模式

### 1．MVC 开发模式简介

MVC 是 model（模型）-view（视图）-controller（控制器）的缩写。MVC 开发模式是一种比较经典的垂直架构，它将一个 Web 应用程序拆分为模型、视图和控制器，它们的关系如图 9-33 所示。

图 9-33　MVC 开发模式中模型、视图和控制器的关系

模型、视图和控制器的具体作用如下。

① 模型：由一组 Java Bean 组成，负责定义数据结构。Java Bean 是一种可重用的 Java 组件，是 Java 中的一个重要概念，通常用于在模块之间传递数据和存储数据。Java Bean 应符合如下规范。

> 通常包含一些私有属性及公共的 getter 方法和 setter 方法。
> 须实现 Serializable 接口，以便实现数据的持久性存储。
> 须定义一个无参构造方法。

Java Bean 的结构取决于 2 个因素，即对应数据库表的结构和用户可见界面中显示的内容。很多情况下，这 2 个因素是一致的，但是有时候用户界面中显示的内容来自多个数据库表。

② 视图：对应用户可见界面，也就是 HTML 网页。视图模块由前端开发者开发。基于 Servlet+JSP 开发 Web 应用程序时，JSP 负责实现视图功能。

③ 控制器：负责处理业务逻辑，实现系统功能。一个经典的应用场景就是控制器接收从视图传递的由用户输入的数据，根据业务逻辑利用模型类从数据库读取数据或者将数据存储到数据库中，然后把处理结果返回给视图。基于 Servlet+JSP 开发 Web 应用程序时，Servlet 负责实现控制器功能。

在实际应用中，MVC 开发模式有下面 2 种经典的应用场景。

> 应用场景 1：将控制器和视图绑定在一起，控制器为视图准备数据，视图则呈现数据。
> 应用场景 2：使用控制器开发公共接口。在视图中通过前端技术调用接口，获取数据，并将数据呈现在网页中；或者提交数据，将数据存储在数据库中。

将应用场景 1 和应用场景 2 结合起来的应用场景也很常见，也就是控制器既与视图绑定在一起，也用于开发公共接口。本小节重点介绍基于 Servlet+JSP 实现应用场景 1 的具体方法，也会简单介绍实现应用场景 2 的方法，这些都是基础的 Java Web 开发技术。对于本小节后面的内容，如果没有特别说明，则介绍的是实现应用场景 1 的方法。

### 2．实现 MVC 开发模式的具体流程

基于 Servlet+JSP 实现 MVC 开发模式的基本流程如图 9-34 所示，具体说明如下。

> 要在 Maven 项目中基于 Servlet+JSP 进行开发，就需要导入 Servlet API 和 JSP API 的相关依赖。
> Java Bean 决定了在 Servlet 和 JSP 之间传递数据的结构。一定程度上，Java Bean 也决定了 Servlet 和 JSP 要实现的功能。因此，通常会优先设计 Java Bean。

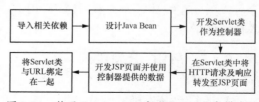

图 9-34　基于 Servlet+JSP 实现 MVC 开发模式的基本流程

> Servlet 类作为控制器负责实现 Web 应用的具体功能。通常，在控制器中会构造 Java Bean 对象。
> 控制器可以通过 HTTP 请求接收 JSP 页面发送的数据，并通过 HTTP 响应为 JSP 页面提供数据。在 Servlet 类中，通过 RequestDispatcher 类将 HTTP 请求派发至指定的 JSP 页面，将 Servlet 类和 JSP 页面绑定在一起。
> JSP 页面可以从 HTTP 请求中读取数据，并根据控制器提供的数据展示网页内容。
> 在 web.xml 文件中可以配置 Servlet 类对应的 URL，从而通过 URL 访问 Servlet 类及其对应的 JSP 页面，这样就实现了将 Servlet 类与 URL 绑定在一起。

（1）导入 Servlet API 和 JSP API 的相关依赖

在 Maven 项目中基于 Servlet+JSP 进行开发时，除了需要参照 9.3.2 小节导入 Servlet API

的相关依赖外，还需要导入 JSP API 的相关依赖，代码如下：

```
<dependency>
    <groupId>javax.servlet.jsp</groupId>
    <artifactId>jsp-api</artifactId>
    <version>2.2</version>
</dependency>
```

（2）在 Servlet 类中为 JSP 页面准备数据

在 Servlet 类中可以将数据作为 HTTP 请求的属性与 HTTP 请求一起传递至 JSP 页面，向 HTTP 请求中添加数据的方法如下：

```
<HttpServletRequest 对象>.setAttribute(<属性名>,<属性值>);
```

HttpServlet 类的 service()方法有一个 HttpServletRequest 对象参数，可以向该参数中添加属性。

（3）将 HTTP 请求及响应转发至 JSP 页面

将 HTTP 请求及响应转发至 JSP 页面的方法如下：

```
RequestDispatcher rd = <HttpServletRequest 对象>.getRequestDispatcher(<JSP 文件的路径>);
rd.forward(<HttpServletRequest 对象>, <HttpServletResponse 对象>);
```

调用 HttpServletRequest 对象的 getRequestDispatcher()方法可以返回一个 RequestDispatcher 对象。RequestDispatcher 是 JSP 文件的包装类，用于将请求转发至指定的 JSP 文件，然后将 JSP 文件包含在响应信息中反馈给客户端程序。

调用 RequestDispatcher 对象的 forward()方法可以将 HTTP 请求及响应转发至 JSP 页面。

（4）在 JSP 页面中引用静态资源

虽然 JSP 页面中大部分代码是 HTML 代码，但是其中可以包含 Java 代码。如果在 JSP 页面中读取和处理 Servlet 派发的数据，则本质上此时的 JSP 页面相当于 Servlet，其代码也会在服务器端程序执行。因此，在 JSP 页面中引用静态资源时，需要进行特殊处理，让 Servlet 了解静态资源的位置。这里所说的静态资源指的是 CSS 脚本、JavaScript 脚本、图片文件、压缩包文件等。这些操作的处理方法如下。

① 在 web.xml 文件中添加 Servlet 映射，将静态资源交由默认的 Servlet 进行处理，代码如下：

```
<servlet-mapping>
    <servlet-name>default</servlet-name>
    <url-pattern>*.css</url-pattern>
    <url-pattern>*.js</url-pattern>
    <url-pattern>*.gif</url-pattern>
    <url-pattern>*.jpg</url-pattern>
    <url-pattern>*.jpeg</url-pattern>
    <url-pattern>*.png</url-pattern>
    <url-pattern>*.ico</url-pattern>
    <url-pattern>*.zip</url-pattern>
    <url-pattern>*.rar</url-pattern>
</servlet-mapping>
```

② 不使用相对路径引用静态资源，而使用从站点根目录开始的路径引用静态资源。在 JSP 页面中可以使用 request.getContextPath()返回站点的根目录。例如，可以通过如下方法引用 CSS 脚本：

```
<link rel="stylesheet" type="text/css" href="<%=request.getContextPath()%>/css/index.css">
```

在 9.5 节中将结合示例演示在 JSP 页面中引用静态资源的方法。

（5）在 JSP 页面中使用控制器提供的数据

在 JSP 页面中可以通过如下方法获取控制器提供的数据：

```
Object obj = request.getAttribute(<属性名>);
```

request 是 JSP 的内置对象，其类型为 ServletRequest，表示来自客户端程序的 HTTP 请求。调用 getAttribute()方法可以读取 HTTP 请求中包含的属性数据，这些数据是由控制器（Servlet 类）添加到 HTTP 请求中的。

（6）将 Servlet 类与 URL 绑定在一起

将 Servlet 类与 URL 绑定在一起的方法如下。

➢ 参照 9.3.2 小节介绍的方法，使用@WebServlet 注解。
➢ 参照 9.3.4 小节介绍的方法，在 web.xml 文件中配置 Servlet 类与 URL 的对应关系。

### 3．在前端网页中调用 Servlet 接口

控制器中的方法可以不将 HTTP 请求转发至 JSP 页面，而是作为开放的 Servlet 接口供前端程序调用。在前端网页的 JavaScript 代码中，可以通过 AJAX（asynchronous JavaScript and XML，异步 JavaScript 和 XML）技术调用 Servlet 接口获取后端数据，从而在不刷新网页的情况下更新网页的内容。

AJAX 的工作原理如图 9-35 所示。

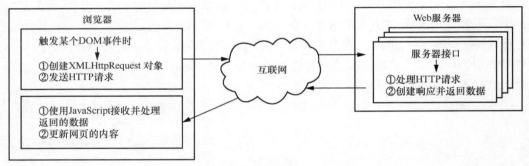

图 9-35 AJAX 的工作原理

AJAX 通过 XMLHttpRequest 对象向 Web 服务器发送 HTTP 请求，XMLHttpRequest 对象的主要属性、方法和事件如下。

➢ open()方法：建立到 Web 服务器接口的新请求。
➢ send()方法：向 Web 服务器发送 HTTP 请求。
➢ abort()方法：终止当前请求。
➢ status 属性：获取 HTTP 响应中的状态码。这是标准的 HTTP 状态码，标识 HTTP 访问是否成功，以及访问失败时产生的错误类型。在实际应用中，通常会根据 status 属性判断是否成功获取了 HTTP 响应数据，即 HTTP 访问是否成功完成。当 status 属性值为 200 时，表示 HTTP 访问成功完成。
➢ responseText 属性：Web 服务器返回的请求响应文本。

➤ readyState 属性：获取 HTTP 请求的就绪状态，状态值如表 9-13 所示。

**表 9-13　XMLHttpRequest 对象 readyState 属性支持的状态值**

| 状态值 | 简要描述 | 具体说明 |
|---|---|---|
| 0 | 未初始化（uninitialized） | 已经创建了 XMLHttpRequest 对象，但尚未调用 open()方法 |
| 1 | 加载中（loading） | 已经调用了 open()方法，但尚未发送请求 |
| 2 | 加载完成（loaded） | 已经发送请求 |
| 3 | 交互（interactive） | 已经接收到部分响应数据 |
| 4 | 完成（complete） | 已经接收到所有响应数据，并且断开了与 Web 服务器的连接 |

➤ onreadystatechange 事件：当状态码变化时触发的事件。通常在 onreadystatechange 事件的处理函数中对 HTTP 响应数据进行解析和处理。

（1）创建 XMLHttpRequest 对象

大部分浏览器都把 XMLHttpRequest 对象作为一个窗口属性处理。创建 XMLHttpRequest 对象的方法如下：

```
var xmlHttpReq = new XMLHttpRequest();
```

但是，IE 5 和 IE 6 并不这样处理，它们把 XMLHttpRequest 对象实现为一个 ActiveXObject 对象。不过，目前绝大多数 Web 应用都不支持 IE 5 和 IE 6。因此，可以不考虑兼容 IE 5 和 IE 6 创建 XMLHttpRequest 对象的方法。

（2）open()方法

open()方法的语法如下：

```
open(method,url,async)
```

参数说明如下。

➤ method：提交请求的 HTTP 方法，可以是 POST 或 GET。

➤ url：提交请求的目的资源 URL，可以是一个文件，也可以是 Servlet 接口。

➤ async：是否以异步方式调用接口。异步指 JavaScript 程序无须等待服务器端程序的响应数据，发送 HTTP 请求后，可以直接执行后面的代码。当 HTTP 响应数据到达客户端程序后，程序会自动调用指定的回调函数。与异步方式相对应的是同步方式。如果采用同步方式，则程序必须在接收到全部响应数据并处理完毕后才能执行后面的代码。当参数 async 的值为 true 时，表示以异步方式调用接口，否则以同步方式调用接口。

（3）send()方法

send()方法的语法如下：

```
send(string data)
```

参数 data 指定向服务器端程序提交的数据。如果没有需要提交的数据，也可以调用没有参数的 send()方法。

### 4．开发示例

下面结合示例介绍基于 Servlet+JSP 开发 Web 应用的 3 种方法。

【例 9-14】　通过一个登录示例演示基于 Servlet+JSP 实现 MVC 开发模式的方法。

本例包含主页、登录页和登录报错页这 3 个页面。访问主页时，如果当前用户没有登录，则会跳转至登录页。在登录页中输入正确的用户名和密码并提交数据后，会跳转至主页。之后一段时间内，当前用户再次访问主页，就无须重复登录了。

如果用户在登录页中提交了错误的用户名或密码，会跳转至登录报错页。

本例是一个 Maven 项目，项目名为 JspDemo_login，参照如下步骤完成开发。

（1）在 pom.xml 文件中添加 Servlet API 和 JSP API 依赖

（2）设计 Java Bean

为了在 JSP 页面和 Servlet 类之间传递数据，需要定义一个 Java Bean，类名为 LoginBean，存储在 com.example.JspDemo_login.beans 包下，代码如下：

```
package beans;
public class LoginBean {
    private String username,password;
    public String getUsername() {
        return username;
    }
    public void setUsername(String username) {
        this.username = username;
    }
    public String getPassword() {
        return password;
    }
    public void setPassword(String password) {
        this.password = password;
    }
    public boolean validate(){
        if(username.equals("admin") && password.equals("123456")){
            return true;
        }
        else{
            return false;
        }
    }
}
```

LoginBean 类中定义了 username 和 password 这 2 个私有属性以及它们的 getter 方法和 setter 方法。该类中还定义了 validate()方法，用于对用户名和密码进行验证。这里约定当用户名为 admin、密码为 123456 时通过验证，视为登录成功。

（3）设计控制器

本例中，作为控制器的 Servlet 类保存在 com.example.JspDemo_login.controllers 包下，具体如下。

➢ LoginController 类：登录页控制器，负责处理登录数据。

➢ HomeController 类：主页控制器，负责处理主页逻辑，为主页提供数据。

➢ Login_errorController 类：登录报错页控制器。登录报错页是静态页面，没有需要实现的功能，也不需要提供数据。因此，Login_errorController 类的主要作用是将登录报错页绑定到一个 URL。

LoginController 类的代码如下：

```
public class LoginController extends HttpServlet {
protected void doPost(HttpServletRequest req, HttpServletResponse resp)
        throws ServletException, IOException {
    resp.setContentType("text/html");
    PrintWriter out=resp.getWriter();
```

```
        String username=req.getParameter("username");
        String password=req.getParameter("password");
        LoginBean bean=new LoginBean();
        bean.setUsername(username);
        bean.setPassword(password);
        req.setAttribute("bean",bean);
        boolean status=bean.validate();
        if(status){
            req.getSession().setAttribute("username", bean.getUsername()); // 设置Session
            resp.sendRedirect("home");
        }else{
            req.getSession().setAttribute("username", "");              // 清空Session
            resp.sendRedirect("login-error");
        }
    }
    @Override
    protected void doGet(HttpServletRequest req, HttpServletResponse resp)
            throws ServletException, IOException {
        RequestDispatcher rd=req.getRequestDispatcher("login.jsp");
        rd.forward(req, resp);
    }
}
```

LoginController 类中包含 doPost() 和 doGet() 这 2 个方法，具体说明如下。

① doPost()：用于处理登录页提交的用户名和密码数据并对其进行验证。调用 req.getParameter() 方法可以从 HTTP 请求中获取用户提交的数据。获取数据后，调用 bean.validate() 方法对用户名和密码进行验证。如果通过验证，则程序会执行如下的操作。

➢ 将用户名存储在 Session 中。

➢ 调用 resp.sendRedirect() 方法跳转至主页。

② doGet()：通过 RequestDispatcher 对象将 LoginController 类关联到 login.jsp，并向 login.jsp 转发 HTTP 请求和 HTTP 响应。

HomeController 类的代码如下：

```
public class HomeController extends HttpServlet {
    @Override
    public void service(HttpServletRequest request, HttpServletResponse response)
throws ServletException, IOException {
        System.out.println(request.getProtocol());
        HttpSession session = request.getSession();
        String username = session.getAttribute("username")==null?"":session.
        getAttribute("username").toString();
        if (username.isEmpty()){
            response.sendRedirect("login");
        } else{
            request.setAttribute("username", username);
            RequestDispatcher rd=request.getRequestDispatcher("home.jsp");
            rd.forward(request, response);
        }
    }
}
```

service() 用于处理来自客户端程序的 HTTP 请求。程序从 Session 中获取键 username 对应的值。如果当前用户已经登录，在 LoginController 类的 doPost() 方法中会将用户名存储在 Session 中。

如果 Session 中存储了用户名，则程序会跳转至主页，并将用户名传递至 home.jsp；否则调用 response.sendRedirect() 方法跳转至登录页。

（4）设计 JSP 页面

本例中，JSP 页面保存在 src/main/webapp 下，具体如下。

➢ login.jsp：登录页。

➢ home.jsp：主页。

➢ login-error.jsp：登录报错页。

login.jsp 的代码如下：

```
<%@ page contentType="text/html;charset=UTF-8" %>
<html>
<head>
    <title>登录</title>
</head>
<body>
<form action="login" method="post">
    用户名:<input type="text" name="username"><br>
    密码:<input type="password" name="password"><br>
    <input type="submit" value="登录">
</form>
</body>
</html>
```

网页中定义了一个简易的登录表单，其中包含用户名和密码这 2 个 input 元素。提交表单后，用户填写的数据会以 POST 方式提交至控制器 LoginController（对应的 URL 为 login）。input 元素都定义了 name 属性，在控制器中会根据 name 属性识别提交的数据。

home.jsp 的代码如下：

```
<%@ page contentType="text/html;charset=UTF-8" language="java" %>
<html>
<head>
    <title>主页</title>
</head>
<body>
<%
    String username=(String) request.getAttribute("username");
    out.print("欢迎光临, "+username);
%>
</body>
</html>
```

程序从 HTTP 请求中取出 username 数据，并在网页中显示欢迎信息。

（5）将 Servlet 类与 URL 绑定在一起

在 web.xml 文件中对 Servlet 类进行配置，将 Servlet 类与 URL 绑定在一起，代码如下：

```
<?xml version="1.0" encoding="UTF-8"?>
<web-app xmlns="http://xmlns.jcp.org/xml/ns/javaee"
        xmlns:xsi="http://www.w3.org/2001/XMLSchema-instance"
        xsi:schemaLocation="http://xmlns.jcp.org/xml/ns/javaee http://xmlns.
        jcp.org/xml/ns/javaee/web-app_4_0.xsd"
        version="4.0">
    <!-- 主页 -->
    <servlet>      <!-- 定义 Servlet 类 -->
        <servlet-name>home</servlet-name>
        <servlet-class>com.example.JspDemo_login.controllers.HomeController
        </servlet-class>    <!--Servlet 类的全名-->
    </servlet>
    <servlet-mapping><!-- 将 Servlet 类和 URL 绑定,将 Servlet 类映射到一个可供客户端程
```

```
        序访问的 URL-->
            <servlet-name>home</servlet-name> <!--必须和 servlet 类中的 name 相同-->
            <url-pattern>/</url-pattern><!-- Servlet 类的映射路径（访问 Servlet 类的名称） -->
        </servlet-mapping>
    <servlet-mapping><!-- 将Servlet类和URL绑定，将Servlet类映射到一个可供客户端程序访问的URL-->
        <servlet-name>home</servlet-name> <!--必须和 servlet 类中的 name 相同-->
        <url-pattern>/home</url-pattern><!-- Servlet 类的映射路径（访问Servlet 类的名称） -->
    </servlet-mapping>
    <servlet>      <!-- 登录页 --><!-- 定义 Servlet -->
        <servlet-name>login</servlet-name>
        <servlet-class>com.example.JspDemo_login.controllers.LoginController
        </servlet-class>
    </servlet>
    <servlet-mapping><!-- 将Servlet类和URL绑定，将Servlet类映射到一个可供客户端程序访问的URL-->
    <servlet-name>login</servlet-name> <!--必须和 servlet 类中的 name 相同-->
    <!-- Servlet 类的映射路径（访问 Servlet 类的名称） -->
    <url-pattern>/login</url-pattern>
    </servlet-mapping>
        <servlet>      <!-- 登录错误页 -->
        <servlet-name>login-error</servlet-name>
        <servlet-class>com.example.JspDemo_login.controllers.Login_errorController
        </servlet-class>
    </servlet>
    <servlet-mapping><!-- 将Servlet类和URL绑定，将Servlet类映射到一个可供客户端程序访问的URL-->
        <servlet-name>login-error</servlet-name> <!--必须和 servlet 类中的 name 相同-->
        <url-pattern>/login-error</url-pattern><!-- Servlet 类的映射路径(访问 Servlet
        类的名称)  -->
    </servlet-mapping>
</web-app>
```

请参照注释理解代码。

【例 9-15】    演示通过 Servlet 过滤器实现登录验证功能的方法。

例 9-14 中演示了在 JSP 页面（主页）中实现登录验证功能的方法。如果一个网站中有很多网页都需要验证用户是否已经登录，在每个网页中逐一编码实现登录验证功能显然过于烦琐，此时可以借助 Servlet 过滤器实现登录验证功能。

本例是一个 Maven 项目，项目名为 JspDemo_Filter，其中实现的功能和包含的网页与例 9-14 中的完全一样。参照如下步骤完成开发。

（1）在 pom.xml 文件中添加 Servlet API 和 JSP API 依赖

（2）设计 Java Bean

本例中包含一个 Java Bean，即 com.example.JspDemo_Filter.beans.LoginBean，其代码与例 9-14 中的一样。

（3）设计控制器

与例 9-14 中一样，本例中也包含 HomeController、LoginController 和 Login_errorController 这 3 个控制器的 Servlet 类，它们保存在 com.example.JspDemo_Filter.controllers 包下。LoginController 类的代码与例 9-14 中的一样。

HomeController 类的代码如下：

```
public class HomeController extends HttpServlet {
    @Override
    public void service(HttpServletRequest request, HttpServletResponse response)
    throws ServletException, IOException {
        HttpSession session = request.getSession();
```

```
        String username = session.getAttribute("username")==null?"":session.
        getAttribute("username").toString();
        request.setAttribute("username", username);
        RequestDispatcher rd=request.getRequestDispatcher("home.jsp");
        rd.forward(request, response);
    }
}
```

service()用于处理来自客户端程序的 HTTP 请求。程序从 Session 中获取键 username 对应的值。如果当前用户已经登录，LoginController 类的 doPost()方法会将用户名存储在 Session 中。

如果 Session 中存储了用户名，则程序会跳转至主页，并将用户名传递至 home.jsp。

注意：HomeController 类中并没有实现跳转至登录页的功能，因为该功能在 Servlet 过滤器中实现。

（4）设计 Servlet 过滤器

本例中在 com.example.JspDemo_Filter.filters 包下定义了一个 Servlet 过滤器 FilterLogin，用于实现登录验证功能。其 doFilter()方法的代码如下：

```
public void doFilter(ServletRequest request, ServletResponse response, FilterChain
chain) throws IOException, ServletException {
        System.out.println("FilterLogin...doFilter...start");
        // 强制转换 request 的类型为 HttpServletRequest（不同的类有不同的方法）
        HttpServletRequest req = (HttpServletRequest) request;
        // 强制转换 response 的类型为 HttpServletResponse
        HttpServletResponse resp = (HttpServletResponse) response;
        // 通过 req 获取 session
        HttpSession session = req.getSession();
        // 获取的是 web.xml 文件中过滤器配置中的<init-param>标签下的初始化信息
        String noLoginPaths = config.getInitParameter("noLoginPaths");
                System.out.println(noLoginPaths);
        System.out.println(req.getRequestURI());
        // 不为空则执行，即如果设置了不经过过滤器的网页，就需要在方法下面做具体的操作
        if(noLoginPaths!=null) {
            // 按照 ";" 将网页信息分隔并保存在数组中
            String[] strArr = noLoginPaths.split(";");
            for (String string : strArr) {
                if(string == null || "".equals(string))continue;
                // 网页请求携带的信息
                // 如果要访问的网页是 noLoginPaths 配置中的一个网页，则无须过滤器过滤，直接通过
                if(req.getRequestURI().indexOf(string)!=-1) {
                    chain.doFilter(request, response);
                    return;
                }
            }
        }
        /***
         * 判断 Session 中是否有 username 的信息
         * 如果有说明用户已经登录，可以进入访问的网页
         * 如果没有则跳转到登录页让用户登录
         */
        if(session.getAttribute("username")!=null) {
            chain.doFilter(request, response);
        }else {
            resp.sendRedirect("login");
        }
        System.out.println("FilterLogin...doFilter...end");
    }
```

web.xml 文件中定义了 Servlet 过滤器的初始参数 noLoginPaths，其值中定义了不需要登录验证的路径。如果包含多个路径，则使用分号分隔各路径。

程序通过 FilterConfig 对象从 web.xml 文件中读取初始参数 noLoginPaths 的值，并对其进行解析。然后将解析得到的路径与当前请求中的访问路径（req.getRequestURI()）进行比对。在下面 2 种情况下，调用 chain.doFilter()方法处理下一个 Servlet 过滤器，也就是对于当前 Servlet 过滤器并没有做任何处理。

➢ 当前路径在参数 noLoginPaths 的值中。

➢ Session 中包含用户名。

如果上面 2 种情况都不满足，则程序跳转至登录页，实现登录验证的功能。

（5）设计 JSP 页面

本例中，JSP 文件保存在 src/main/webapp 下，具体如下。

➢ login.jsp：登录页。

➢ home.jsp：主页。

➢ login-error.jsp：登录报错页。

JSP 页面的代码与例 9-14 中的一样。

（6）web.xml 文件

在 web.xml 文件中对 Servlet 类进行配置，将 Servlet 类与 URL 绑定在一起；同时将 Servlet 过滤器 FilterLogin 应用于网站根目录下所有的 URL（/*）。web.xml 文件的代码如下：

```xml
<?xml version="1.0" encoding="UTF-8"?>
<web-app xmlns="http://xmlns.jcp.org/xml/ns/javaee"
        xmlns:xsi="http://www.w3.org/2001/XMLSchema-instance"
        xsi:schemaLocation="http://xmlns.jcp.org/xml/ns/javaee
        http://xmlns.jcp.org/xml/ns/javaee/web-app_4_0.xsd"
        version="4.0">
    <servlet>
        <servlet-name>home</servlet-name>
        <servlet-class>com.example.JspDemo_Filter.controllers.HomeController
        </servlet-class>
    </servlet>
    <servlet-mapping>
        <servlet-name>home</servlet-name>
        <url-pattern>/</url-pattern>
    </servlet-mapping>
    <servlet-mapping>
        <servlet-name>home</servlet-name>
        <url-pattern>/home</url-pattern>
    </servlet-mapping>
    <servlet>
        <servlet-name>login</servlet-name>
        <servlet-class>com.example.JspDemo_Filter.controllers.LoginController
        </servlet-class>
    </servlet>
    <servlet-mapping>
        <servlet-name>login</servlet-name>
        <url-pattern>/login</url-pattern>
    </servlet-mapping>
    <servlet>
        <servlet-name>login-error</servlet-name>
        <servlet-class>com.example.JspDemo_Filter.controllers.Login_errorController
        </servlet-class>
    </servlet>
    <servlet-mapping>
        <servlet-name>login-error</servlet-name>
```

```
            <url-pattern>/login-error</url-pattern>
    </servlet-mapping>
    <filter>
            <filter-name>LoginFilter</filter-name>
            <filter-class>com.example.JspDemo_Filter.filters.FilterLogin</filter-class>
            <init-param>
                <param-name>noLoginPaths</param-name>
                <param-value>/login;/login-error</param-value>
            </init-param>
    </filter>
    <filter-mapping>
            <filter-name>LoginFilter</filter-name>
            <url-pattern>/*</url-pattern>
    </filter-mapping>
</web-app>
```

【例 9-16】 演示通过 AJAX 调用 Servlet 接口的方法。

本例是一个 Maven 项目，项目名为 JspDemo_AJAX，参照如下步骤完成开发。

（1）在 pom.xml 文件中添加 Servlet API 和 JSP API 依赖。

（2）设计控制器。

com.example.JspDemo_AJAX.controllers 包下包含一个控制器 TestController，代码如下：

```
public class TestController  extends HttpServlet {
    protected void doPost(HttpServletRequest req, HttpServletResponse resp)
            throws ServletException, IOException {
        resp.setContentType("text/html");
        SimpleDateFormat sdf = new SimpleDateFormat("yyyy-MM-dd HH:mm:ss");
        PrintWriter out=resp.getWriter();
        Date d = new Date();
        PrintWriter writer = resp.getWriter();
        writer.println(sdf.format(d));
    }
    @Override
    protected void doGet(HttpServletRequest req, HttpServletResponse resp)
            throws ServletException, IOException {
        RequestDispatcher rd=req.getRequestDispatcher("test.jsp");
        rd.forward(req, resp);
    }
}
```

TestController 类中包含 doPost()和 doGet()这 2 个方法，具体说明如下。

① doPost()：用于处理前端网页提交的 POST 请求。响应数据里面包含当前的服务器端程序时间。

② doGet()：通过 RequestDispatcher 对象将 TestController 类关联到 test.jsp，并向 test.jsp 转发 HTTP 请求和 HTTP 响应。

（3）设计 JSP 页面。

src/main/webapp 下包含一个 test.jsp，其代码如下：

```
<%@ page contentType="text/html;charset=UTF-8" language="java" %>
<html>
<head>
    <title>测试 AJAX</title>
    <script>
        function showtime()
        {
            let xmlhttp=new XMLHttpRequest();
            xmlhttp.onreadystatechange=function()
            {
                if (xmlhttp.readyState==4 && xmlhttp.status==200)
```

```
                        {
                            document.getElementById("time").innerText="当前时间: "+xmlhttp.
                            responseText;
                        }
                    }
                    xmlhttp.open("POST","<%=request.getContextPath()%>/now",true);
                    xmlhttp.send();
                }
        </script>
    </head>
    <body>
        <h2 id="time">当前时间: </h2>
        <button type="button" onclick="showtime()">获取服务器端程序时间</button>
    </body>
</html>
```

网页中定义了一个"获取服务器端程序时间"按钮，单击此按钮会调用 showtime()函数。在 showtime()函数中通过 XMLHttpRequest 对象以异步 POST 方式调用/now 接口。程序在 onreadystatechange 事件的处理方法中处理响应数据，并将从服务器端程序获取的当前时间显示在网页中。

（4）将 Servlet 类与 URL 绑定在一起。

在 web.xml 文件中对 Servlet 类进行配置，将 Servlet 类与 URL 绑定在一起，代码如下：

```
<?xml version="1.0" encoding="UTF-8"?>
<web-app xmlns="http://xmlns.jcp.org/xml/ns/javaee"
        xmlns:xsi="http://www.w3.org/2001/XMLSchema-instance"
        xsi:schemaLocation="http://xmlns.jcp.org/xml/ns/javaee
        http://xmlns.jcp.org/xml/ns/javaee/web-app_4_0.xsd"
        version="4.0">
        <servlet>       <!-- 定义 Servlet -->
        <servlet-name>test</servlet-name>
        <servlet-class>com.example.JspDemo_AJAX.controllers.TestController
        </servlet-class>
    </servlet>
    <servlet-mapping><!-- 将Servlet类和URL绑定，将Servlet类映射到一个可供客户端程序访问的URL-->
        <servlet-name>test</servlet-name> <!--必须和 servlet 类中的 name 相同-->
        <url-pattern>/test</url-pattern> <!-- Servlet 类的映射路径（访问Servlet 类的名称） -->
    </servlet-mapping>
    <servlet>       <!-- 定义 Servlet 类 -->
        <servlet-name>now</servlet-name>
        <servlet-class>com.example.JspDemo_AJAX.controllers.TestController
        </servlet-class>
    </servlet>
    <servlet-mapping><!-- 将Servlet类和URL绑定，将Servlet类映射到一个可供客户端程序访问的URL-->
        <servlet-name>now</servlet-name> <!--必须和 servlet 类中的 name 相同-->
        <url-pattern>/now</url-pattern> <!-- Servlet 类的映射路径（访问Servlet 类的名称） -->
    </servlet-mapping>
</web-app>
```

例 9-15 中只定义了一个控制器。为了区分网页和接口，这里为 TestController 绑定了 2个 URL。其中/test 对应测试网页，/now 对应获取服务器端程序时间的接口。

运行项目，在弹出的浏览器网页中访问如下 URL：

```
http://localhost:8080/JspDemo_AJAX_war_exploded/test
```

单击网页中的"获取服务器端程序时间"按钮，会在网页中显示获取到的服务器端程序时间，如图 9-36 所示。虽然 JavaScript 也可以获取当前时间，但是它获取到的是客户端程序本地的时间。在有明确开始时间限定的应用场景中，有必要在所有的客户端程序中采用统一的时间。

在 9.5 节介绍的趣味实践中，JavaScript 程序会通过 AJAX 获取服务器端程序存储的棋盘数据，并将其动态显示在游戏页面中。这样可以避免每次显示对方落子时都刷新整个页面的情况。

图 9-36　例 9-16 的网页

趣味实践：开发
Web 版五子棋游戏

## 9.5　趣味实践：开发 Web 版五子棋游戏

本节介绍的五子棋游戏项目为 gobang3.0。gobang3.0 是 Web 应用程序，它使用户可以通过网页在线参与五子棋游戏。本项目的最大特点是很多功能是通过 JavaScript 语言开发的，因此读者需要熟悉 JavaScript 编程技术。

### 9.5.1　表结构设计

gobang3.0 项目使用的数据库为 gobang，其中包含用户表 user 和游戏记录表 game。user 表的结构如表 9-14 所示。

表 9-14　user 表的结构

| 列名 | 数据类型 | 列选项 | 具体说明 |
| --- | --- | --- | --- |
| username | varchar(50) | NOT NULL | 用户名 |
| pwd | varchar (50) | NOT NULL | 密码 |
| name | varchar (50) | NOT NULL | 玩家昵称 |

game 表的结构如表 9-15 所示。

表 9-15　game 表的结构

| 列名 | 数据类型 | 列选项 | 具体说明 |
| --- | --- | --- | --- |
| id | int | 主键、自增 | ID |
| username_a | varchar(50) | NOT NULL | 玩家 A 用户名 |
| username_b | varchar (50) | NOT NULL | 玩家 B 用户名 |
| start_time | datetime | NOT NULL | 开始时间 |
| end_time | datetime | NOT NULL | 结束时间 |
| winner | varchar (50) | NOT NULL | 获胜者用户名 |

创建数据库 gobang 和 user 表、game 表的语句如下：

```
CREATE DATABASE gobang
CHARACTER SET utf8
COLLATE utf8_general_ci;
USE gobang;
CREATE TABLE user(
  username varchar(50) NOT NULL,
  pwd varchar(50) NOT NULL,
  name varchar(50) NOT NULL,
  CONSTRAINT pk_username PRIMARY KEY (username)
) ENGINE=InnoDB CHARSET=utf8;
```

```
CREATE TABLE game(
    id int AUTO_INCREMENT,
    username_a varchar(50) NOT NULL,
    username_b varchar(50) NOT NULL,
    start_time datetime NOT NULL,
    end_time datetime NOT NULL,
    winner varchar(50) NOT NULL,
    CONSTRAINT pk_id PRIMARY KEY (id)
) ENGINE=InnoDB CHARSET=utf8;
```

不建议在应用程序中直接使用管理员用户 root 连接数据库，通常需要创建一个 MySQL 用户。假定创建的 MySQL 用户名为 java，密码为 Abc_123456。创建 java 用户的方法可以参照附录 A 中实验 8 的内容。

执行如下命令授予 java 用户对数据库 gobang 的管理和操作权限：

```
GRANT ALL ON gobang.* TO 'java'@'%';
```

### 9.5.2 gobang3.0 项目的基本结构

gobang3.0 项目的代码由后端代码和前端代码 2 个部分组成。由于篇幅所限，本小节只介绍 gobang3.0 项目的基本结构，具体的源代码细节请参照附录 A。

#### 1．后端代码的结构

gobang3.0 项目的后端代码保存在 src/main/java 目录下，其中包含如下软件包。

① com.example.gobang.beans：保存项目中的 Java Bean，其中包含的类如表 9-16 所示。

表 9-16　com.example.gobang.beans 包中的类

| 类名 | 具体描述 |
| --- | --- |
| ChessBoard | 棋盘类 |
| Game | 游戏类 |
| Piece | 棋子类 |
| Point | 点位类 |
| User | 用户类 |

② com.example.gobang.controllers：保存项目中的控制器，其中包含的类如表 9-17 所示。

表 9-17　com.example.gobang.controllers 包中的类

| 类名 | 具体描述 |
| --- | --- |
| ChessController | 对弈控制器，可以实现查询对方用户信息、获取游戏信息（包括用户信息和落子数据）、接收并处理落子数据、退出游戏等功能 |
| GameController | 游戏页面对应的控制器，可以实现新建游戏、加入游戏等功能 |
| HomeController | 主页控制器 |
| LoginController | 登录页面对应的控制器，可以实现登录验证的功能 |
| LogoutController | 实现退出登录功能的控制器 |
| RergisterController | 注册页面对应的控制器，可以实现处理注册数据的功能 |

开发 Web 应用程序 ┃ 第9章

③ com.example.gobang.dao：保存项目中的 DAO 类，负责访问数据库。
如表 9-18 所示。

表 9-18　com.example.gobang.dao 包中的类

| 类名 | 具体描述 |
| --- | --- |
| GameDAO | game 表对应的 DAO 类，可以实现 game 表的增、删、改、查功能 |
| UserDAO | user 表对应的 DAO 类，可以实现 user 表的增、删、改、查功能 |

④ com.example.gobang.enums：保存项目中的枚举类型。其中包含的枚举类型如表 9-19
所示。

表 9-19　com.example.gobang.enums 包中的枚举类型

| 枚举类型 | 具体描述 |
| --- | --- |
| ColorEnum | 棋子颜色枚举类型 |
| Direction | 方向枚举类型 |

⑤ com.example.gobang.utils：保存项目中的工具类。其中包含的工具类如表 9-20
所示。

表 9-20　com.example.gobang.utils 包中的工具类

| 类名 | 具体描述 |
| --- | --- |
| GameUtils | 游戏工具类，其中包含游戏列表数据，可以实现保存游戏数据的功能 |
| JDBCUtils | JDBC 工具类，可以实现连接数据库的功能 |
| RuleUtils | 规则类，可以实现判断输赢和将鼠标指针的坐标转化为棋盘中点位的功能 |
| UserUtils | 用户工具类，其中包含在线用户列表数据，可以实现根据用户名和玩家昵称查询用户数据的功能 |

## 2. 前端代码的结构

gobang3.0 项目的前端代码保存在 src/main/webapp 目录下，其中包含如下子目录。
① css：保存项目中的样式表文件，其中包含的文件如表 9-21 所示。

表 9-21　gobang3.0 项目的样式表文件

| 文件名 | 具体描述 |
| --- | --- |
| game.css | 游戏页面 game.jsp 的样式表文件 |
| index.css | 主页 index.jsp 的样式表文件 |
| login.css | 登录页面 login.jsp 的样式表文件 |
| register.css | 注册页面 register.jsp 的样式表文件 |

② images：保存项目中的图片文件。
③ js：保存项目中的 JavaScript 脚本，其中只包含一个 chess.js 脚本，用于实现与对弈
相关的前端功能，包括绘制棋盘、发送落子数据、获取对方的落子数据等。
④ WEB-INF：其中包含配置文件 web.xml。
gobang3.0 项目的所有 JSP 文件都保存在 src/main/webapp 目录下，具体如表 9-22 所示。

表 9-22 gobang3.0 项目的 JSP 文件

| 文件名 | 具体描述 |
| --- | --- |
| game.jsp | 游戏页面 |
| home.jsp | 主页 |
| login.jsp | 登录页面 |
| register.jsp | 注册页面 |

## 9.6 本章小结

本章介绍开发 Web 应用程序的基本方法，包括前端开发技术和后端开发技术。

虽然 Java 并不属于前端开发技术，但是开发 Web 应用程序离不开前端开发技术。因此本章介绍了 HTML、JavaScript 和 CSS 等前端开发技术，通过 HTML 定义网页的结构和构成网页的元素，通过 CSS 定义网页的样式，通过 JavaScript 实现与用户进行交互的功能，并在网页中进行绘图。

本章还介绍了 Servlet 和 JSP 等后端开发技术。Servlet 是使用 Java 开发的服务器端小程序，可以通过访问数据库实现 Web 应用程序的主要功能，为前端网页提供数据。JSP 采用模板化的方式，帮助用户简单、高效地设计网页内容。

本章还通过编写五子棋游戏 3.0 版程序实践了使用 Java 开发 Web 应用程序的方法。

## 习题

### 一、选择题

1. 用于定义网页的内容的语言为（　　）。
   A. Java
   B. HTML
   C. JavaScript
   D. CSS

2. 在 HTML 中，用于定义超链接的标签为（　　）。
   A. <a>…</a>
   B. <p>…</p>
   C. <div>…</div>
   D. …

3. 在 CSS 中，选取 id 值为 myid 的 HTML 元素的方法为（　　）。
   A. myid
   B. #myid
   C. .myid
   D. $myid

4. （　　）可以通过一个逻辑树结构表示一个文档（例如使用 HTML 编码的网页文档），从而将网页与脚本或编程语言连接在一起。
   A. HTML
   B. JavaScript
   C. DOM
   D. CSS

5. HttpServlet 类的（　　）方法可以对 HTTP 请求做出响应。
   A. service()
   B. getServletInfo()
   C. init()
   D. destroy()

## 二、填空题

1. window._____用于指定网页加载事件的处理方法。

2. JavaScript 的_____方法可以根据 HTML 元素的 id 值选取 HTML 查看。

3. 通过 JavaScript 编程，可以在 HTML 网页的_____元素中进行绘图。

4. Servlet 容器接收到 HTTP 请求后，会根据配置文件_____中的配置找到请求对应的 Servlet 类。

5. 在 Servlet 类上可以使用_____注解定义对应的 HTTP 路径。

6. 在实际开发中，通常在用户登录后，在_____中存储当前用户的用户名，以便在项目中标识当前用户的身份。

7. 在 web.xml 文件中使用_____配置项可以将每个 Servlet 类通过别名与特定的 URL 绑定在一起。

8. _____接口定义了 Servlet 过滤器的开发规范。

## 三、简答题

1. 试述 C/S 及 B/S 架构应用程序的工作原理。

2. 试述基于 Servlet 开发 Web 应用程序的基本流程。

# 附录 A 上机实验

## 1．内容概述

附录 A 是本书配套的上机实验，其中结合各章的技术知识为每章设计了一个实验。
上机实验中包含如下内容。

➢ 搭建相关开发环境和测试环境。

➢ 上机练习相关示例，其中既包含各章已有的示例，也包含部分新增的示例，力求涵盖更多的技术知识，提高读者的实践能力。

➢ 各章介绍的五子棋游戏项目的源代码详解，特别是第 6 章、第 7 章、第 8 章和第 9 章。本书在注重技术完备性的基础上兼顾趣味性和实用性，因此案例比较复杂，代码量也比较大。本书正文部分通常只介绍五子棋游戏的总体架构、设计思想和关键代码，完整的代码解析均包含在附录 A 的电子文档中。

## 2．获取途径

读者可以通过人邮教育社区（www.ryjiaoyu.com）中本书所在页面下载附录 A "上机实验" 的电子文档。

# 附录B 大作业

## 1. 内容概述

附录 B 是本书配套的大作业，其中包含集成人机对弈功能的五子棋游戏案例详解。

如果本书各章的五子棋游戏案例都是为了介绍各章核心技术而设计的，那么大作业则是为了重点培养读者的逻辑思维能力而设计的。大作业中使用的是基础的 Java 编程技术，没有涉及网络编程、多线程编程和 Web 编程等比较复杂的 Java 编程技术。但是大作业的逻辑是比较复杂的，因为大作业要求通过程序实现计算积分和自动落子等功能。

逻辑思维能力是开发者必备的重要能力，因此以集成人机对弈功能的五子棋游戏作为本书的收官案例是比较合适的。有兴趣的读者可以自己动手完善大作业，并将自己和其他读者编写的程序进行比较。

## 2. 获取途径

读者可以通过人邮教育社区（www.ryjiaoyu.com）中本书所在页面下载附录 B "大作业"的电子文档。